U0740288

梅兰妮·克莱因经典作品

1946~1963年论文选

嫉羡与感恩

(奥) 梅兰妮·克莱因（Melanie Klein） 著

段锦矿 译

化学工业出版社

·北京·

图书在版编目（CIP）数据

嫉羡与感恩 / （奥）梅兰妮·克莱因
（Melanie Klein）著 ；段锦矿译. -- 北京 ： 化学工业
出版社，2025. 5. --（梅兰妮·克莱因经典作品）.
ISBN 978-7-122-47640-1

Ⅰ．B84-065

中国国家版本馆CIP数据核字第2025XP0247号

责任编辑：王　越　赵玉欣　　　　装帧设计：关　飞
责任校对：李露洁

出版发行：化学工业出版社
　　　　　（北京市东城区青年湖南街13号　邮政编码100011）
印　　装：中煤（北京）印务有限公司
710mm×1000mm　1/16　印张18¼　字数345千字
2025年7月北京第1版第1次印刷

购书咨询：010-64518888　　　　售后服务：010-64518899
网　　址：http://www.cip.com.cn
凡购买本书，如有缺损质量问题，本社销售中心负责调换。

定　　价：68.00元　　　　　　　　版权所有　违者必究

《嫉羡与感恩》汇编了梅兰妮·克莱因在1946年之后撰写的论文，是克莱因理论成熟期的代表作。虽然已经有几个中文译本面世，化学工业出版社仍有意再出一个更具可读性和准确性的版本，这充分体现了克莱因理论的持久生命力。能受邀重译梅兰妮·克莱因的这部经典理论著作，我深感荣幸！

在我看来，克莱因理论为一切精神分析性心理治疗和动力学疗法提供了理解人类心理运作的元框架。其核心概念不仅滋养了克莱因学派，更成为当代心理治疗的共同语言——无论治疗师是否隶属于这一学派，都能从她的理论中获益。

克莱因理论经历了一个逐步发展和完善的过程。克莱因的理论起源于她对儿童的精神分析工作。她发现，小婴儿的早期心理发展与成年人的心理问题有着密切的联系。在儿童分析特别是追溯儿童游戏中所包含的焦虑和无意识幻想的基础上，梅兰妮·克莱因创造性地提出了婴儿期的"偏执-分裂心位"和"抑郁心位"概念以及受迫害焦虑和抑郁性焦虑等概念，这些概念已成为精神分析理论中像"俄狄浦斯情结"一样经典的概念。

在这本书里，我们看到克莱因更清晰地阐述了她的理论，如果说《爱、罪疚与修复》反映了克莱因早期的理论探索和创造，那么这本《嫉羡与感恩》则体现了克莱因理论的日臻成熟和不断完善。接下来，我将逐章总结本书的内容，让读者对本书有大致的了解。

偏执-分裂心位和抑郁心位

第1章"关于一些分裂机制的说明"（1946）描述了偏执-分裂心位这一概念的发展过程，克莱因借鉴和发展了费尔贝恩的"分裂心位"术语。克莱因认为，分裂是小婴儿应对早期焦虑的核心防御手段：婴儿通过幻想将乳房分裂为理想化的"好乳房"与迫害性的"坏乳房"，这种分裂直接影响自我结构的形成。若分裂过度或失败，自我可能陷入解体状态（如精神分裂症）。

第2章"关于焦虑和罪疚感的理论"（1948）反映出随着对偏执-分裂心位的研究，克莱因对焦虑性质的演变有了更充分的认识。她把焦虑分为两类：受迫害焦虑和抑郁性焦虑，最初的受迫害焦虑会逐渐被抑郁性焦虑所取代。她强调，罪疚感的出现标志着婴儿开始感知到完整客体的存在，并意识到自身破坏性冲动可能摧毁客体。此时，婴儿会通过修复冲动尝试弥补伤害，这是整合矛盾情感的关键。

第3章"论精神分析结束的标准"（1950），可被视为克莱因的焦虑理论在何时结束精神分析治疗这一议题上的应用。克莱因指出，正如正常发展的先决条件是受迫害焦虑和抑郁性焦虑应该在很大程度上得到缓解和改变，儿童和成人分析能否结束的标准是：病人的受迫害焦虑和抑郁性焦虑应该得到充分的缓解。

第4章"移情的起源"（1952）虽然篇幅很短，却阐述了克莱因理论的一个重要观点：病人对分析师的移情并非来自早年父母的真实形象，因为病人头脑中的父母形象在不同程度上经由投射和理想化过程产生了扭曲，而且往往保留了很多幻想的性质。小婴儿头脑中的每一个外部经验都与他的幻想交织在一起，同样每一个幻想都包含着实际经验的元素。

无意识幻想和外部经验

第5章"自我和本我发展过程中的相互影响"（1952），进一步阐述了婴儿期无意识幻想和外部经验在自我和本我发展过程中的相互影响：一方面，以无意识幻想为基础的内摄和投射机制影响了婴儿对外部世界的感知，当婴儿觉得自己包含好的客体时，他会体验到信任、信心和安全感。当他觉得自己包含着坏的客体时，他就会体验到迫害和怀疑。另一方面，婴儿与内部客体的关系从一开始就受到作为日常生活一部分的挫折和满足的影响。因此，内部客体世界和外部世界之间存在着持续的相互作用。

第6章"关于婴儿情感生活的一些理论结论"（1952）系统地阐述了婴儿在早期发展阶段中的焦虑、防御和客体关系，即从偏执-分裂心位到抑郁心位的发展。克莱因在这里再次谈到了内部心理运作和外部因素的相互作用，"外部因素从一开始就起着至关重要的作用；因为我们有理由假定，每一次迫害性恐惧的刺激都会强化分裂机制，即自我将自身和客体分裂开来的倾向；而每一次好的体验都加强了对好客体的信任，并促进自我和客体迈向整合"。

第7章"婴儿行为观察"（1952）描述了婴儿观察的结果对克莱因理论的佐证，克莱因继续写道："从孩子幼年开始，母亲的耐心和理解是最重要的……与母亲和外部世界的良好关系有助于婴儿克服其早期的偏执性焦虑，这一事实为我们揭示了早期经验的重要性……但在我看来，只有当我们更多地了解了儿童早期焦虑的性质和内容，以及儿童的实际经验和幻想生活之间的持续相互作用之后，我们才能充分理解为什么外部因素如此重要。"

克莱因理论的核心概念、方法

第8章"精神分析游戏技术：其历史和意义"（1955）概述了克莱因如何借助游戏发展出她的工作方法。克莱因认为儿童的游戏（正如成人的语言）是无意识幻想的象征性表达，因此她坚持理解和诠释儿童在游戏中所表达的幻想、情感、焦虑和体验，如果游戏活动受到抑制，则要理解和诠释造成抑制的原因。

第9章"论认同"（1955）是克莱因对于"投射性认同"这一概念的细致阐述，虽然她早在1946年就提出了这一概念。她巧妙地借助一部小说中的主人公法比安来说明投射性认同的过程，法比安从魔鬼那里获得了一种进入他人身体并控制他人意识的能力，然后在三天的时间里经历了几次变身。克莱因结合小说阐述了投射性认同的机制，例如投射性认同的动机、投射对象的选择、分裂部分的逐步整合等。

第10章"嫉羡与感恩"（1957）代表着克莱因理论的核心，她详细地阐述了原始嫉羡的影响，及其与分裂过程的密切联系。克莱因发现，阻碍病人将分析师内化为好客体的是一种负性治疗反应，即病人无法心怀感激地接受治疗师的诠释，哪怕他内心的某些部分认为诠释是有帮助的，而这背后是嫉羡和对嫉羡的防御在运作，后者可以追溯到病人在婴儿早期的原始嫉羡。过度的嫉羡是攻击性的一种表现形式，它干扰了婴儿对好的和坏的乳房之间的原始分裂，妨碍了内在好客体的建立。

因此，克莱因理论特别重视对嫉羡（以及攻击性）的分析，当这些破坏性冲动在移情情境中更多被理解和重新体验，而非以各种方式被防御时，这些破坏性冲动的全能性就会减弱，嫉羡也会减弱，在分裂过程中被抑制的爱和感恩的能力就会得到释放。因此，分裂的方面逐渐变得更容易接受，病人也越来越能够压抑对所爱客体的破坏性冲动，而不是将自我分裂开来，阻碍病人内化分析师的投射也会减少。

向成年期和一般心理理论的拓展

第11章"论心理功能的发展"（1958）体现了克莱因对弗洛伊德心理学说的补充，她写道："弗洛伊德对力比多的强调远远超过对攻击性的强调。尽管……

他……看到了性欲中以施虐形式存在的破坏性成分的重要性，但他并没有充分重视攻击性对情感生活的影响。"

在第12章"成人世界及其婴儿期根源"（1959）中，克莱因用尽量通俗的语言描述了成人的精神生活如何受婴儿期无意识幻想的影响。她写道："小婴儿对母亲的爱和恨，与他将自己的所有情感投射到母亲身上的能力密切相关，这些投射使母亲既成为一个好客体，也成为一个危险的客体……婴儿的幻想从一开始就在起作用，帮助塑造他对周围环境的印象；这种外部世界图景的变化，通过内摄作用影响着婴儿的思维……也就是说，内摄和投射的双重过程促进了外部因素和内部因素之间的相互作用。这种相互作用贯穿人生的每一个阶段。"

第13章"精神分裂症病人的抑郁"（1960）反映了克莱因理论在理解精神分裂症病人上的运用。克莱因认为，精神分裂症病人的抑郁在性质上与躁郁症病人不同。精神分裂症病人的罪疚感和抑郁源自他们被破坏性冲动所支配，通过分裂过程毁灭了自己和自己的好客体。如果能够对破坏性冲动和分裂过程进行分析，就能够调动起病人的修复动力。

在第14章"论心理健康"（1960）中，克莱因进一步写道："即使是情感成熟的人，其婴儿期的幻想和欲望也会持续存在。如果这些幻想和欲望得到了自由的体验和成功的修通——首先是通过儿童的游戏，那么它们就是兴趣和活动的源泉，从而使人格变得丰富。""整合的人格是心理健康的基础。""心理健康的一个重要因素是整合，它体现在将自我的不同部分结合在一起。"

在第15章"对《俄瑞斯忒亚》的一些思考"（1963）中，克莱因运用她的理论来解读这部著名的戏剧，她认为小说展现了一幅人类从初始阶段到最高层次的发展图景。众神扮演各种象征性角色，对应着存在于无意识中的各种不同的、往往是相互冲突的冲动和幻想，这些自我的不同部分在相互冲突中走到一起，最终实现整合。

在最后的第16章"论孤独感"（1963）中，克莱因尝试用她的理论研究孤独感的来源。她认为，孤独感源自人们无处不在地渴望一种无法实现的完美内心状态，也源于永远无法完全消除的偏执性焦虑和抑郁性焦虑，还源于无法挽回的丧失所导致的抑郁感觉……孤独感与一个人无法充分整合好客体和感觉无法触及的自我部分有关。

希望以上概述能帮助读者了解本书全貌，要深入学习克莱因理论则需要读者精读全书。需要特别说明的是，本书中对脚注的翻译遵从原著内容与格式，涉及文献及其出处均指英文版而非中文译本。最后，尽管我抱着好的愿景尽最大努力进行翻译，但肯定还有许多不足，敬请读者谅解。

段锦矿

目录

1

关于一些分裂机制的说明 ❶
Notes on Some Schizoid Mechanisms

（1946）

---

❶ （1952年版脚注）这篇论文于 1946 年 12 月 4 日在英国精神分析学会上宣读，除略有改动（特别是增加了一个段落和一些脚注）外，未作任何修改，随后发表。

引　言

本文主要论述了早期偏执-分裂焦虑及其机制的重要性。多年来，我一直在思考这个问题，甚至在我对婴儿期抑郁过程的看法明确之前就已经思考过了。然而，在我构思婴儿期抑郁心位（depressive position）概念的过程中，婴儿期抑郁心位之前那个阶段的问题再次引起了我的注意。现在，我想就早期的焦虑及其机制提出一些假设。❶

我将提出的与早期发展阶段有关的假设，是从对成人和儿童的分析中获得的材料中推断出来的，其中一些假设似乎与精神病学工作中熟悉的观察结果相吻合。要证实我的论点，需要积累详细的病例材料，而在本文的框架内没有足够的空间来包含这些内容，我希望以后能做出进一步的贡献来填补这一空白。

首先，有必要简要总结一下我已经提出的关于最早发展阶段的结论。❷

婴儿早期会产生精神病特有的焦虑，这种焦虑会驱使自我发展出特定的防御机制。在这一时期，可以找到所有精神病的固着点。这一假设导致一些人认为我把所有婴儿都视为精神病病人；但我已经在其他场合充分澄清了这种误解。婴儿期的精神病性焦虑、机制和自我防御对各方面的发展，包括自我、超我和客体关系的发展，都有着深远的影响。

我经常表达我的观点，即客体关系从生命之初就存在，第一个客体是母亲的乳房，对婴儿来说，乳房被分裂为好的（令人满意的）和坏的（令人沮丧的）；这种分裂导致了爱与恨的分离。我进一步提出，与原初客体的关系包含对它的内摄和投射，因此，从一开始，客体关系就被内摄与投射之间、内部客体与外部客体和情境之间的相互作用所塑造。这些过程参与了自我和超我的形成，并为第一年下半年俄狄浦斯情结的出现奠定了基础。

从一开始，婴儿就有指向客体的破坏性冲动，首先表现为幻想中的对母亲乳房的口腔施虐攻击，很快就发展成用各种施虐手段对母亲的身体进行攻击。婴儿的口腔施虐冲动会掠夺母亲身体里的好东西，而肛门施虐冲动则想要把排泄物放进母亲体内（包括想进入母亲体内以便从内部控制母亲），由此产生的迫害性恐惧对偏执狂和精神分裂症的发展至关重要。

我列举了早期自我的各种典型防御机制，如将客体和冲动分裂开来的机制、理想化、对内外现实的否认和对情感的压制。我还提到了各种焦虑内容，包括害怕被毒害和被吞噬。这些现象普遍存在于生命的最初几个月，也常见于精神分裂

---

❶ 在完成本文之前，我曾与葆拉·海曼（Paula Heimann）讨论过本文的主要内容，她对本文中某些概念的构思提出了许多有启发性的建议，在此深表感谢。

❷ 参见我的《儿童精神分析》（*Psycho-Analysis of Children*，1932）和《论躁郁状态的心理成因》（A Contribution to the Psychogenesis of Manic-Depressive States，1935）。

症的后期症状中。

最初被称为"迫害阶段"（persecutory phase）的这一早期阶段，后来我把它叫作"偏执心位"（paranoid position）❶，并且认为它出现在抑郁心位之前。如果迫害性恐惧非常强烈，并且由于这个原因（以及其他原因），婴儿无法修通偏执-分裂心位（paranoid-schizoid position），那么抑郁心位的修通也会受到阻碍。这种失败可能会导致迫害性恐惧的退行性强化，并加强严重精神病（即精神分裂症）的固着点。抑郁心位的严重困难可能导致日后患上躁郁症。我还得出结论，如果发展遇到的障碍不太严重，同样的因素会对神经症的出现产生强烈影响。

虽然我认为抑郁心位的结果取决于前一阶段的修通情况，但我仍然认为抑郁心位在儿童的早期发展中起着核心作用。因为随着客体作为一个整体被内摄，婴儿的客体关系发生了根本性的变化。对一个完整客体的爱与恨两个方面的整合会引起哀悼和罪疚的感觉，这意味着婴儿在情感和智力生活上的重要进步。这也是决定一个人患上神经症或精神病的关键时刻。我仍然坚持所有这些结论。

关于费尔贝恩近期论文的一些说明

费尔贝恩（W.R.D.Fairbairn）在最近的一些论文❷中，对我现在讨论的主题给予了很大关注。因此，我认为澄清我们之间的一些基本共识和分歧是有益的。我们将看到，我在本文中提出的一些结论与费尔贝恩的结论是一致的，而另一些结论则有本质区别。费尔贝恩的方法主要是从与客体相关的自我发展的角度出发，而我的方法主要是从焦虑及其变化的角度出发。他把最早的阶段称为"分裂心位"，他认为这是正常发展的一部分，也是成人分裂样疾病和精神分裂症的基础。我认同这一论点，并认为他对发展型分裂现象的描述具有重要的启示意义，对我们理解分裂样行为和精神分裂症具有重要价值。费尔贝恩还认为分裂样疾病或精神分裂症的范围远比人们所认为的要广得多，我认为这一观点是正确且重要的；他特别强调，癔症和精神分裂症之间的内在联系值得充分重视。若将他的术语"分裂心位"理解为同时包括迫害性恐惧和分裂机制，则十分恰当。

---

❶ 本文于 1946 年首次发表时，我使用的"偏执心位"一词与费尔贝恩的"分裂心位"（schizoid position）同义。经过深思熟虑，我决定将费尔贝恩的术语与我的术语结合起来，并在《精神分析的发展》（Developments in Psycho-Analysis）一书（本文在1952年首次发表于该书）中通篇使用了"偏执-分裂心位"（paranoid-schizoid position）这一表述。

❷ 参见《精神病和神经症的精神病理学修订》（A Revised Psychopathology of the Psychoses and Neuroses）、《客体关系视角下的内部心理结构》（Endopsychic Structure Considered in Terms of Object-Relationships）和《客体关系和动力结构》（Object-Relationships and Dynamic Structure）。

一个最基本的问题是，我不认同他对心理结构和本能理论的修正。我也不认同他的观点，即一开始只有坏的客体才会被内化。在我看来，这种观点造成了我们之间在客体关系发展和自我发展方面的重要分歧。因为我认为，内化的"好乳房"是自我的重要组成部分，从一开始就对自我的发展过程产生根本性的影响，并同时影响着自我结构和客体关系。我也不认同费尔贝恩的另一个观点，即"精神分裂症病人的最大问题是如何去爱而不被爱所摧毁，而抑郁症病人的最大问题是如何去爱而不被恨所摧毁"。❶这一结论不仅与他反对弗洛伊德（Freud）的"原始本能"（primary instincts）概念相一致，也与他低估攻击性和恨在生命之初所起的作用相一致。采用这一观点的结果是，他没有注意到早期焦虑与冲突的重要性，也没有足够重视它们对发展的动力影响。

早期自我的某些问题

在下面的讨论中，我将只讨论自我发展的一个方面，而不试图把它与整个自我发展的问题联系起来。在这里，我也不触及自我与本我、超我的关系。

迄今为止，我们对早期自我的结构知之甚少。最近关于这一点的一些提法并没有让我信服：格洛弗（Glover）的"自我核心"（ego nuclei）概念和费尔贝恩的"中心自我"（central ego）、"两个附属自我"（subsidiary ego）理论尤其令我印象深刻。❷在我看来，温尼科特对早期自我不整合（unintegration）的强调更有帮助。我还想说的是，早期自我在很大程度上缺乏凝聚力，整合的趋势与解体（即分崩离析）的趋势交替出现❸。我认为这些波动是生命最初几个月的特征。

我认为，我们有理由假设，我们了解到的后期自我所具有的某些功能在最初就存在。这些功能中最重要的就是处理焦虑。我认为，焦虑源于有机体内死本能的运作，是对毁灭（死亡）的恐惧，并表现为对迫害的恐惧。对毁灭冲动的恐惧似乎会立即与某个客体联系在一起，或者更确切地说，它被体验为对一个无法控制的压倒性客体的恐惧。原发性焦虑的其他重要来源是出生的创伤（分离焦虑）和在身体需求方面受挫；这些体验从一开始也被认为是由客体引起的。即使这些客体被认为是外在的，它们也会通过内摄作用成为内在的迫害者，从而加强了对内在破坏性冲动的恐惧。

处理焦虑的迫切需要，迫使早期自我发展出基本的机制和防御。一部分破坏

---

❶ 参见《精神病和神经症的精神病理学修订》（1941）。

❷ 参见温尼科特（D.W.Winnicott）：《原始情感发展》（Primitive Emotional Development, 1945）。在这篇论文中，温尼科特还描述了不整合状态的病理结果，例如一位女病人无法区分自己和她的双胞胎姐妹。

❸ 出生后的早期自我凝聚力的强弱，应与自我忍受焦虑能力的强弱联系起来考虑，正如我先前所论证的（《儿童精神分析》，特别是第49页的内容），焦虑是一种体质因素。

性冲动被向外投射（死本能的偏转），我认为它首先与第一个外部客体，也就是母亲的乳房联系起来。正如弗洛伊德所指出的那样，其余的破坏性冲动在某种程度上受到有机体内部力比多的束缚。然而，这两个过程都没有完全达到目的，因此，从内部被摧毁的焦虑仍然活跃。在我看来，由于缺乏凝聚力，在这种威胁的压力下，自我往往会变得分崩离析。❶这种分崩离析似乎是精神分裂症病人解体状态（states of disintegration）的基础。

问题是，自我内部的一些主动分裂过程是否可能即使在很早的阶段也不会发生。正如我们所假设的那样，早期的自我以一种主动的方式分裂了客体以及与客体的关系，这可能意味着自我本身的某种主动分裂。无论如何，分裂会使破坏性冲动消散，而这种冲动被认为是危险的根源。我认为，在所有精神分裂症的过程中，担心被内在的破坏性力量消灭的原发性焦虑，以及自我的特定反应——变得分崩离析或是自我分裂，可能是极其重要的。

与客体有关的分裂过程

向外投射的破坏性冲动首先表现为口腔攻击。我认为，对母亲乳房的口腔攻击冲动从生命一开始就很活跃，但随着长牙期的开始，食人冲动会增强，亚伯拉罕（Abraham）强调了这一因素。

在挫折和焦虑的状态下，口腔施虐和食人的欲望会得到强化，然后婴儿就会觉得他已经把乳头和乳房咬得支离破碎了。因此，在婴儿的幻想中，除了乳房被分裂为好乳房和坏乳房外，在口腔施虐幻想中受到攻击的令人沮丧的乳房也被感觉是碎片化的；在吮吸力比多的支配下被吞入的令人满足的乳房被感觉是完整的。这第一个内在好客体在自我中起着关键的作用。它抵消了分裂和消散的过程，促进了凝聚和整合，并有助于自我的形成。❷然而，婴儿内部拥有一个好且完整的乳房的感觉可能会被挫折和焦虑所动摇。因此，好乳房和坏乳房之间的分裂可能难以维持，婴儿可能会觉得好乳房也变得分崩离析。

我认为，如果自我内部不发生相应的分裂，自我就无法分裂客体，包括内部客体和外部客体。因此，关于内部客体状态的幻想和感受对自我的结构有着至关重要的影响。在纳入客体的过程中，施虐冲动越强烈，客体越是被感觉变得支离

---

❶ 费伦齐（Ferenczi）在《笔记与片段》（Notes and Fragments, 1930）中提出，每个生物体都可能通过分崩离析的方式对不愉快的刺激做出反应，这可能是死本能的一种表现。也许，复杂的机制（生物体）只有通过外部条件的影响才能保持为一个实体。当这些条件变得不利时，生物体就会分崩离析。

❷ 温尼科特从另一个角度提到了同样的过程：他描述道，婴儿对现实的整合和适应主要取决于婴儿对母亲的爱和照顾的体验。

破碎，自我就越有可能被分裂得像客体那样破碎。

当然，我所描述的过程与婴儿的幻想生活息息相关，刺激分裂机制的焦虑也具有幻想的性质。婴儿是在幻想中把客体和自我分裂开来的，但这种幻想的效果是非常真实的，因为它导致情感和关系（以及后来的思维过程）实际上是相互割裂的。❶

与投射和内摄有关的分裂

到目前为止，我特别讨论了分裂机制，它是最早的自我机制之一，也是对抗焦虑的主要防御手段。从生命的开始，内摄和投射就服务于自我这一主要目标。正如弗洛伊德所描述的那样，投射源于死本能的向外偏转，在我看来，它可以帮助自我摆脱危险和邪恶，从而克服焦虑。好客体的内摄也被自我用来抵御焦虑。

与投射和内摄密切相关的还有其他一些机制。在这里，我特别关注分裂、理想化和否认之间的联系。关于客体的分裂，我们必须记住，在满足的状态下，爱的感觉会指向带来满足的乳房，而在挫折的状态下，仇恨和受迫害焦虑会与带来挫折的乳房联系在一起。

理想化是与客体的分裂联系在一起的，因为乳房美好的一面被夸大了，其功能是抵御对迫害性乳房的恐惧。虽然理想化是迫害性恐惧的必然结果，但它也源自本能欲望的力量，这种欲望旨在获得无限的满足，因此创造了一个取之不竭、永远丰盈的乳房，即一个理想的乳房。

我们在婴儿的幻觉满足（hallucinatory gratification）中就发现了这种分裂的例子。在理想化过程中起作用的主要过程，即客体的分裂以及对挫折和迫害的否认，在幻觉满足中也同样起作用。令人沮丧和迫害性的客体与理想的客体被隔离开来。然而，坏的客体不仅与好的客体分开，而且其存在本身也被否认，包括整个挫折情境和挫折引起的坏感觉（痛苦）。这是与对心理现实的否认联系在一起的。对心理现实的否认只有通过强烈的全能感才有可能实现，全能感是早期心理的一个基本特征。在无意识中，对坏客体和痛苦情境的全能否认，就等同于用破坏性冲动消灭一切。然而，不仅情境和客体被否认和消灭了，客体关系也遭受这种命运。因此，自我的一部分也被否认和消灭了，而对客体的情感就是从自我的这一部分中产生的。

因此，在幻觉满足中，有两个相互关联的过程：一个是全能地幻化出理想的客体和情境，另一个是同样全能地消灭坏的迫害性客体和痛苦情境。这些过程的

---

❶ 在宣读本文之后的讨论中，斯科特（W.C.M.Scott）博士提到了分裂的另一个方面。他强调了经验连续性中断的重要性，这种分裂是时间上的而不是空间上的。他例举了睡眠状态和清醒状态之间的交替。我完全同意他的观点。

基础是客体和自我的分裂。我想顺便提一下，在这个早期阶段，分裂、否认和全能所起的作用类似于自我发展后期的压抑。在考虑否认和全能过程在这个阶段（该阶段的特点是迫害性恐惧和分裂机制）的重要性时，我们可能会想起精神分裂症中的自大妄想和受迫害妄想。

到目前为止，在处理迫害性恐惧时，我只提到了口腔因素。然而，虽然口腔欲望仍然占主导地位，但来自其他方面的力比多和攻击性冲动和幻想也会凸显出来，并导致口腔、尿道和肛门欲望（既有力比多也有攻击性）的交织。此外，对母亲乳房的攻击会发展成对母亲身体的类似攻击，甚至在母亲被认为是一个完整的人之前，婴儿就已经感觉到母亲的身体是乳房的延伸。对母亲的幻想攻击有两条主线：一是主要的口腔冲动，即吸干、咬碎、掏出并夺走母亲身体里的好东西。（我将讨论这些冲动对与内摄相关的客体关系发展的影响。）另一种攻击来自肛门和尿道冲动，意味着把危险物质（排泄物）排出体外，进入母亲的身体。与这些带着恨排出的有害排泄物一起，自我的分裂部分也被投射到母亲身上，或者我更愿意称之为投射到母亲身体内。❶这些排泄物和坏的自我部分不仅是为了伤害，也是为了控制和占有客体。只要母亲包含了坏的自我部分，她就不再是一个独立的个体，而是被体验为坏的自我。

对自我部分的恨现在大部分都指向了母亲。这导致了一种特殊形式的认同，它建立了一种攻击性客体关系的原型。我建议将这些过程称为"投射性认同"。当投射主要来自婴儿想要伤害或控制母亲的冲动时，❷他就会觉得母亲是一个迫害者。在精神病障碍中，这种客体与自我的憎恨部分的认同，会加剧对他人的仇恨。自我的某些部分被过度分裂，并被驱逐到外部世界，会大大削弱自我。因为情感和人格中的攻击性成分，在一个人的心智中是与权力、潜能、力量、知识和许多其他所需的品质密切相关的。

然而，被驱逐和投射的不仅是坏的自我部分，还有自我中好的部分。因此，排泄物就具有了礼物的意义。而与排泄物一起被驱逐并投射到他人身上的自我部分则代表着好的部分，即自我中充满爱的部分。基于这种投射的认同再次对客体关系产生了重要的影响。将好的情感和好的自我部分投射到母亲身上，对于婴儿建立好的客体关系和整合自我的能力至关重要。然而，如果这种投射过程进行得

---

❶ 对这种原始过程的描述存在很大的障碍，因为这些幻想产生的时候，婴儿还没有开始用语言进行思考。例如，在这里，我使用"投射到另一个人身上"这一表达方式，因为在我看来，这是表达我试图描述的无意识过程的唯一方式。

❷ 埃文斯（M.G.Evans）在一篇未发表的简短文章（1946 年 1 月在英国精神分析学会上宣读）中列举了一些病人的例子，这些病人身上明显存在以下现象：缺乏现实感，有一种被分裂的感觉，人格的一部分进入了母亲的身体，以掠夺和控制她。因此，母亲和其他受到类似攻击的人就成了病人的代表。埃文斯将这些过程与非常原始的发展阶段联系起来。

过多，就会使婴儿感到失去了人格中好的部分，这样，母亲就成了自我理想（ego-ideal）；这个过程也会导致自我的弱化和贫乏。很快，这种过程就会延伸到其他人身上，❶这可能会带来的后果是过度依赖这些代表自己好的部分的外部表征。另一个后果是害怕失去爱的能力，因为被爱的客体主要被认为是作为自我的代表而被爱。

因此，将自我部分分裂开来并将其投射到客体中的过程，对于正常的发展和异常的客体关系都至关重要。

内摄对客体关系的影响同样重要。好的客体，首先是母亲的乳房，是正常发展的先决条件。我已经描述过，好的客体会在自我中形成一个核心，并使自我具有凝聚力。与好客体（内在的和外在的）最早的关系的一个特征是倾向于将其理想化。在挫折或焦虑加剧的状态下，婴儿会被驱使奔向他内心理想化的客体，以此来逃避迫害者。这种机制可能会产生各种严重的干扰：当迫害性恐惧过于强烈时，向理想化客体的奔赴就会变得过度，这严重阻碍了自我的发展，并扰乱了客体关系。结果，自我可能会被认为完全服从和依赖于内在客体，只是它的一个躯壳而已。在一个未被同化的理想化客体面前，会感到自我没有生命，没有自己的价值。❷我想说的是，向未被同化的理想化客体的奔赴必然导致自我内部的进一步分裂。因为自我的一部分试图与理想客体结合，而另一部分则努力应对内部的迫害者。

将自我和内部客体分裂开来的各种方式导致了自我破碎的感觉。这种感觉相当于一种解体状态。在正常发展过程中，婴儿经历的分裂状态是短暂的。除其他因素外，外部好客体的一再满足❸有助于打破这种分裂状态。婴儿有能力克服暂时的分裂状态，这与婴儿心灵的强大弹性和韧性是一致的。如果自我无法克服的分裂和解体状态出现得过于频繁，而且持续时间过长，那么在我看来，这就必须被

---

❶ 斯科特在几年前向英国精神分析学会宣读的一篇未发表的论文中，描述了他在一名精神分裂症病人身上发现的三个相互关联的特征：她的现实感受到了强烈的干扰，她觉得她周围的世界是一个墓地，她把自己所有美好的部分都放在了另一个人——葛丽泰·嘉宝（Greta Garbo）身上，这个人代表了病人。

❷ 参见《对升华问题及其与内化过程的关系的贡献》（A Contribution to the Problem of Sublimation and its Relation to the Processes of Internalization，1942），葆拉·海曼在该文中描述了一种情况，即内部客体就像嵌入自我的异物。虽然这种情况在坏客体上更为明显，但如果自我强迫性地从属于好客体，那么即使是好客体也会如此。当自我过度服务于内部的好客体时，就会感到它们是自我的危险来源，并接近于施加迫害性的影响。葆拉·海曼提出了内部客体同化的概念，并将其具体应用于升华。关于自我发展，她指出，这种同化对于成功行使自我功能和实现独立至关重要。

❸ 从这个角度来看，母亲对婴儿的爱和理解可以被看作婴儿克服解体状态和焦虑的最强大后盾。

视为婴儿精神分裂症的征兆，而且在婴儿出生后的头几个月就可能已经出现了这种疾病的某些迹象。在成年病人中，人格解体和精神分裂症的解离状态似乎是对婴儿期分裂状态的一种回归。❶

根据我的经验，婴儿早期的过度恐惧和分裂机制可能会对智力发展的初始阶段产生不利影响。因此，某些形式的智力缺陷必须被视为属于精神分裂症的范畴。因此，当提及任何年龄段儿童的智力缺陷时，应该把婴儿早期出现精神分裂症的可能性考虑进去。

到目前为止，我已经描述了过度的内摄和投射对客体关系的一些影响。在这里，我并不打算详细研究导致在某些情况下内摄过程占主导地位，而在另一些情况下投射过程占主导地位的各种因素。就正常的人格而言，自我发展和客体关系的过程取决于在发展的早期阶段内摄和投射之间在多大程度上能够达到最佳平衡。这反过来又影响到自我的整合和内部客体的同化。即使平衡被打破，某一个过程变得过度，内摄和投射之间也会产生一些相互作用。例如，迫害性恐惧支配的充满敌意的内心世界的投射，会导致对充满敌意的外部世界的内摄，也就是一种回收；反之亦然，一个扭曲的、充满敌意的外部世界的内摄会强化一个充满敌意的内心世界的投射。

正如我们所看到的那样，投射过程的另一个方面是自我的一部分强行进入客体并控制客体。因此，内摄可能会被认为是从外部强行进入内部，是对暴力投射的报复。这可能会导致恐惧，即不仅是身体，就连心灵也会被其他人以敌对的方式控制。这可能会导致婴儿在内摄好客体时出现严重的障碍，这种障碍不仅会阻碍所有的自我功能，还会影响性的发展，并可能导致过度退缩到内心世界。然而，这种退缩不仅是由于害怕内摄一个危险的外部世界，也是由于害怕内部的迫害者，以及随之而来的对理想化内部客体的奔赴。

我已经提到了过度的分裂和投射性认同导致的自我削弱和贫乏。然而，这种被削弱的自我也无法同化其内部客体，这就导致了它被内部客体支配的感觉。同样，这种被削弱的自我也无法把它投射到外部世界的部分收回自己内部。这些投射与内摄之间相互作用的各种干扰（意味着自我的过度分裂），对内外世界的关系产生了有害的影响，似乎是某些形式的精神分裂症的根源所在。

---

❶ 赫伯特·罗森菲尔德（Herbert Rosenfeld）在《精神分裂症伴人格解体状态分析》（Analysis of a Schizophrenic State with Depersonalization，1947）一文中提供了案例材料，阐述了与投射性认同相联系的分裂机制是如何导致精神分裂症状态和人格解体的。他在《关于慢性精神分裂症中混乱状态的精神病理学说明》（A Note on the Psychopathology of Confusional States in Chronic Schizophrenias，1950）一文中指出，如果主体丧失了区分好坏客体、攻击性冲动和力比多冲动等能力，就会出现混乱状态。他认为，在这种混乱状态下，分裂机制经常会出于防御目的而被强化。

投射性认同是许多焦虑情境的基础，我将提及其中的几种。强行进入客体的幻想会引起焦虑，让人担心客体内部的危险会威胁到主体。例如，从一个客体的内部控制该客体的冲动会激起在客体内部被控制和被迫害的恐惧。通过对强行进入的客体进行内摄和再内摄，主体内心受迫害的感觉得到了极大的强化；更重要的是，经过再内摄的客体被认为包含了自我的危险方面。这种性质的焦虑不断累积，使自我陷入各种外部和内部的迫害环境中，这是构成偏执的一个基本要素。❶

我曾描述过❷，婴儿攻击和施虐性地进入母亲身体的幻想会引起各种焦虑情境（尤其是害怕被囚禁在母亲体内并受到迫害），这是偏执的根源。我还指出，害怕被囚禁在母亲体内（尤其是害怕阴茎受到攻击）是导致后来男性性能力障碍（阳痿）的一个重要因素，同时这也是幽闭恐惧症的根源。❸

分裂样的客体关系

现在总结一下在分裂样人格中发现的一些受干扰的客体关系：自我的暴力分裂和过度的投射会导致这个过程所指向的那个人被认为是迫害者。由于被分裂和投射出去的自我中的破坏性和恨，被认为会对所爱的客体构成威胁，因此引发了罪疚感，所以这种投射过程在某种程度上也意味着将罪疚感从自我转移到他人身上。然而，罪疚感并没有被消除，被转移的罪疚感无意识地被认为应该由他人负责，这些人成为自我中的攻击性部分的代表。

分裂样客体关系的另一个典型特征是它的自恋性，这种自恋性源于婴儿期的

---

❶ 赫伯特·罗森菲尔德在《精神分裂症伴人格解体状态分析》和《关于男性同性恋与偏执、偏执焦虑和自恋之间关系的评论》（Remarks on the Relation of Male Homosexuality to Paranoia，Paranoid Anxiety, and Narcissism, 1949）中讨论了偏执焦虑的临床重要性，这种焦虑与精神病病人的投射性认同有关。在他描述的两个精神分裂症病例中，可以明显看出，病人被分析师试图强行进入病人体内的恐惧所支配。当这些恐惧在移情情境中得到分析后，情况就会得到改善。罗森菲尔德还进一步将投射性认同（以及相应的迫害性恐惧）与女性性冷淡联系在一起，并将其与男性同性恋和偏执的频繁结合联系在一起。

❷ 参见《儿童精神分析》第8章（特别是第131页）以及第12章（特别是第242页）。

❸ 琼·里维埃（Joan Riviere）在一篇未发表的论文《日常生活和分析中的偏执态度》（Paranoid Attitudes seen in Everyday Life and in Analysis，1948年在英国精神分析学会上宣读）中，报告了大量临床材料，其中投射性认同非常明显。强迫整个自我进入客体内部（以获得控制和占有）的无意识幻想，经由对报复的恐惧，引发了各种受迫害焦虑，如幽闭恐惧症或对诸如入室盗窃、蜘蛛、战时入侵等的常见恐惧症。这些恐惧与无意识的"灾难性"幻觉（即被肢解、开膛破肚、撕成碎片，以及身体和人格的全面内部破坏和身份认同的丧失）有关。这些恐惧是对毁灭（死亡）恐惧的详细阐述，具有强化分裂机制和自我解体过程的作用，正如在精神病病人身上所发现的那样。

内摄和投射过程。因为，正如我前面所说的，当自我理想被投射到另一个人身上时，这个人就会因为包含了自我的好的部分而受到爱戴和崇拜。同样，基于把自我中坏的部分投射到另一个人身上而与他建立的关系也具有自恋的性质，因为在这种情况下，客体也强烈地代表了自我的一部分。这两种类型的自恋性的客体关系通常都表现出强烈的强迫特征。我们知道，控制他人的冲动是强迫性神经症的一个基本要素。控制他人的需要在某种程度上可以用控制自我部分的偏转驱力（a deflected drive）来解释。当这些部分被过度投射到他人身上时，只有通过控制他人才能控制它们。因此，强迫症机制的一个根源可以在婴儿期投射过程中产生的特殊认同中找到。这种联系也可以解释经常出现在修复倾向中的一些强迫因素。因为被强迫修复或恢复的不仅是对其产生罪疚感的客体，还有自我的某些部分。

所有这些因素都可能导致主体强迫性地与某些客体联系在一起，或者导致另一种结果，即主体对他人的退缩，以避免被他们破坏性侵入和报复的危险。对这种危险的恐惧可能会在客体关系中的各种消极态度中表现出来。例如，我的一个病人告诉我，他不喜欢受他影响太大的人，因为他们似乎变得太像他了，所以让他感到厌倦。

分裂样客体关系的另一个特点是明显的不自然和缺乏自发性。与此同时，对自我的感觉或我所说的与自我的关系也受到严重干扰。这种关系似乎也是不自然的。换句话说，心理现实和与外部现实的关系同样受到干扰。

将自我分裂出来的部分投射到另一个人身上，从根本上影响着个体的客体关系、情感生活和整体人格。为了说明这一论点，我将选择两个相互关联的普遍现象作为例子：孤独感和对离别的恐惧。我们知道，与人分离时产生抑郁情绪的一个原因是害怕客体被指向它的攻击冲动所破坏。但更具体地说，分裂和投射过程才是这种恐惧的基础。如果与客体相关的攻击性因素占主导地位，并因离别的挫折感而被强烈激发，那么个体就会感到自我分裂出去的部分被投射到客体中，以攻击性和破坏性的方式控制着客体。与此同时，我们会感觉到内部客体与外部客体一样面临着毁灭的危险，因为我们会感觉到自我的一部分被留在了外部客体中。这带来的结果是自我的过度削弱，感觉没有任何东西可以支撑自我，并产生相应的孤独感。虽然这种描述适用于神经症病人，但我认为在某种程度上，这是一种普遍现象。

无须赘言，我之前描述过的分裂样客体关系的其他特征，在正常人身上也会以较轻程度或不太明显的形式表现出来——比如害羞、缺乏自发性，或者相反，对人有特别强烈的兴趣。

以类似的方式，思维过程中的正常紊乱也与发展性的偏执-分裂心位联系在一起。因为我们每个人都有可能在某些时候出现逻辑思维的短暂障碍，这种障碍会导致思维和联想彼此割裂，情境彼此分裂；事实上，自我是暂时分裂的。

抑郁心位与偏执-分裂心位的关系

现在，我想进一步探讨婴儿的成长过程。到目前为止，我已经描述了婴儿出生后最初几个月所特有的焦虑、机制和防御。大约在第一年的第二季度，随着完整客体的内摄，婴儿在整合方面取得了显著的进展。这意味着与客体的关系发生了重大变化。对母亲的爱和恨不再是截然分开的，这带来的结果是加剧了婴儿对失去母亲的恐惧，出现类似哀悼的状态和强烈的罪疚感，因为他认识到了自己的攻击冲动指向他所爱的客体。抑郁心位凸显出来。反过来，抑郁感受的体验又会进一步整合自我，因为它促进了婴儿对心理现实的认识，使其对外部世界有更好的感知，并使内在和外在情境更好地整合起来。

在这一阶段凸显出来的修复驱力，可以被看作对心理现实有了更深刻的洞察力和整合能力不断增强的结果，因为它显示了对因所爱客体受到攻击而产生的悲伤、罪疚感和对丧失的恐惧的一种更现实的反应。由于修复或保护受伤客体的驱力为更令人满意的客体关系和升华铺平了道路，它反过来又增强了整合能力，促进了自我的整合。

在第一年的下半年，婴儿向修通抑郁心位迈出了重要的一步。然而，分裂的机制仍然存在，只是形式有所改变，程度有所减轻，而且在改变的过程中还会反复经历早期的焦虑情境。在童年的最初几年里，受迫害和抑郁心位的修通一直在持续，这在婴儿期神经症中起着至关重要的作用。在这一过程中，焦虑会逐渐消失，客体变得不再那么理想化，也不再那么可怕，自我变得更加统一。所有这一切都与对现实的感知和适应能力的增长相互关联。

如果在偏执-分裂心位下的发展没有正常进行，而婴儿由于内部或外部原因无法应对抑郁性焦虑的影响，就会出现恶性循环。因为如果迫害性恐惧和相应的分裂机制过于强大，自我就无法修通抑郁心位。这就迫使自我倒退到偏执-分裂心位，并强化了之前的迫害性恐惧和分裂现象。这样就为日后各种形式的精神分裂症奠定了基础；因为当这种倒退发生时，不仅偏执-分裂心位的固着点会得到强化，而且还有可能出现更严重的解体状态。另一个结果可能是抑郁特征加强。

当然，外部经历在这些发展过程中也非常重要。例如，在一个表现出抑郁和分裂样特征的病人的病例中，分析结果非常生动地揭示了他婴儿时期的经历，以至于他在某些环节中出现了喉咙或消化器官的躯体感觉。病人在四个月大时因为母亲生病而突然断奶。母亲回来后发现孩子发生了很大的变化。他以前是个活泼的婴儿，对周围的事物很感兴趣，但现在他似乎失去了这种兴趣。他变得冷漠。他很容易接受替代食物，事实上也从不拒绝食物。但是，他吃了这些食物后不再茁壮成长，体重减轻，消化系统也出现了很多问题。直到第一年年底，他开始吃其他食物时，身体才有所恢复。

在分析中，我们发现这些经历对他的整个成长过程产生了很大的影响。他成年后的人生观和态度都是建立在这一早期阶段所形成的模式之上的。例如，我们一再发现他有一种不加选择地受他人影响的倾向——实际上是贪婪地接受别人提供的任何东西，同时在内摄过程中非常不自信。这一过程不断受到来自各方面的焦虑的干扰，这也加剧了贪婪。

综合上述分析材料，我得出的结论是，在突然失去乳房和母亲时，病人在某种程度上已经与一个完整的好客体建立了关系。毫无疑问，他已经进入了抑郁心位，但无法成功修通这种心位，于是偏执-分裂心位得到了倒退性的强化。这表现为孩子在已经对周围的事物表现出浓厚兴趣之后的一段时间里出现的"冷漠"。事实上，他已经达到了抑郁心位，并把一个完整的客体内摄在他的人格中，这在许多方面都表现出来。实际上，他有很强的爱的能力，非常渴望有一个美好而完整的客体。他的人格中的一个特征就是渴望爱他人和信任他人，并无意识地想要重新获得并重建他曾经拥有但又失去的"美好而完整的乳房"。

分裂样与躁郁现象之间的联系

偏执-分裂心位和抑郁心位之间总会出现一些波动，这是正常发展的一部分。因此，这两个发展阶段之间并没有明确的界限；此外，改变是一个渐进的过程，在一段时间内，这两种心位的表现在某种程度上是相互交织和相互作用的。我认为，在异常的发展中，这种相互作用会影响某些形式的精神分裂症和躁郁症的临床表现。

为了说明这种联系，我将简要提及一些案例材料。我不打算在这里介绍病例史，因此只是选取了与我的主题相关的部分材料。我所说的病人是一个明显的躁郁症病例（被不止一位精神病医生诊断为躁郁症），具有躁郁症的所有特征：抑郁和躁狂状态交替出现，强烈的自杀倾向导致多次自杀未遂，以及其他各种典型的躁狂和抑郁特征。在对她进行分析的过程中，她的病情真正得到了极大的改善。她的躁狂-抑郁循环停止了，人格和人际关系也发生了根本性的变化。她各方面的功能都有了提高，而且还产生了实际的幸福感（不是躁狂性的）。然而，部分由于外部环境的影响，她进入了另一个阶段。在这个持续了数月之久的最后阶段，病人以一种特殊的方式配合了分析工作。她定期来参加分析，相当自由地进行联想，报告梦境并为分析提供材料。但她对我的诠释没有任何情绪反应，反而对它们嗤之以鼻。她很少有意识地确认我提出的想法。然而，她对我的诠释做出的反应证实了这些诠释的无意识效果。在这一阶段，她所表现出的强烈阻抗似乎只来自人格的一部分，而与此同时，另一部分却对分析工作做出了反应。这不仅是因为她性格的某些部分拒绝与我合作；这些部分之间似乎也不合作，而且当时的分析无法帮助病人实现整合。在这一阶段，她决定结束分析。外部环境在很大程度上促成了这一决定，她确定了最后一次治疗的日期。

在那一天的治疗中，她报告了以下梦境：有一个盲人为自己的失明感到非常忧虑；但他摸了摸病人的衣服，看看是怎么系的，似乎是在安慰自己。梦中的衣服让她想起了自己的一件连衣裙，扣子一直扣到喉咙处。病人对这个梦给出了两个进一步的联想。她有些抗拒地说，那个盲人就是她自己，而在提到扣子扣到喉咙处的衣服时，她说她又钻进了她的"藏身之处"。我向病人指出，她在梦中无意识地表达了她对自己的困难视而不见，她关于分析和生活中各种情况的决定与她的无意识觉知是不一致的。她承认自己钻进了"藏身之处"也说明了这一点，这意味着她在封闭自己，而这是她在分析的前几个阶段就已熟知的态度。因此，无意识的洞察力，甚至意识层面上的某些合作（承认**她**是盲人，承认她躲进了自己的"藏身之处"），都只是来自她人格的孤立部分。事实上，对这个梦的诠释并没有产生任何效果，也没有改变病人在那个特定时刻结束分析的决定。❶

在病人中断治疗前的最后几个月里，在这段分析和其他分析中遇到的某些困难的性质更加清晰地显现出来。分裂和躁郁症的混合特征决定了她疾病的性质。因为在她的整个分析过程中，抑郁和分裂的机制有时会同时出现，即使是在抑郁和躁狂状态最严重的早期阶段。例如，有几次治疗中，病人明显深陷抑郁之中，充满了自责和不值得的感觉；泪水顺着她的脸颊流下，她的姿态流露出绝望；然而，当我解释这些情绪时，她却说她根本感觉不到这些情绪。于是，她责备自己没有任何感觉，完全是空虚的。在这些治疗中，她还会出现思绪奔逸的现象，她的思想似乎是支离破碎的，表达也是杂乱无章的。

在我对这种状态背后的无意识原因进行诠释之后，病人的情绪和抑郁性焦虑有时会完全流露出来，而在这种时候，她的思维和言语会变得更加连贯。

在她的整个分析过程中，抑郁和偏执-分裂现象之间的这种密切联系以不同的形式出现，但在上述中断之前的最后阶段变得非常明显。

我已经提到了偏执-分裂心位和抑郁心位之间的发展联系。现在的问题是，这种发展上的联系是否是躁郁症和精神分裂症中这些混合特征的基础。如果这一初步假设能够得到证实，那么结论就会是，精神分裂症和躁郁症这两类疾病在发展上的联系要比人们想象的更加紧密。我认为，这也可以解释为什么忧郁症（melancholia）和精神分裂症之间的鉴别诊断非常困难。如果同行们有足够的精神病学观察材料来进一步阐明我的假设，我将不胜感激。

---

❶ 我需要指出的是，分析在中断后不久又恢复了。

一些分裂样防御

人们普遍认为，精神分裂症病人比躁郁型病人更难分析。他们的孤僻、缺乏情感的态度、客体关系中的自恋因素（这一点我在前面已经提到过了），以及弥漫在他们与分析师的整个关系中的一种疏离的敌意，都造成了一种非常困难的阻抗。我认为，病人之所以无法与分析师接触、对分析师的诠释缺乏反应，主要是分裂（splitting）过程造成的。病人自己感到陌生和遥远，而这种感觉与分析师的印象相吻合，即病人人格和情感的相当一部分是不可用的。精神分裂症病人可能会说："我听到了你说的话，你可能是对的，但对我来说毫无意义。"或者他们又会说，他们感觉自己不在那里。在这种情况下，"毫无意义"的说法并不意味着主动拒绝诠释，而是显示出病人人格和情感的一部分被割裂了。因此，这些病人无法处理诠释；他们既不能接受，也不能拒绝。

我将通过一个男病人的分析材料来说明这种状态背后的过程。在一次治疗中，这位病人首先告诉我他感到焦虑，但不知道为什么。然后，他拿自己与比他更成功、更幸运的人进行了比较。其中也提到了我。非常强烈的挫败感、嫉羡和委屈感涌上他心头。当我诠释道——在这里只给出我诠释的要点——这些感觉是针对分析师的，他想摧毁我时，他的情绪突然改变了。他的语气变得平淡，以一种慢条斯理、面无表情的方式说话，并说他觉得自己与整个情境失去了联系。他还说，我的诠释似乎是正确的，但这并不重要。事实上，他不再有任何愿望，也没有任何事情值得他费心。

我接下来的诠释集中在情绪变化的原因上。我认为，在我做出诠释的那一刻，摧毁我的危险对他来说变得非常真实，而直接后果就是害怕失去我。他现在不再感到罪疚和抑郁——在他分析的某些阶段，罪疚感和抑郁会伴随着这种诠释，而是试图用一种特殊的分裂方法来应对这些危险。我们知道，在矛盾、冲突和罪疚感的压力下，病人常常会将分析师的形象分裂开来；这样，分析师可能在某些时刻被爱，在另一些时刻被恨。或者，与分析师的关系可能以这样一种方式分裂开来，即分析师仍然是好（或坏）的形象，而其他人则成为相反的形象。但在这个特殊的案例中，这种分裂并没有发生。病人分裂出去了自己的那些部分，也就是他认为对分析师具有危险性和敌意的自我部分。他把自己的破坏性冲动从客体转向自我，结果是自我的某些部分暂时消失了。在无意识幻想中，这相当于消灭了他的部分人格。将破坏性冲动转向其人格的一部分的特殊机制，以及随之而来的情感涣散，使他的焦虑处于一种潜伏状态。

我对这些过程的诠释再次改变了病人的情绪。他变得情绪化，说他想哭、很

沮丧，但感觉更整合了；然后，他还表达了一种饥饿感。❶

　　根据我的经验，在焦虑和罪疚感的压力下，人格的一部分会被暴力分裂和摧毁，这是一个重要的分裂机制。再简单举一个例子：一位女病人梦见她必须对付一个决心要杀人的邪恶女孩。病人试图影响或控制这个女孩，并迫使她认罪，这本来是对女孩有利的；但她没有成功。我也进入了梦境，病人觉得我可以帮助她处理女孩的问题。然后，病人把女孩吊在树上来吓唬她，也防止她伤害自己。当病人准备拉绳子杀死女孩时，她醒了。在梦的这一部分，分析师也在场，但仍然没有行动。

　　在此，我将只给出我通过分析这个梦得出的结论的要点。在梦中，病人的人格分裂成两个部分：一部分是邪恶而无法控制的女孩，另一部分是试图影响和控制她的人。当然，女孩也代表了过去的各种人物，但在这个情境下，她主要代表了病人自我的一部分。另一个结论是，分析师就是那个女孩要杀害的人；而我在梦中的部分作用就是阻止谋杀的发生。杀死孩子——病人不得不这么做——代表着她人格的一部分被消灭了。

　　这里产生的一个问题是，消灭部分自我的分裂机制如何与我们所熟知的针对危险冲动的压抑相联系。然而，我在这里无法详细讨论这个问题。

　　当然，情绪的变化并不总是像我在本节中举的第一个例子那样，在一次治疗中就能明显地表现出来。但我屡次发现，对分裂的具体原因进行诠释，会促进病人的整合。这种诠释必须详细论述当时的移情情境，当然也包括与过去的联系，还必须提及焦虑情境的细节，这种焦虑情境促使自我倒退到分裂机制。根据这些思路进行的诠释所产生的整合会伴随着各种抑郁和焦虑。逐渐地，这样一波又一波的抑郁——随之而来的是更大的整合——会带来分裂现象的减轻，以及客体关系的根本变化。

分裂样病人的潜在焦虑

　　我已经提到过分裂样病人因缺乏情感而反应迟钝。与此相伴的是焦虑的缺失。因此，分析工作缺少了一个重要的支持。对于其他类型的有强烈的显性和潜在焦虑的病人，通过诠释来缓解他们的焦虑，会增强他们在分析中的合作能力。

　　分裂样病人缺乏焦虑只是表面现象。因为分裂机制意味着包括焦虑在内的情绪的分散，但这些分散的成分仍然存在于病人体内。这类病人具有某种形式的潜

---

❶ 饥饿感表明，在力比多的支配下，内摄过程又开始了。对于我最初对他害怕通过攻击来毁灭我的诠释，他立即做出了反应，暴力地分裂并消灭了他人格的各个部分，而现在他更充分地体验了悲伤、罪疚感和害怕失去的情绪，这些抑郁性焦虑也得到了一定程度的缓解。焦虑的缓解使分析师再次成为他可以信赖的好客体。因此，想要把我作为一个好客体来内摄的愿望就会出现。如果他能在自己的内心重建起“好乳房”，他就会强化并整合自我，就不会那么害怕自己的破坏性冲动；事实上，他由此可以保护自己和分析师。

在焦虑；这种潜在的焦虑是通过特殊的分散方式保持的。解体的感觉、无法体验情感的感觉、失去客体的感觉实际上就相当于焦虑。当整合取得进展时，这一点就会变得更加明显。这时，病人会感到内心世界和外部世界不仅更加整合，而且又恢复了生机，从而得到极大的解脱。在这种时刻，回想起来，当情感缺失、关系模糊不清、感觉失去人格的某些部分时，一切似乎都死气沉沉。这一切都相当于一种非常严重的焦虑。这种因分散而潜伏的焦虑在某种程度上一直存在，但其形式不同于我们在其他类型的病例中可以识别的潜在焦虑。

这些诠释倾向于整合自我中的分裂，包括情绪的分散，这使病人有可能逐渐可以体验到焦虑，尽管在很长一段时间里，我们实际上可能只能把概念内容聚集在一起，而不能引出焦虑的情绪。

我还发现，对分裂状态的诠释对我们的能力提出了特殊的要求，即我们必须以一种理性清晰的形式来进行诠释，从而在意识、前意识和无意识之间建立起联系。当然，这始终是我们的目标之一，但当病人缺乏情感，而我们似乎只能与他的理智对话时，这一点就显得尤为重要，无论他的理智有多么破碎。

我给出的这些提示可能在某种程度上也适用于分析精神分裂症病人的技术。

结　　语

现在，我将总结本文提出的一些结论。我的一个主要观点是，在出生后的头几个月里，婴儿的焦虑主要表现为对受迫害的恐惧，这就促成了某些机制和防御，而这些机制和防御对于偏执-分裂心位来说非常重要。在这些防御机制中，最突出的是将内外客体、情绪和自我分裂开来的机制。这些机制和防御是正常发展的一部分，同时也是日后精神分裂症的基础。我描述了投射性认同的基本过程，即将自我的一部分分裂出去并将其投射到另一个人身上，以及这种认同对正常客体关系和分裂样客体关系的一些影响。抑郁心位会在分裂机制由于退行而得到加强的关键时刻出现。我还提出了躁郁症和精神分裂症之间的密切联系，这种联系是建立在婴儿偏执-分裂心位和抑郁心位之间相互作用的基础之上的。

附　　记

弗洛伊德对施雷伯（Schreber）案例❶的分析包含了大量与我的主题非常相关

---

❶《对一个偏执狂（类偏执型痴呆）病人的自传式叙述的精神分析笔记》[Psycho-Analytic Notes upon an Autobiographical Account of a Case of Paranoia（Dementia Paranoides），*S.E.**12]。

* *S.E.* 指 *The Standard Edition of the Complete Psychological Works of Sigmund Freud*（《西格蒙德·弗洛伊德心理学著作全集标准版》）。

的材料，但我在此仅从中选取一些结论。

施雷伯生动地描述了他的医生弗莱西格（Flechsig，他既爱戴又受其迫害的人物）的灵魂分裂。"弗莱西格灵魂"一度引入了"灵魂分裂"系统，分裂成多达 40 到 60 个子体。这些灵魂不断繁殖，成为"讨厌鬼"，上帝对它们进行了一次突袭，结果弗莱西格灵魂"只以一种或两种形态"存活了下来。施雷伯提到的另一点是，弗莱西格灵魂的碎片慢慢失去了智慧和力量。

弗洛伊德在分析这个病例时得出的结论之一是，迫害者分裂为上帝和弗莱西格，而且上帝和弗莱西格代表了病人的父亲和兄弟。弗洛伊德在讨论施雷伯的"世界末日"妄想的各种形式时指出："无论如何，世界末日都是他（施雷伯）和弗莱西格之间爆发冲突的结果，或者说，根据他妄想第二阶段的病因，是他和上帝之间形成的不可分割的纽带的结果……"（同上，p.69）

根据本章提出的假设，我认为弗莱西格灵魂分裂成许多灵魂不仅是客体的分裂，也是施雷伯感觉自我分裂的一种投射。在此，我只想提一下这种分裂过程与内射过程之间的联系。结论本身就表明，上帝和弗莱西格也代表了施雷伯自我的一部分。弗洛伊德认为，施雷伯和弗莱西格之间的冲突在世界毁灭妄想中起着至关重要的作用，这种冲突在上帝对弗莱西格灵魂的袭击中得到了体现。在我看来，这种突袭代表了自我的一部分对其他部分的消灭，我认为这是一种分裂机制。与这种机制有关的内心毁灭和自我解体的焦虑和幻想被投射到外部世界，成为外部世界毁灭妄想的基础。

关于"世界末日"这个偏执幻想的基本过程，弗洛伊德得出了以下结论：病人撤回了他之前对于他所处环境中的人和整个外部世界的力比多贯注。因此，一切对他来说都变得不值得关心、毫不相干，只能用"奇迹般地出现、草率地凑合"这种次要的合理化方式来解释。世界末日是这种内在灾难的投射；因为他的主观世界已经终结，因为他已经将他的爱从这个世界中抽离（同上，p.70）。这一诠释具体涉及客体力比多的紊乱，以及随之而来的与人和外部世界关系的破裂。但是，弗洛伊德又进一步研究了这些干扰的另一个方面。他说："我们不能忽视这种可能性，即力比多的干扰可能会影响到自我的贯注，*但我们也不能忽视相反的可能性，即自我的异常变化可能会导致力比多过程的继发或诱发障碍。事实上，这种过程很可能是精神病的显著特征。*"（斜体由我所加）尤其是最后两句话所表达的可能性，将弗洛伊德对"世界末日"的解释与我的假设联系在了一起。正如我在本章中所说，"自我的异常变化"源自早期自我的过度分裂过程。这些过程与本能的发展以及本能欲望引起的焦虑有着千丝万缕的联系。弗洛伊德后来提出的"生死本能"理论取代了"自我本能"和"性本能"的概念，根据这一理论，力比多分配紊乱的前提是破坏性冲动和力比多之间的矛盾。我认为，自我的一部分消灭其他部分的机制是"世界末日"幻想（上帝对弗莱西格灵魂的突袭）的基础，这意味着破坏性冲动比力比多更占优势。任何自恋力比多分配中的干扰反过来又与内摄客体的关系联系在一起，而内摄客体（根据我的研究）从一开始就构成了自我的一部分。因此，自恋力比多和客体力比多之间的相互作用对应于与内摄客体和外部客体的关系之间的相互作用。如果自我和内化客体被认为是对立的，婴儿就会体验到一种内在的灾难，这种灾难既延伸到外部世界，又投射到外部世界。根据本章所讨论的假设，这种与内部灾难有关的焦虑状态产生于婴儿偏执-分裂心位时期，并构成了日后精神分裂症的基础。弗洛伊德认为，对早发性痴呆（dementia praecox）的倾向性固着在发展的很早阶段就出现了。弗洛伊德将早发性痴呆与偏执区别开来，他在谈到早发性痴呆时说："因此，固着的倾向点一定比偏执更早，一定位于从自我情欲（auto-erotism）到客体之爱（object-love）的发展过程开始的某个地方。"（同上，p.77）

我想从弗洛伊德对施雷伯案例的分析中再得出一个结论。我认为，以弗莱西格灵魂只剩一两个而告终的突袭，是修复尝试的一部分。因为突袭的目的是通过消灭自我的分裂部分来消除或可以说治愈自我的分裂。结果，只留下了一两个灵魂，我们可以认为，这些灵魂是为了恢复它们的智慧和力量。然而，这种修复的尝试是通过自我对自身及其投射客体所使用的极具破坏性的手段来实现的。

弗洛伊德研究精神分裂症和偏执问题的方法已经被证明具有根本性的重要意义。他的关于施雷伯的论文（这里我们还必须记住弗洛伊德引用的亚伯拉罕论文❶）为我们理解精神病及其内在过程提供了可能。

---

❶《癔症与早发性痴呆的心理性欲差异》（The Psycho-Sexual Differences between Hysteria and Dementia Praecox，1908）。

2

关于焦虑和罪疚感的理论
On the Theory of Anxiety and Guilt

（1948）

我关于焦虑和罪疚感的结论是多年来逐渐形成的；我们不妨回溯一下我得出这些结论的过程。

I

关于焦虑的起源，弗洛伊德首先提出了焦虑源于力比多直接转化的假设。在《抑制、症状和焦虑》（*Inhibitions，Symptoms and Anxiety*）一书中，他回顾了自己关于焦虑起源的各种理论。正如他所说的那样："我提议公正地收集我们所知道的所有有关焦虑的事实，但并不期望得出新的综合结论。"（*S.E.* 20，p.132）他再次指出焦虑源于力比多的直接转化，但现在似乎不再那么重视焦虑起源的"经济"（economic）方面。他在以下陈述中对这一观点进行了限定："我认为，如果我们明确地指出，作为压抑的结果，本我在兴奋过程中的预期过程根本没有发生，那么整个问题就可以澄清了；自我成功地抑制或转移了它。如果是这样的话，压抑下的'情感转化'问题就不复存在了。"（p.91）还有："焦虑是如何在压抑中产生的，这个问题可能并不简单；但我们完全可以坚持自我是焦虑的真正根源这一观点，并放弃我们之前的观点，即被压抑冲动的贯注能量会自动转化为焦虑。"（p.93）

关于幼儿焦虑的表现形式，弗洛伊德说，焦虑产生于幼儿"想念一个被爱和渴望的人"（p.136）。在谈到女孩最基本的焦虑时，他描述了婴儿期对失去爱的恐惧，他所使用的术语在某种程度上似乎对男婴儿和女婴儿都适用："如果一个母亲缺席或撤回了她对孩子的爱，孩子就不再确信自己的需要能得到满足，也许就会产生最痛苦的紧张感。"（*S.E.* 22，p.87）

在《精神分析新论》（*New Introductory Lectures on Psycho-Analysis*）中，弗洛伊德在提到焦虑源于未满足的力比多的转化这一理论时说，这一理论"在一些经常发生的儿童恐惧症中得到了支持……婴儿恐惧症和焦虑性神经症中的焦虑预期为我们提供了两个例子，证明了神经症性焦虑的起源——力比多的直接转化"（*S.E.* 22，pp.82-83）。

从这些段落和类似的段落中，我们可以得出两个结论（我将在后面再讨论）：（a）在幼儿身上，未得到满足的力比多兴奋会转化为焦虑；（b）焦虑的最早内容是婴儿的危险感，担心他的需要会因为母亲"缺席"而得不到满足。

II

关于罪疚感，弗洛伊德认为它起源于俄狄浦斯情结，是俄狄浦斯情结的继承者。然而，在一些段落中，弗洛伊德明确提到了在生命的早期阶段产生的冲突和罪疚感。他写道："……罪疚感是*爱欲*（*Eros*）与*毁灭或死本能之间永恒斗争*的矛盾冲突的表现。"他还写道："……由于*矛盾心理引起的与生俱来的冲突*，由于*爱与死亡趋势之间的永恒斗争*……罪疚感增加了。"❶（斜体由我所加）

---

❶ 出自弗洛伊德的《文明及其不满》（*Civilization and its Discontents*），*S.E.* 21，pp.132,133。

此外，在谈到一些作者提出的挫折会加剧罪疚感的观点时，他说："我们如何从动力和经济学的角度，来解释在*情欲需求得不到满足*的情况下出现的罪疚感增强呢？这似乎只能以一种迂回的方式来实现——如果我们假设，阻止情欲的满足，会唤起对干扰这种满足的人的攻击性，而这种攻击性又必须反过来被压制。但如果是这样的话，那*毕竟只是攻击性被压制并被移交给超我而转化为罪疚感*。我相信，如果精神分析关于罪疚感起源的发现仅限于攻击性本能，那么许多过程将会有更简单、更清晰的解释。"❶（斜体由我所加）

弗洛伊德在这里明确指出，罪疚感源于攻击行为，这一点与上文引述的句子（"天生的矛盾冲突"）共同表明，罪疚感产生于发展的早期阶段。不过，从弗洛伊德在《精神分析新论》中再次总结的整体观点来看，他显然坚持了自己的假设，即罪疚感是俄狄浦斯情结的继承者。

亚伯拉罕，特别是他对力比多组织❷的研究，为人类最初阶段的发展提供了许多启示。他在婴儿性欲领域的发现，与研究焦虑和罪疚感起源的新方法密不可分。亚伯拉罕认为："在以食人性欲为目标的自恋阶段，本能抑制的第一个证据以病理性焦虑的形式出现。克服食人冲动的过程与罪疚感密切相关，罪疚感作为第三阶段（早期的肛门施虐）的典型抑制现象而凸显出来。"❸

因此，亚伯拉罕对我们理解焦虑和罪疚感的起源做出了实质性的贡献，因为他首先指出焦虑和罪疚感与食人欲望的联系。他把自己对心理性欲发展的简短研究比作"特快列车时刻表，其中只列出了列车停靠的大站"。他认为，"这种摘要无法标出中间的停靠站点"。❹

III

我自己的工作不仅证实了亚伯拉罕关于焦虑和罪疚感的发现，并从正确的角度展示了它们的重要性，而且还将它们与在分析幼儿时发现的一些新事实结合起来，从而进一步发展了它们。

当我分析婴儿期的焦虑情境时，我认识到来自各方面的施虐冲动和幻想的根

---

❶ 同前，p.138。在同一本书中（p.130），弗洛伊德接受了我的假设[在我的论文《俄狄浦斯冲突的早期阶段》（Early Stages of the Oedipus Conflict，1928）和《象征形成在自我发展中的重要性》（The Importance of Symbol-Formation in the Development of the Ego，1930a）中表达过]，即超我的严苛性在某种程度上是儿童的攻击性投射到超我上的结果。

❷ 《关于力比多发展的一个简短研究——从精神障碍的视角》（A Short Study of the Development of the Libido, Viewed in the Light of Mental Disorders）（Abraham，1924）（译者注：以下简称《关于力比多发展的一个简短研究》）。

❸ 同上，p.496。

❹ 同上，pp.495-496。

本重要性，它们在发展的最初阶段汇聚在一起并达到顶峰。我还认识到，早期的内射和投射过程导致在自我中形成"全好"的客体、极端可怕和迫害性的客体。这些形象是根据婴儿自身的攻击冲动和幻想构建出来的，也就是说，他把自己的攻击性投射到内部人物上，这些内部人物构成了他早期超我的一部分。婴儿除了这些来源的焦虑之外，还有对他第一个所爱的（内在和外在）客体的攻击冲动所产生的罪疚感。❶

在后来的一篇论文❷中，我用一个极端的例子说明了婴儿的破坏性冲动所引起的焦虑所造成的病理影响，并得出结论，自我最早的防御（在正常和异常发展中）是针对攻击冲动和幻想所引起的焦虑。❸

几年后，为了更全面地了解婴儿的施虐幻想及其起源，我开始将弗洛伊德关于生与死本能之间斗争的假设应用到分析幼儿时获得的临床材料中。我们记得弗洛伊德曾说过："危险的死本能在个体身上有各种不同的处理方式：它们一部分通过与情欲成分融合而变得无害，一部分以攻击的形式转向外部世界，而在很大程度上，它们无疑继续不受阻碍地进行着内部工作。"❹

沿着这条思路，我提出了一个假设❺，即焦虑是由死本能威胁有机体的危险引起的；我认为这是焦虑的主要原因。弗洛伊德对生与死本能之间斗争（这导致一部分死本能向外偏转，并导致两种本能的融合）的描述将指向一个结论，即焦虑源于对死亡的恐惧。

在关于受虐❻的论文中，弗洛伊德就受虐与死本能之间的联系得出了一些基本结论，并从这个角度考虑了死本能向内转化的活动所产生的各种焦虑。然而，在这些焦虑中，他并没有提到对死亡的恐惧。❼

在《抑制、症状和焦虑》一书中，弗洛伊德讨论了他为什么不把对死亡的恐惧（或对生命的恐惧）视为原发性焦虑。他的这一观点基于他的观察，即"无意识中似乎没有东西可以为我们的生命毁灭概念提供任何内容"（S.E. 20，p.129），他指出，除了可能的昏厥之外，没有任何类似死亡的体验，并得出结论，"对死亡的恐惧应被视为类似于对阉割的恐惧"。

---

❶ 参见我的论文《俄狄浦斯冲突的早期阶段》（Early Stages of the Oedipus Conflict, 1928）。

❷《象征形成在自我发展中的重要性》（1930a）。

❸ 我在《儿童精神分析》一书的第 8 章和第 9 章中从不同角度更全面地阐述了这个问题。

❹《自我与本我》（The Ego and the Id, 1923），S.E.19，p.54。

❺ 参见《儿童精神分析》，pp.126-127。

❻ 弗洛伊德在《受虐中的经济问题》（The Economic Problem in Masochism, 1924）这篇论文中首次将本能的新分类应用于临床问题。"道德受虐因此成为本能融合存在的经典证据"（S.E. 19，p.170）。

❼ 同上，p.164。

我不同意这种观点，因为我的分析观察表明，在无意识中存在着对生命毁灭的恐惧。我还认为，如果我们假定存在死本能，那么我们也必须假定在心灵的最深处存在着对这种本能的反应，其形式就是对生命毁灭的恐惧。因此，在我看来，死本能的内在作用所产生的危险是焦虑的首要原因。❶ 由于生死本能之间的斗争贯穿人的一生，这种焦虑的根源永远不会消除，并作为一个永恒的因素进入所有焦虑情境之中。

我之所以认为焦虑源于对毁灭的恐惧，是因为我在对幼儿进行分析时积累的经验。在这些分析中，当婴儿最早的焦虑情境被重新唤起并重复出现时，就可以发现一种最终指向自我的本能的内在力量，这种力量如此强大，其存在似乎是毋庸置疑的。即使我们考虑到内部和外部的挫折在破坏性冲动的变化中所起的作用，这一点仍然是正确的。这里不适合提供详细的证据来支持我的论点，但我要引用我在《儿童精神分析》（p.127）中提到的一个例子来说明。一个五岁的男孩经常假装他有各种野生动物，如大象、豹子、鬣狗和狼，来帮助他对付敌人。这些动物代表着危险的客体——迫害者，他已经驯服了这些动物，可以用它们来保护自己，对抗敌人。但分析表明，这些动物也代表了他自己的施虐冲动，每种动物都代表了一种特定的施虐来源和与此相关的器官。大象象征着他的肌肉施虐，象征着他踩踏的冲动。撕咬着的豹子代表着他的牙齿和指甲，以及它们在攻击中的作用。狼象征着他的排泄物，具有破坏性。他有时会非常害怕，害怕他驯服的野生动物会反过来消灭他。这种恐惧表达了他受到自身破坏力（以及内部迫害者）威胁的感觉。

正如我通过这个例子所说明的，对幼儿产生的焦虑进行分析，可以让我们很好地了解死亡恐惧在无意识中的存在形式，也就是说，这种恐惧在各种焦虑情境中所扮演的角色。我已经提到过弗洛伊德的《受虐中的经济问题》，这篇论文基于他对死本能的新发现。以他列举的第一种焦虑情境"害怕被图腾动物（父亲）吃掉"为例❷，在我看来，这毫不掩饰地表达了对自我彻底毁灭的恐惧。对被父亲吞噬的恐惧来自婴儿对吞噬其客体的冲动的投射。以这样的方式，母亲的乳房（和母亲）首先成为婴儿心中的吞噬性的客体❸，这种恐惧很快延伸到父亲的阴茎和父亲身上。与此同时，由于吞噬从一开始就意味着被吞噬对象的内化，自我便被认为包含了被吞噬的（devoured）和吞噬性（devouring）的客体。这样，超我就基于吞噬性的乳房（母亲）[再加上吞噬性的阴茎（父亲）]建立起来。这些残酷而危险的内在人物成为死本能的代表。与此同时，早期超我的另一方面首先是由内化的

❶ 我在《关于一些分裂机制的说明》（Notes on some Schizoid Mechanisms，1946）中得出结论，这种原发性焦虑情境在精神分裂症中起着重要作用。

❷ *S.E.* 19, p.165。

❸ 参见艾萨克斯（Isaacs，1952）论文中的例子：一个男孩说他妈妈的乳房咬了他，一个女孩认为她妈妈的鞋子会把她吃掉。

好乳房（加上父亲的好阴茎）形成的，它被认为是一个滋养和有帮助的内在客体，是生本能的代表。对被毁灭的恐惧包括对内部好乳房被摧毁的焦虑，因为这个客体被认为是维持生命不可或缺的。死本能对自我的威胁与内化的吞噬性的父母所带来的危险紧密相连，并构成了对死亡的恐惧。

根据这种观点，对死亡的恐惧从一开始就进入了对超我的恐惧之中，而不是像弗洛伊德所说的那样，是对超我恐惧的"最终转化"。❶

至于弗洛伊德在其关于受虐狂的论文中提到的另一种基本危险情境，即对阉割的恐惧，我想说，是死亡恐惧进入并强化了阉割恐惧，而不是"类似于"阉割恐惧。❷由于生殖器不仅是最强烈的力比多满足的源泉，而且也是爱欲的代表，生殖是对抗死亡的基本方式，所以失去生殖器就意味着维持和延续生命的创造力的终结。

<h2 style="text-align:center">IV</h2>

在我们试图以具体的形式来想象原发性焦虑，即对毁灭的恐惧时，我们必须记住婴儿在面对内部和外部危险时的无助。我认为，由内在死本能的活动所产生的主要危险情境，会让婴儿感受到一种压倒性的攻击，是一种迫害。在这方面，让我们首先考虑一下死本能向外偏转所产生的一些过程，以及这些过程是如何影响与外部和内部情境有关的焦虑的。我们可以假设，生死本能之间的斗争在出生时就已经开始，并加剧了这种痛苦体验所引起的受迫害焦虑。这种体验似乎会使外部世界，包括第一个外部客体，即母亲的乳房，变得充满敌意。因此，自我会将破坏性冲动转向这个原初客体。幼小的婴儿认为，乳房导致的挫折实际上意味着生命危险，这是对他对乳房的破坏性冲动的报复，导致挫折的乳房正在迫害他。此外，他还把自己的破坏性冲动投射到乳房上，也就是说，把死本能向外偏转；这样，受到攻击的乳房就成了死本能的外部代表。❸"坏"乳房也会被投射出来，我们可以认为，这加剧了内部的危险情境，即对内部死本能活动的恐惧。这些过程很可能同时发生，因此我对它们的描述不是按时间顺序的。概括地说：由于投射作用，带来挫折的（坏的）外部乳房成了死本能的外部代表；通过内摄，它强

---

❶《抑制、症状和焦虑》（*S.E.* 20，p.140）。

❷ 关于与阉割恐惧相互作用的焦虑来源的详细讨论，请参阅我的论文《从早期焦虑看俄狄浦斯情结》（The Oedipus Complex in the Light of Early Anxieties），[《论文集》（*Writings*）第1卷]。

❸ 我在《儿童精神分析》（p.124及以下各页）中提出，婴儿最早出现的喂养困难是受迫害恐惧的一种表现。（我指的是那些即使母亲奶水充足，而且似乎没有任何外部因素妨碍婴儿获得令人满意的喂养状况，但仍会出现喂养困难的情况。）我得出的结论是，如果过度恐惧，就会对力比多欲望产生深远的抑制作用。另请参阅我的论文《婴儿的情感生活》（The Emotional Life of the Infant）。

化了主要的内部危险情境；这导致自我有更强烈的冲动，要把内部的危险（主要是死本能的活动）转移（投射）到外部世界。因此，在对内部和外部坏客体的恐惧之间，在死本能作用于内部和向外偏转之间，存在着不断的波动。在这里，我们看到了生命之初投射与内摄之间相互作用的一个重要方面。外部危险是在内部危险的基础上体验到的，因此会被强化；另一方面，任何来自外部的威胁都会加剧内心的长期危险情境。这种相互作用在某种程度上贯穿人的一生。斗争在某种程度上被外化这一事实本身就缓解了焦虑。内部危险情境的外化是自我抵御焦虑的最早方法之一，并且在发展过程中仍具有基础性作用。

死本能向外偏转的活动，以及它在内部的作用，都不能脱离生本能同时进行的活动来考虑。在死本能向外偏转的同时，生本能以力比多的方式依附于外部客体，即令人满足（好）的乳房，后者成为生本能的外部代表。这种好客体的内摄加强了生本能内在的力量。内化的好乳房被认为是生命的源泉，是自我的重要组成部分，保护它成为一种迫切需要。因此，首个所爱客体的内摄与生本能产生的所有过程密不可分。好的内化乳房和坏的吞噬性的乳房构成了超我好坏两方面的核心；它们是自我中生死本能斗争的代表。

第二个重要的被内摄的部分客体是父亲的阴茎，它也被赋予了好的和坏的品质。这两个危险的客体——坏乳房和坏阴茎——是内部和外部迫害者的原型。痛苦的体验、被视为迫害的来自内部和外部的挫折体验，被主要归因于外部和内部的迫害性客体。在所有这些体验中，受迫害焦虑和攻击性会相互加强。因为，婴儿通过投射产生的攻击冲动在他构建迫害形象的过程中起着根本性的作用，而正是这些人物增强了他的受迫害焦虑，反过来又加强了他对危险的外部和内部客体的攻击冲动和幻想。

在我看来，成年人的偏执障碍是基于出生后头几个月所体验的受迫害焦虑。偏执病人对受迫害的恐惧的本质是感觉到有一个敌对机构执意要给他带来痛苦，伤害他并最终毁灭他。这个迫害机构可以由一个或许多人来代表，甚至可以由自然的力量来代表。可怕的攻击可能会有无数种具体的形式；但我认为，偏执病人迫害性恐惧的根源是对自我毁灭的恐惧，最终是对死本能的恐惧。

V

现在，我将更具体地讨论罪疚感与焦虑之间的关系，在这方面，首先我将重新考虑弗洛伊德和亚伯拉罕关于焦虑与罪疚感的一些观点。弗洛伊德主要从两个角度来探讨罪疚感问题。一方面，他毫无疑问地认为焦虑和罪疚感是紧密相连的。另一方面，他得出结论，"罪疚感"一词只适用于良知的表现，后者是超我发展的结果。在他看来，超我是俄狄浦斯情结的继承者。因此，在他看来，"良心"和"罪疚感"这两个词还不适用于四五岁以下的儿童，并且生命最初几年的焦虑与罪

疚感是截然不同的。❶

　　亚伯拉罕（1924）认为，罪疚感是在早期肛门施虐阶段（即比弗洛伊德假定的年龄早得多）克服食人冲动（即攻击冲动）时产生的；但他没有考虑过焦虑和罪疚感之间的区别。费伦齐也不关心焦虑和罪疚感之间的区别，他认为在肛门期会产生某种罪疚性质的东西。他的结论是，可能存在着一种超我的生理前驱，他称之为"括约肌道德"。❷

　　欧内斯特·琼斯（Ernest Jones，1929）研究了恨、恐惧和罪疚感之间的相互作用。他区分了罪疚感发展的两个阶段，并建议将第一个阶段称为罪疚感的"前邪恶"阶段。他将这一阶段与超我发展的施虐性的前生殖器阶段联系起来，并指出罪疚感"总是不可避免地与仇恨冲动联系在一起"。第二个阶段是"……罪疚感的正常阶段，其功能是防范外部危险"。

　　在我的论文《论躁郁状态的心理成因》中，我区分了两种主要的焦虑形式——受迫害焦虑和抑郁性焦虑，但指出这两种焦虑形式之间的区别绝不是一目了然的。考虑到这一局限性，我认为从理论和实践的角度来看，区分这两种焦虑形式都是有价值的。在上述论文中，我得出的结论是：受迫害焦虑主要与自我毁灭有关；抑郁性焦虑主要与主体的破坏性冲动对内外所爱客体造成的伤害有关。抑郁性焦虑的内容是多方面的，比如：好的客体受伤了，遭受痛苦，处于恶化状态；它变成了坏的客体；它被消灭、丧失了，再也不会存在了。我还得出结论，抑郁性焦虑与罪疚感和修复倾向密切相关。

　　当我在上面提到的论文中首次提出抑郁心位的概念时❸，我认为抑郁性焦虑和罪疚感是随着客体的整体内摄而产生的。然而，我对抑郁心位之前的偏执-分裂心位的进一步研究使我得出这样的结论：虽然在第一阶段，破坏性冲动和受迫害焦虑占主导地位，但抑郁性焦虑和罪疚感已经在婴儿最早的客体关系（即与母亲乳房的关系）中发挥了一定的作用。

---

❶ 下面这段话对焦虑与罪疚感之间的联系作了重要阐述："在这里，也许我们可以高兴地指出，罪疚感从根本上说只不过是焦虑的一种地形变化。"（《文明及其不满》第21卷，p.135）另外，弗洛伊德明确区分了焦虑和罪疚感。在讨论罪疚感的发展时，他提到"罪疚感"一词用于早期的"良心不安"表现时说："这种心理状态被称为'良心不安'；但实际上它并不配得这个名字，因为在这个阶段，罪疚感显然只是对失去爱的恐惧，即'社会性'焦虑。对于小孩子来说，它永远不可能是别的什么东西，但是对于许多成年人来说，它也只是在某种程度上发生了变化，父亲或父母双方的地位被更大的人类社会所取代……只有当权威通过超我的建立而被内化时，才会发生巨大的变化。这时，良知现象达到了一个更高的阶段。实际上，直到现在我们才应该谈论良心或罪疚感。"（*S.E.* 21，pp.124-125）

❷ 参见费伦齐的《性习惯的精神分析》（Psycho-Analysis of Sexual Habits）（1925，p.267）。

❸ 《关于一些分裂机制的说明》。

在偏执-分裂心位，也就是出生后的头三四个月，分裂过程达到了顶峰，包括第一个客体（乳房）的分裂和对它的情感的分裂。恨和受迫害焦虑指向带来挫折的（坏）乳房，而爱和安慰则联系到带来满足的（好）乳房。然而，即使在这个阶段，这种分裂过程也不会完全有效；因为从生命的一开始，自我就趋向于整合自己，趋向于整合客体的不同方面（这种倾向可以看作生本能的一种表现）。即使在年幼的婴儿身上，似乎也会出现短暂的整合状态——随着发展的推进，这种状态会变得更加频繁和持久——在这种状态下，好乳房和坏乳房之间的分裂就不那么明显了。

在这种整合状态下，指向部分客体的爱与恨之间会产生某种程度的结合，根据我目前的观点，这种结合会产生抑郁性焦虑、罪疚感以及对受伤害的被爱客体——首先是对好乳房——进行修复的愿望。❶也就是说，我现在把抑郁性焦虑的产生与部分客体的关系联系起来了。这一修改来自我对自我的最初阶段的进一步研究，也是对婴儿情感发展的渐进性有了更充分认识的结果。我认为，抑郁性焦虑的基础是对作为整体的客体的破坏性冲动和爱之间的整合，这一观点没有改变。

接下来，让我们来看看这种修改在多大程度上影响了抑郁心位的概念。我现在将这种心位描述如下：在三至六个月期间，自我的整合取得了相当大的进展。婴儿的客体关系及其内摄过程的性质发生了重大变化。婴儿越来越把母亲看作一个完整的人，并把她作为自己的投射对象。这意味着婴儿对母亲有了更全面的认同并建立了更稳定的关系。虽然这些过程仍主要集中在母亲身上，但婴儿与父亲（以及他所处环境中的其他人）的关系也发生了类似的变化，父亲在他的心目中也成为一个完整的人。与此同时，分裂过程的强度减弱，主要与整体客体有关，而在早期阶段则主要与部分客体有关。

客体的不同方面和相互冲突的感觉、冲动和幻想，在婴儿的脑海中越来越接近。受迫害焦虑持续存在，并在抑郁心位中发挥着作用，但其数量会减少，抑郁性焦虑会取代受迫害焦虑。由于感到受到攻击冲动伤害的是所爱的人（内在的和外在的），婴儿的抑郁情绪更加强烈，比前一阶段稍纵即逝的抑郁性焦虑和罪疚体验更加持久。更整合的自我现在越来越多地面对一个非常痛苦的心理现实——来自内化的受伤的父母（他们现在是完整客体、人）的抱怨和责备。在更大的痛苦压力下，这些心理现实必须得到处理。这就导致了一种压倒性的冲动，即保护、修复或恢复所爱客体——修复的倾向。作为处理这些焦虑的另一种方法，很可能

---

❶ 不过，我们必须记住，即使在这个阶段，母亲的脸和手，以及她的整个身体，都会越来越多地参与到婴儿与母亲作为一个人的关系的逐步建立过程中。

是同时使用的方法，自我会强烈地诉诸躁狂防御。❶

我所描述的发展不仅意味着爱的感觉、抑郁性焦虑和罪疚感在质和量上的重要变化，而且意味着构成抑郁心位的各种因素的新组合。

从上述描述中可以看出，我对抑郁性焦虑和罪疚感较早出现的观点的修改，并没有从根本上改变我对抑郁心位的观念。

现在，我想更具体地探讨抑郁性焦虑、罪疚感和修复冲动的产生过程。正如我所描述的，抑郁性焦虑的基础是自我将对完整客体的破坏性冲动和爱的感觉整合在一起的过程。我认为，罪疚感的本质是一种感觉，即对所爱客体的伤害是由主体的攻击性冲动造成的。（婴儿的罪疚感可能会延伸到所爱客体所遭受的一切伤害——甚至是他的迫害客体所造成的伤害。）消除或修复这种伤害的冲动源于是主体造成了伤害的感觉，即源于罪疚感。因此，修复倾向可以被视为罪疚感的结果。

现在的问题是：罪疚感是抑郁性焦虑的一个因素吗？它们是同一过程的两个方面，抑或其中一个是另一个的结果或表现？虽然我目前还无法给出一个明确的答案，但我认为抑郁性焦虑、罪疚感和修复冲动往往是同时存在的。

抑郁性焦虑、罪疚感和修复倾向似乎只有在对客体的爱高于破坏性冲动时才会出现。换句话说，我们可以认为，爱战胜恨——最终是生本能战胜死本能——的反复体验是自我整合自身和客体不同方面的能力的基本条件。在这种状态或时刻，与客体坏的方面的关系，包括受迫害焦虑，已经消退。

然而，在出生后的头三四个月，也就是抑郁性焦虑和罪疚感开始出现的阶段（根据我目前的观点），分裂过程和受迫害焦虑达到了顶峰。因此，受迫害焦虑很快就会干扰整合的进展，而抑郁性焦虑、罪疚感和修复的体验只能是暂时性的。因此，受伤的所爱客体可能会迅速转变为迫害者，修复或恢复所爱客体的冲动可能会转变为安抚和讨好迫害者的需要。但即使是在下一阶段，即抑郁心位（在这一阶段中，更整合的自我日益内摄并建立起一个完整的人），受迫害焦虑依然存在。正如我所描述的，在这一时期，婴儿不仅会体验到悲伤、抑郁和罪疚感，还会体验到与超我的坏方面有关的受迫害焦虑；对受迫害焦虑的防御与对抑郁性焦虑的防御同时存在。

我曾多次指出，抑郁性焦虑和受迫害焦虑之间的区分是基于一个限制性的概念。然而，在精神分析实践中，许多工作者发现，区分受迫害焦虑和抑郁性焦虑有助于理解和揭示情绪状况。以一个我们在分析抑郁症病人时可能会遇到的典型情况为例：在某次治疗中，病人可能会对自己无力挽回自己造成的伤害而产生强烈的罪疚感和绝望感。然后，情况发生了彻底的变化：病人突然提出了一些迫害

---

❶ 关于躁狂防御的概念及其在精神生活中的广泛应用，我在《论躁郁状态的心理成因》和《哀悼及其与躁郁状态的关系》（Mourning and its Relation to Manic-Depressive States）两篇论文中有详细论述，这两篇论文都收录在我的《论文集》第1卷中。

性的材料。分析师和分析工作被指责除了伤害之外没有什么作用，病人表达的这些不满重新激活了其早年养育中的挫折感。导致这种变化的过程可以概括如下：受迫害焦虑占据主导地位，罪疚感消退，对客体的爱似乎也随之消失。在这种改变了的情绪状态下，客体变坏了，不能被爱了，因此指向它的破坏性冲动似乎变得合理了。这意味着，为了摆脱罪疚感和绝望的沉重负担，受迫害焦虑和防御得到了加强。当然，在许多病例中，病人可能会同时表现出大量的受迫害焦虑和罪疚感，而受迫害焦虑占主导地位的变化并不总是像我在这里描述的那样明显。但在每一个这样的病例中，区分受迫害焦虑和抑郁性焦虑有助于我们理解我们试图分析的过程。

一方面是抑郁性焦虑、罪疚感和修复，另一方面是受迫害焦虑和对它的防御，这两者之间的概念区别不仅对于分析工作是有用的，而且具有更广泛的意义。它揭示了与人类情绪和行为研究相关的许多问题。❶我发现这个概念在一个特别的领域很有启发性，那就是对儿童的观察和理解。

在此，我将简要总结我在本节中提出的关于焦虑与罪疚感之间关系的理论结论。罪疚感与焦虑（更确切地说，是一种特殊形式的焦虑，即抑郁性焦虑）密不可分；罪疚感带来了修复倾向，而且它产生于生命的最初几个月，与超我的最初阶段有关。

VI

主要的内部危险与外部威胁之间的相互关系揭示了"客观焦虑"与"神经症性焦虑"的问题。弗洛伊德对客观焦虑和神经症性焦虑的区别作了如下定义："真正的危险是已知的危险，现实的焦虑是对这种已知危险的焦虑。神经症性焦虑是对未知危险的焦虑。因此，神经症性危险是一种尚待发现的危险。分析表明，它是一种本能的危险。"❷又如："真正的危险是来自外部客体的威胁，而神经症性危险则是来自本能需求的威胁。"❸

然而，在某些联系中，弗洛伊德提到了这两种焦虑来源之间的相互作用❹，而一般的分析经验表明，客观焦虑和神经症性焦虑之间的区别并不明显。

---

❶ 莫尼-凯尔（R.E.Money-Kyrle）在他的论文《走向共同目标——精神分析对伦理学的贡献》（Towards a Common Aim-a Psycho-Analytical Contribution to Ethics）中，将受迫害焦虑和抑郁性焦虑的区别应用于对一般伦理的态度，特别是对政治信仰的态度，并在他的书《精神分析与政治》（Psycho-Analysis and Politics）中进一步扩展了这些观点。

❷ 《抑制、症状和焦虑》（S.E. 20，p.165）。

❸ 同上，p.167。

❹ 弗洛伊德在谈到某些神经症性焦虑时，提到了这种源于外部和内部原因的焦虑之间的相互作用。"危险是已知的，但对它的焦虑却过于强烈，超过了应有的程度……分析表明，在已知的真实危险之外，还附加了未知的本能危险。"（同上，pp.165-166）

在此，我将回到弗洛伊德的说法，即焦虑是由于孩子"想念一个被爱和渴望的人"。❶ 弗洛伊德在描述婴儿对丧失的基本恐惧时说："他还不能区分暂时的离开和永久的失去。*一旦他想念母亲，他就会表现得好像再也见不到她了*；在他了解到母亲消失后通常会再次出现之前，需要反复的安慰体验来证明情况并非如此。"❷（斜体由我所加）

在另一段描述对失去爱的恐惧的文字中，他说："如果发现母亲不在身边，婴儿的焦虑显然会延长。你会意识到，这种焦虑是*多么真实地表明了一种危险的情境*。如果母亲不在身边，或者从孩子那里收回了她的爱，孩子就不再确信自己的需要能得到满足，也许就会暴露在最令人痛苦的紧张情绪中。"❸（斜体由我所加）

然而，在同一本书的前几页，弗洛伊德从神经症性焦虑的角度描述了这种特殊的危险情境，这似乎表明他是从两个角度来看待这种婴儿情境的。在我看来，婴儿害怕丧失的两个主要来源可以描述如下：其一是孩子完全依赖母亲来满足自己的需求和缓解紧张。由此产生的焦虑可称为客观焦虑。焦虑的另一个主要来源是婴儿担心所爱的母亲已被他的施虐冲动摧毁或有被摧毁的危险，这种恐惧可称为神经症性焦虑，与作为不可或缺的外部（和内部）好客体的母亲有关，并源于婴儿感到母亲再也不会回来了。从一开始，这两种焦虑源之间，即客观焦虑和神经症性焦虑之间，或者换句话说，来自外部和内部的焦虑之间，就存在着持续的相互作用。

此外，如果外部危险从一开始就与来自死本能的内部危险联系在一起，那么任何来自外部的危险情境都不可能被幼儿视为纯粹的外部已知危险。但是，并非只有幼儿无法做出如此明确的区分：在某种程度上，外部和内部危险情境之间的相互作用贯穿人的一生。❹

在战时进行的分析清楚地表明了这一点。即使是正常成年人，由空袭、炸弹、火灾等引起的焦虑，即由"客观"危险情境引起的焦虑，似乎也只能通过分析实际情境的影响以及由其引起的各种早期焦虑来减轻。在许多人身上，来自这些方面的过度焦虑导致了对客观危险情境的强烈否认（躁狂防御），表现为表面上的不恐惧。这种情况在儿童身上很常见，不能仅仅用他们对实际危险的认识不全面来解释。分析表明，客观危险情境唤醒了儿童早期的幻想焦虑，以至于不得不否认

---

❶ 同上，p.136。

❷ 同上，p.163。

❸ 《精神分析新论》（*S.E.* 22，p.87）。

❹ 正如我在《儿童精神分析》第 192 页中指出的那样："如果一个正常人受到严重的内在或外在压力，或者如果他生病或在其他方面失败了，我们就会在他身上看到他内心深处的焦虑情境的全面而直接的运作。既然每个健康的人都有可能患上神经症，那么他就不可能完全放弃原有的焦虑情境。"

客观危险情境。在另一些情况下，尽管战时危险重重，但某些儿童仍能保持相对稳定，这与其说是由躁狂防御决定的，不如说是由于他们成功地克服了早期的受迫害焦虑和抑郁性焦虑，从而对内心世界和外部世界都产生了更大的安全感，并与父母建立了良好的关系。对于这样的孩子，即使父亲不在身边，母亲的存在和家庭生活所带来的安全感也能抵消客观危险所激起的恐惧。

如果我们还记得，幼儿对外部现实和外部客体的感知一直受到其幻想的影响和渲染，而且这种情况在某种程度上会持续一生，那么我们就可以理解这些观察结果了。即使是正常人，在外部经历引起焦虑时，也会立即激活来自心理内部的焦虑。客观焦虑和神经症性焦虑之间的相互作用，或者换句话说，由外部和内部产生的焦虑之间的相互作用，相当于外部现实和心理现实之间的相互作用。

在评估焦虑是否具有神经症性时，我们必须考虑弗洛伊德反复提到的一点，即来自内心的焦虑的数量。然而，这一因素与自我对焦虑进行适当防御的能力有关，即与焦虑强度与自我强度的比例有关。

VII

在我对这些观点的陈述中，隐含的意思是，这些观点是从一种与精神分析思想的主要趋势大相径庭的攻击性方法发展而来的。弗洛伊德首先发现攻击性是儿童性活动中的一个要素——作为力比多（施虐）的附属品。这带来的影响是，在很长一段时间里，精神分析的兴趣集中在力比多上，而攻击性或多或少被视为力比多的附属品。❶1920 年，弗洛伊德发现死本能表现为破坏性冲动，并与生本能融合在一起；1924 年，亚伯拉罕对幼儿的施虐倾向进行了更深入的探索。但即使在这些发现之后，从大量的精神分析文献中可以看出，精神分析思想仍然主要关注力比多和对力比多冲动的防御，并相应地低估了攻击性的重要性及其影响。

从我开始从事精神分析工作起，我的兴趣就集中在焦虑及其成因上，这使我更接近于理解攻击与焦虑之间的关系。❷对幼儿的分析（我为此发展了游戏技术）支持了我的这一观点，因为这些分析表明，只有通过分析幼儿的施虐幻想和冲动，并更深刻地认识到攻击性在施虐和焦虑的成因中所占的份额，才能缓解幼儿的焦虑。对攻击性的重要性进行更全面的评估，使我得出了一些理论结论，并在论文《俄狄浦斯冲突的早期阶段》中作了阐述。在那篇文章中，我提出了这样一个假设：在儿童的正常和病理性发展过程中，生命第一年产生的焦虑和罪疚感都与内摄和投射过程、超我发展的最初阶段以及俄狄浦斯情结密切相关；在这些焦虑中，攻击性和对攻击性的防御是最重要的。

---

❶ 参见葆拉·海曼（1952）的论文，她在论文中讨论了这种关注力比多的理论偏见及其对理论发展的影响。

❷ 我在第一部论文集中已经重点强调了这种焦虑。

大约从 1927 年开始，英国精神分析学会在这些方面开展了进一步的工作。在这个学会中，许多精神分析师密切合作，为理解攻击性在精神生活中的重要作用做出了许多贡献❶；在过去的10~15年间，精神分析思想在这一方向上的转变仅出现在一些零星的文章中；不过，最近这些文章有所增加。

　　关于攻击性的新研究成果之一是认识到了修复倾向的主要功能，这是生本能在与死本能斗争中的一种表现。这不仅使人们对破坏性冲动有了更清楚的认识，而且更全面地揭示了生本能和死本能的相互作用，从而也揭示了力比多在所有心理和情感过程中的作用。在整篇论文中，我明确指出了我的论点，即死本能（破坏性冲动）是导致焦虑的主要因素。然而，我在阐述导致焦虑和罪疚感的过程时也含蓄地表明破坏性冲动所针对的主要对象是力比多的对象，因此正是攻击性和力比多之间的相互作用——最终是两种本能的融合和分化——导致了焦虑和罪疚感。这种相互作用的另一个方面是力比多对破坏性冲动的缓解。性欲和攻击性之间相互作用的最佳状态意味着，死本能的长期活动所产生的焦虑虽然从未消除，但被生本能的力量所抵消和抑制。

---

❶ 参见里维埃（1952）论文所附的参考书目。

3

论精神分析结束的标准
On the Criteria for the Termination of a Psycho-Analysis

（1950）

结束分析的标准是每个精神分析师心中的一个重要问题。我们大家都会同意一些标准。在此，我将提出一种不同的方法来解决这个问题。

人们经常注意到，分析的结束会重新激活病人早期的分离情境，具有断奶体验的性质。正如我的研究表明的那样，这意味着婴儿在断奶时感受到的情绪，即婴儿早期的冲突，在分析结束时会强烈复苏。因此，我得出的结论是，在结束分析之前，我必须问问自己，在治疗过程中，是否已经充分分析和解决了婴儿出生后第一年所经历的冲突和焦虑。

我在早期发展方面的研究（Klein，1935，1940，1946，1948）使我区分了两种形式的焦虑：受迫害焦虑，在婴儿出生后的头几个月占主导地位，形成"偏执-分裂心位"；抑郁性焦虑，大约在第一年中期达到顶峰，形成"抑郁心位"。我得出的进一步结论是，婴儿在出生后的最初阶段会体验到来自外部和内部的受迫害焦虑：外在的原因是，婴儿将出生的体验视为对他的一种攻击；根据弗洛伊德的观点，内在的原因是，有机体受到来自死本能的威胁，在我看来，这种威胁激起了对毁灭的恐惧——对死亡的恐惧。我认为这种恐惧是焦虑的主要原因。

受迫害焦虑主要与感觉到威胁自我的危险有关；抑郁性焦虑则与感觉到威胁所爱客体的危险（主要是通过主体的攻击行为）有关。抑郁性焦虑是通过自我的整合过程产生的；因为随着整合能力的增强，爱与恨，以及相应的客体的好与坏，在婴儿的头脑中更接近了。某种程度的整合也是把母亲作为一个完整的人的先决条件之一。抑郁性情绪和焦虑大约在一岁中期——抑郁心位——达到顶峰。此时，受迫害焦虑虽然仍占重要地位，但已有所减弱。

与抑郁性焦虑相互关联的，是与食人和施虐欲望所造成的伤害有关的罪疚感。罪疚感使人产生对受到伤害的所爱客体进行修复、保护或恢复的冲动，这种冲动会加深爱的感觉并促进客体关系。

断奶时，婴儿感到他失去了第一个爱的客体（外在和内在）——母亲的乳房，他的这种丧失都是由于他的恨、攻击性和贪婪造成的。因此，断奶加剧了他的抑郁情绪，相当于一种哀悼状态。抑郁心位中固有的痛苦是与对心理现实的洞察力不断增强联系在一起的，这反过来又有助于婴儿更好地理解外部世界。通过对现实的不断适应和客体关系范围的不断扩大，婴儿能够对抗和减轻抑郁性焦虑，并在一定程度上稳固地建立起内化的好客体，即超我中有帮助和保护的一面。

弗洛伊德把对现实的检验描述为哀悼工作的重要组成部分。在我看来，正是在婴儿早期，对现实的检验首次被用于试图克服抑郁心位中固有的悲伤；而在以后的生活中，每当经历哀悼时，这些早期的过程就会被唤起。我发现，在成年人身上，哀悼工作的成功不仅取决于在自我中建立起被哀悼的人（正如我们从弗洛伊德和亚伯拉罕那里学到的那样），而且还取决于重新建立起最初所爱的客体，这些客体在婴儿早期被认为受到了破坏性冲动的威胁或破坏。

虽然对抗抑郁心位的基本步骤是在出生后的第一年完成的，但在整个童年时期，迫害性和抑郁性的感觉仍会反复出现。这些焦虑在婴儿期神经症的过程中得到了修通和基本克服，通常在潜伏期开始时已经形成了足够的防御能力，并在一定程度上趋于稳定。这意味着生殖器的首要地位和令人满意的客体关系已经实现，俄狄浦斯情结的力量已经减弱。

现在，我将从已经给出的定义中得出一个结论，即受迫害焦虑与感觉到威胁自我的危险有关，而抑郁性焦虑则与感觉到威胁所爱客体的危险有关。我想说的是，这两种形式的焦虑包含了儿童体验到的所有焦虑情境。因此，害怕被吞噬、被毒害、被阉割，害怕身体"内部"受到攻击，都属于受迫害焦虑，而所有与所爱客体有关的焦虑都属于抑郁性焦虑。然而，受迫害焦虑和抑郁性焦虑虽然在概念上彼此不同，但在临床上却常常混合在一起。例如，我将男性的主要焦虑——阉割恐惧定义为受迫害焦虑。这种恐惧与抑郁性焦虑混合在一起，因为它让人感到他不能让女人受精，从根本上说，他不能让所爱的母亲受精，因此无法弥补他的施虐冲动对她造成的伤害。我无需提醒大家，阳痿往往会导致男性严重抑郁。现在来看看女性的主要焦虑。女孩害怕可怕的母亲攻击她的身体和她肚子里的孩子，在我看来，这是女性最基本的焦虑情境，从定义上讲，这是一种迫害。然而，由于这种恐惧意味着她所爱的客体——她想象中的在她体内的婴儿——的毁灭，因此它包含着强烈的抑郁性焦虑成分。

根据我的论点，正常发展的先决条件是受迫害焦虑和抑郁性焦虑应该在很大程度上得到缓解和改变。因此，正如我希望在前面的阐述中已经明确的那样，我对儿童和成人分析结束问题的看法可以定义如下：受迫害焦虑和抑郁性焦虑应该得到充分的缓解；因此，在我看来，这是对最初的哀悼体验进行分析的前提。

顺便说一句，即使分析追溯到最初的发展阶段（这是我的新标准的基础），结果仍会因病例的严重程度和结构而异。换句话说，尽管我们在理论和技术上取得了进步，但我们必须牢记精神分析疗法的局限性。

这里产生的一个问题是，我所建议的方法与一些众所周知的标准有多大的关系，如已确立的潜能和异性恋、爱的能力、客体关系和工作，以及自我的某些特征，这些特征使人的心理稳定，并与适当的防御能力联系在一起。所有这些方面的发展都与受迫害焦虑和抑郁性焦虑的改变相互关联。关于爱和客体关系的能力，我们不难看出，只有在受迫害焦虑和抑郁性焦虑不过度的情况下，这些能力才能自由发展。关于自我的发展，这个问题就比较复杂了。在这方面，通常强调两个特征，即稳定性和现实感的增强，但我认为自我深度的扩展也是至关重要的。丰富的幻想生活和自由体验情感的能力，是深刻而完整的人格的内在要素。我认为，获得这些特征的前提是，婴儿期的抑郁心位已经被修通，也就是说，与主要客体有关的爱与恨、焦虑、悲伤和罪疚感的全部过程已经被反复体验过。这种情感的发展与防御的性质息息相关。抑郁心位的修通失败与某些防御的主导地位密不可分，这会扼杀情感和幻想生活，阻碍洞察力的发展。我称之为"躁狂防御"的这种防御，虽然与自我的某种程度的稳定和力量并不冲突，但却伴随着一种肤浅特征。如果我们在分析过程中成功地减少了受迫害焦虑和抑郁性焦虑，并相应地减少了躁狂防御，那么结果之一就是**自我的强度和深度**都会增加。

即使取得了令人满意的结果，分析的结束也必然会激起痛苦的情绪，重新唤起早期的焦虑；这相当于一种哀悼状态。当分析结束所代表的丧失发生时，病人仍然需要自己完成部分哀悼工作。我认为，这就解释了为什么在分析结束后，往往会取得进一步的进展；如果我们采用我提出的标准，就能更容易地预见到这种情况可能发生的程度。因为只有受迫害焦虑和抑郁性焦虑在很大程度上得到缓解，病人才能自己完成哀悼工作的最后一部分，这也意味着对现实的检验。此外，当我们决定可以结束分析时，我认为提前几个月让病人知道结束的日期是非常有帮助的。这有助于他在分析过程中修通和减轻不可避免的离别之痛，并为他独自顺利完成哀悼工作做好准备。

我在本文中已经清楚地指出，我所建议的标准的前提条件是，分析已经追溯到发展的早期阶段和心灵的深处，并包括对受迫害焦虑和抑郁性焦虑的探索。

由此，我得出了一个关于技术的结论。在分析过程中，精神分析师往往以理想化的形象出现。理想化是用来抵御受迫害焦虑的，也是其必然结果。如果分析师允许过度的理想化持续存在，也就是说，如果他主要依赖于正性移情，那么他确实有可能带来一些改善。然而，任何成功的心理治疗都是如此。只有通过分析**负性移情和正性移情**两个方面，才能从根本上减轻焦虑。在治疗过程中，精神分析师会在移情情境中代表着各种各样的形象，这些形象与早期发展中被内摄的形象相对应（Klein，1929；Strachey，1934）。因此，他时而以迫害者的形象出现，时而又以理想人物的形象出现，也会介于两者之间，以各种不同的形象和程度出现。

在分析过程中，病人体验到并最终减少了受迫害焦虑和抑郁性焦虑，对于分析师的各个方面之间的整合程度也随之提高，超我的各个方面之间的整合程度也随之提高。换句话说，最早的可怕形象在病人的心中发生了本质的变化，可以说它们基本上得到了改善。只有当迫害性的形象和理想形象之间的强烈分裂减弱，当攻击冲动和力比多冲动更加接近，恨被爱所减轻时，好客体——有别于理想化客体——才能在病人头脑中稳固地建立起来。在我看来，整合能力的这种进步证明，起源于婴幼儿时期的分裂过程已经减弱，自我的深度整合已经开始。当这些积极的特征充分确立后，我们就有理由认为结束分析并非为时过早，尽管它可能会重新唤起一些强烈的焦虑。

4

移情的起源
The Origins of Transference
（1952）

弗洛伊德在他的《一个癔症病例的分析片段》（Fragment of an Analysis of a Case of Hysteria，1905）中对移情情境做了如下定义：

"移情是什么？它们是在分析过程中被唤起并被意识到的冲动和幻想的新版本或翻版；但它们有一个特点，那就是它们用分析师的身份取代了之前的某个人。换句话说，一系列心理体验被重新唤起，它们不属于过去，而是适用于此刻的分析师。"

移情以某种形式存在于人的一生中，影响着人与人之间的所有关系，但在这里我只关注移情在精神分析中的表现。精神分析方法的一个特点是，当它开始打开通往病人无意识的道路时，他的过去（无论是有意识还是无意识的方面）就会逐渐被唤醒。因此，他转移早期经验、客体关系和情感的冲动得到了强化，并将它们集中到精神分析师身上；这就意味着，病人会利用与以前相同的机制和防御手段来处理被重新激活的冲突和焦虑。

由此可见，我们越能深入无意识，分析越能追溯到过去，我们对移情的理解就越深刻。因此，简要总结我关于早期发展阶段的结论是与我的主题相关的。

第一种焦虑是受迫害焦虑。根据弗洛伊德的观点，内在死本能的作用是针对有机体的，它引起了对毁灭的恐惧，这就是受迫害焦虑的原始原因。此外，从出生后开始（在此我不关心出生前的过程），对客体的破坏性冲动就会激起被报复的恐惧。这些来自内在的受迫害感觉会因痛苦的外部体验而加剧，因为从婴儿出生的最初几天起，挫折和不适就会唤起他受到敌对势力攻击的感觉。因此，婴儿在出生时所体验到的感觉和适应全新环境的困难会引起受迫害焦虑。婴儿出生后得到的安慰和照顾，尤其是第一次被喂奶的体验，会让他觉得是来自好的力量。在谈到"力量"时，我用了一个比较成人化的词，指的是幼小的婴儿朦胧地认为是好的或坏的客体。婴儿把满足感和爱的感觉引向"好"的乳房，而把破坏性冲动和受迫害的感觉引向他认为令人沮丧的东西，即"坏"的乳房。在这个阶段，分裂过程达到了顶峰，爱与恨以及乳房的好与坏在很大程度上是相互分离的。婴儿相对的安全是建立在把好客体变成理想化客体的基础之上的，以此来抵御危险和迫害性的客体。这些过程，也就是分裂、否认、全能和理想化，在婴儿出生后的头三四个月[我称之为"偏执-分裂心位"（1946）]非常普遍。因此，在早期阶段，受迫害焦虑及其必然结果——理想化——从根本上影响着客体关系。

原始的投射和内摄过程与婴儿的情绪和焦虑密不可分，它们启动了客体关系：通过投射，即把力比多和攻击性转移到母亲的乳房上，建立了客体关系的基础；通过内摄客体，首先是乳房，建立了与内部客体的关系。我之所以使用"客体关系"这一术语，是因为我认为婴儿从出生后一开始就与母亲建立了一种关系（尽管这种关系主要集中在母亲的乳房上），这种关系充满了客体关系的基本要素，即

爱、恨、幻想、焦虑和防御。❶

在我看来，正如我在其他场合详细解释过的那样，乳房的内摄是超我形成的开端，而超我的形成要延续数年之久。我们有理由假设，从第一次被喂奶开始，婴儿就会把乳房的各个方面内摄进体内。因此，超我的核心就是母亲的乳房，既包括好的，也包括坏的。由于内摄和投射同时进行，婴儿与外部客体和内部客体的关系会相互作用。父亲也是如此，他很快就在孩子的生活中扮演了角色，并很早就成为婴儿内心世界的一部分。婴儿情感生活的特点是，在爱与恨、外部环境与内部环境、对现实的感知与与之相关的幻想之间迅速波动；相应地，受迫害焦虑与理想化（包括内部和外部客体）之间也会相互作用；理想化客体是迫害性（特别是极端坏的）客体的一个必然结果。

即使是在最初的几个月里，自我不断增长的整合能力也会越来越多地整合爱与恨以及相应的客体的好与坏的方面；这就产生了第二种焦虑——抑郁性焦虑，因为婴儿对坏乳房（母亲）的攻击冲动和欲望现在也被认为是对好乳房（母亲）的威胁。在一岁的第二个季度，这些情绪得到了强化，因为在这个阶段，婴儿越来越多地将母亲视为一个人，并将其作为一个人内摄。抑郁性焦虑会加剧，因为婴儿觉得自己的贪婪和无法控制的攻击行为已经或正在摧毁整个客体。此外，由于他的情感越来越整合，他现在觉得这些破坏性冲动是针对**所爱的人**的。类似的过程也发生在父亲和其他家庭成员身上。这些焦虑和相应的防御措施构成了"抑郁心位"，大约在一岁中期开始出现，其本质是与所爱的内外客体的破坏和丧失有关的焦虑和罪疚感。

俄狄浦斯情结正是在这一阶段，与抑郁心位联系在一起而产生的。焦虑和罪疚感为俄狄浦斯情结的启动提供了强大的动力。因为焦虑和罪疚感会增加婴儿的某些需要，包括将坏的形象外化（投射）和将好的形象内化（内摄）；将欲望、爱、罪疚感和修复倾向附着在某些客体上，而将恨和焦虑附着在另一些客体上；在外部世界中为内部形象寻找代表。然而，主导婴儿需求的不仅是对新客体的寻找，还有对新目标的追求：从乳房到阴茎，即从口腔欲望到生殖器欲望。促成这些发展的因素很多，包括力比多的向前推动、自我的日益整合、身体和心理技能的增强以及对外部世界的逐步适应。这些趋势与象征的形成过程息息相关，它使婴儿能把兴趣、情感和幻想、焦虑和罪疚感从一个客体转移到另一个客体。

---

❶ 这种最早的客体关系的一个基本特征是，它是两个人之间关系的原型，没有其他客体介入其中。这对后来的客体关系至关重要，尽管这种排他性的形式可能不会持续超过几个月，因为与父亲及其阴茎有关的幻想——启动俄狄浦斯情结早期阶段的幻想——引入了与更多客体的关系。在对成人和儿童进行分析时，病人有时会通过恢复与母亲及其乳房的这种早期排他性关系而体验到幸福的感觉。这种体验通常出现在对第三个客体——最终是父亲——参与其中的嫉妒和竞争情境进行分析之后。

我所描述的过程与精神生活的另一个基本现象有关。我认为，最早的焦虑情境所产生的压力是导致重复强迫症的因素之一。我稍后会再谈这个假设。

我关于婴儿早期阶段的一些结论是弗洛伊德发现的延续；但我们在某些方面出现了分歧，其中一点与我现在的主题非常相关。我指的是我的论点，即客体关系从出生后一开始就在起作用。

多年来，我一直认为，婴儿的自体情欲和自恋最初是与外部和内部客体的关系同时发生的。我将简要重述我的假设：自体情欲和自恋包括对内化的好客体的爱和与之的关系，内化的好客体在幻想中构成了被爱的身体和自我的一部分。正是在自体情欲满足和自恋状态中，发生了对这个内化客体的退缩。同时，婴儿从出生开始，就存在着一种与客体的关系，主要是与母亲（她的乳房）的关系。这一假设与弗洛伊德关于自体情欲和自恋阶段的概念相矛盾，因为后者排除了与客体的关系。然而，弗洛伊德的观点与我的观点之间的差异并没有乍看起来那么大，因为弗洛伊德在这个问题上的表述并不明确。在不同的语境中，他或明或暗地表达了一些观点，这些观点暗示了婴儿与客体（母亲的乳房）的关系**先于**自体情欲和自恋。只需引用一段就足够了；弗洛伊德（1922）在两篇百科全书式文章的第一篇中说：

"最初，口腔本能通过满足对营养的渴望而得到满足；它指向的对象（object）是母亲的乳房。然后，它脱离依附，变得独立，同时又具有自体情欲，也就是说，它在儿童自己的身体中找到了一个对象。"（p.245）

弗洛伊德在这里对object一词的用法与我的用法有些不同，因为他指的是本能目标的对象，而我指的是除此之外还涉及婴儿的情感、幻想、焦虑和防御的客体关系。尽管如此，在上述句子中，弗洛伊德明确提到了对一个客体——母亲的乳房——的力比多依恋，这种依恋先于自体情欲和自恋。

在这方面，我还想提醒大家弗洛伊德关于早期认同的研究成果。在《自我与本我》❶一书中，谈到被遗弃的客体时，他说："……童年早期的第一次认同所产生的影响将是普遍而持久的。这让我们回到了自我理想的起源。"然后，弗洛伊德将隐藏在自我理想背后的最初和最重要的认同定义为对父亲或父母的认同，并将其置于"每个人的史前"中。这些表述接近于我所说的第一个内摄客体，因为根据定义，认同是内摄的结果。从我刚才的论述和百科全书式文章中引用的段落可以推断出，弗洛伊德虽然没有进一步探讨这一思路，但他确实认为在婴儿早期，客体和内摄过程都起了作用。

也就是说，在自体情欲和自恋方面，弗洛伊德的观点是不一致的。我认为，

---

❶ p.31；在同一页中，弗洛伊德仍然提到了这些最初的认同，认为它们是一种直接的、即时的认同，比任何客体投注都要早。这种说法似乎意味着，内摄甚至先于客体关系。

在许多理论观点上存在的这种不一致清楚地表明，在这些特定问题上，弗洛伊德尚未做出最终决定。关于焦虑理论，他在《抑制、症状和焦虑》（1926，第8章）中明确指出了这一点。他意识到，关于早期发展阶段的许多事情对他来说仍然是未知或模糊的，这也体现在他说女孩生命的最初几年是"……灰色和朦胧的岁月"（Freud，1931）。

我不知道安娜·弗洛伊德对弗洛伊德这方面工作的看法。但是，关于自体情欲和自恋的问题，她似乎只考虑到了弗洛伊德的结论，即在客体关系之前有一个自体情欲和自恋阶段，而没有考虑到弗洛伊德的一些论述中隐含的其他可能性，比如我上面提到的那些。这就是安娜·弗洛伊德和我对婴儿早期的概念之间的分歧，远远大于弗洛伊德的整体观点和我的观点之间的分歧的原因之一。我之所以这样说，是因为我认为有必要澄清安娜·弗洛伊德和我所代表的两个精神分析思想流派之间差异的程度和性质。这种澄清对于精神分析培训来说是必要的，它还有助于在精神分析师之间展开富有成果的讨论，从而促进对婴儿早期基本问题的普遍理解。

在客体关系之前有一个长达几个月的阶段，这一假设意味着，除了附着在婴儿自己身体上的力比多之外，冲动、幻想、焦虑和防御要么不存在于他的身上，要么与客体无关，也就是说，它们将在**真空**中运作。对幼儿的分析使我认识到，没有一种本能冲动、焦虑情境和心理过程不涉及外部或内部的客体；换句话说，客体关系是情感生活的**核心**。此外，爱与恨、幻想、焦虑和防御也从一开始就在起作用，而且从一开始就与客体关系**密不可分**。这种洞察让我对许多现象有了新的认识。

现在，我将得出本文所依据的结论：我认为，移情起源于个体在生命最初阶段形成客体关系的相同过程。因此，我们在分析中必须一次又一次地回到爱与恨的客体、外部和内部客体之间的波动，这些波动主宰了早期的婴儿。我们只有探索早期爱与恨之间的相互作用，探索攻击、焦虑、罪疚感和攻击性增强的恶性循环，以及这些相互冲突的情绪和焦虑所指向的客体的各个方面，才能充分理解正性移情和负性移情之间的相互联系。另一方面，通过对这些早期过程的探索，我确信对负性移情的分析是分析深层心灵的先决条件，而这种分析在精神分析技术中受到的关注相对较少❶。多年来，我一直认为，分析负性移情和正性移情以及它们之间的相互联系，是治疗儿童和成人等各类病人不可或缺的原则。我在1927年以后的大部分著作中都证实了这一观点。

这种方法，在过去被用于对非常年幼的儿童进行精神分析，近年来则被证明对精神分裂症病人的分析极富成效。大约在1920年之前，人们一直认为精神分裂

---

❶ 这主要是由于低估了攻击性的重要性。

症病人无法形成移情，因此无法进行精神分析。从那时起，人们开始尝试用各种方法对精神分裂症病人进行精神分析。不过，关于这方面观点最彻底的转变是最近发生的，这与人们对婴儿早期的机制、焦虑和防御能力有了更深入的了解密切相关。自从我们发现了其中一些在原始客体关系中进化出来的对爱和恨的防御后，精神分裂症病人能够发展出正性和负性的移情这一事实就得到了充分的理解；如果我们在治疗精神分裂症病人❶的过程中始终贯彻这样一条原则，即分析负性移情与分析正性移情同样必要（事实上，分析负性移情与分析正性移情缺一不可），那么这一发现就会得到证实。

回顾过去，我们可以看到，这些技术上的重大进步得到了弗洛伊德对生死本能的发现的精神分析理论的支持，这从根本上增加了人们对矛盾心理起源的理解。由于生死本能以及因此而产生的爱与恨，从根本上说是处于密切互动之中的，因此负性移情和正性移情在根本上是相互关联的。对最早的客体关系及其隐含的过程的理解从各个角度对技术产生了本质影响。人们早就知道，在移情情境中，精神分析师可能代表母亲、父亲或其他人，他有时也在病人的头脑中扮演超我的角色，有时则扮演本我或自我的角色。我们目前的知识使我们能够深入了解病人分配给分析师的各种角色的具体细节。事实上，在小婴儿的生活中只有很少的人，但他觉得他们是众多的客体，因为他们以不同的面貌出现在他面前。因此，分析师可能在某一特定时刻代表了自我的一部分、超我的一部分，或者是一系列内化形象中的任何一个。同样，如果我们意识到分析师代表的是真实的父亲或母亲，除非我们了解到关于父母的哪个方面被唤醒了，否则这并不能让我们走得更远。病人头脑中的父母形象在不同程度上经过了婴儿期的投射和理想化过程而发生了扭曲，而且往往保留了很多幻想的性质。总之，在小婴儿的头脑中，每一个外部经验都与他的幻想交织在一起；另一方面，每一个幻想都包含着实际经验的元素，只有深入分析移情情境，我们才能发现过去的现实和幻想这两个方面。这也是婴儿期早期这些波动的起源，这解释了它们在移情中的力量，以及在父亲和母亲之间，在全能的好客体和危险的迫害者之间，在内部和外部人物之间的迅速变化——有时这些变化甚至出现在同一次治疗中。有时，精神分析师似乎同时代表父母双方——在这种情况下往往是病人的敌对联盟，从而使负性移情变得非常强烈。这时，在移情中复活或显现出来的，是病人幻想中将父母合二为一的形象，

---

❶ 这种技术在西格尔（H. Segal）的论文《精神分裂症分析的某些方面》（Some Aspects of the Analysis of a Schizophrenic, 1950）和罗森菲尔德的论文《急性精神分裂症病人超我冲突的精神分析笔记》（Notes on the Psycho-Analysis of the Super-ego Conflict of an Acute Schizophrenic Patient, 1952a）、《急性紧张性精神分裂症病人的移情现象和移情分析》（Transference Phenomena and Transference Analysis in an Acute Catatonic Schizophrenic Patient, 1952b）中得到了阐述。

也就是我在别处描述过的"父母结合体形象"。❶这是俄狄浦斯情结早期阶段特有的幻想形式之一，如果这种幻想持续下去，对客体关系和性发展都是有害的。父母结合体的幻想从早期情感生活的另一个因素中汲取力量，即从与口腔欲望受挫有关的强烈嫉妒中汲取力量。通过对这种早期情境的分析，我们可以了解到，在婴儿的头脑中，当他受到挫折（或因内在原因而不满）时，他的挫折感会与另一个客体（很快就会由父亲代表）从母亲那里得到了自己得不到的满足和爱的感觉结合在一起。这就是幻想的一个根源，即父母通过口交、肛交和生殖器交合永远相互满足。在我看来，这就是嫉羡和嫉妒的原型。

移情分析还有一个方面需要提及。我们习惯于谈论移情**情境**。但我们是否始终牢记这一概念的根本重要性？根据我的经验，在揭示移情的细节时，有必要考虑从过去转移到现在的**整体情境**，以及情感、防御和客体关系。

多年来，人们一直将移情理解为将病人材料直接引用到分析师身上，这一点直到今天依然如此。我的移情概念植根于发展的早期阶段和无意识的深层，这一概念要宽泛得多，而且包含了一种技术，即从呈现的全部材料中推断出移情的**无意识元素**。例如，病人关于其日常生活、关系和活动的报告不仅能让我们了解自我的运作，而且如果我们探索其无意识内容，还能揭示出他们对移情情境中引发的焦虑的防御。因为病人必然会用他过去使用过的方法来处理在分析师这里重新体验到的冲突和焦虑。也就是说，他远离分析师，就像他试图远离他的原始客体一样；他试图分裂与分析师的关系，把分析师当作一个好的或坏的形象：他把对分析师的一些感受和态度转移到当前生活中的其他人身上，这就是"付诸行动"的一部分。❷

为了与我的主题保持一致，我在这里主要讨论了最早期的体验、情境和情感，移情就是从这些体验、情境和情感中产生的。然而，在这些基础上，建立了后来的客体关系以及情感和智力的发展，这同样需要分析师的关注。也就是说，我们的探索领域涵盖了当前情境和最早期体验之间的所有情境。事实上，要想了解最早期的情感和客体关系是不可能的，我们只能根据后来的发展来研究它们的演变。只有通过不断地将后来的体验与以前的体验联系起来（这意味着努力和耐心的工作），反之亦然，只有不断地探索它们之间的相互作用，现在和过去才能在病人的脑海中融合在一起。这是整合过程的一个方面，随着分析的深入，整合过程将涵盖病人的整个精神生活。当焦虑和罪疚感减弱，爱与恨能够更好地结合时，分裂过程——对抗焦虑的基本防御——以及压抑就会减弱，而自我的力量和连贯性就

---

❶ 参见《儿童精神分析》，特别是第 8 章和第 11 章。

❷ 病人有时会试图从现在逃到过去，而不是意识到他的情绪、焦虑和幻想当时正在全力运作，并集中在分析师身上。在其他时候，正如我们所知道的那样，防御主要被用来避免重新体验过去与原始客体的关系。

会增强；理想化客体和迫害性客体之间的分裂就会减弱；客体的幻想方面就会失去力量；所有这一切都意味着，无意识的幻想生活——与心灵的无意识部分的分离并不明显——可以更好地用于自我活动，从而全面地丰富人格。在此，我触及了移情与最初的客体关系之间的**差异**与相似之处。这些差异可以衡量分析过程的治疗效果。

我在上文提到，导致重复强迫症的因素之一是最早期的焦虑情境所施加的压力。当受迫害焦虑和抑郁性焦虑以及罪疚感减轻时，反复重复基本体验的冲动就会减少，因此早期的感觉模式和方式就不会那么顽固地维持下去。这些根本性的变化是通过对移情的持续分析而产生的；它们与对最早的客体关系的深层修正紧密相连，并反映在病人当前的生活中，以及对分析师态度的改变中。

5

自我和本我发展过程中的相互影响
The Mutual Influences in the Development of Ego and Id

（1952）

在包含弗洛伊德关于自我的最新结论的《可结束和不可结束的分析》（Analysis Terminable and Interminable，*S.E.* 23）一文中，他提出了"……自我原始的、与生俱来的显著特征的存在及其重要性"。多年来，我一直秉持同样的观点，并在我的《儿童精神分析》一书中表达了这一观点，即自我从一开始就发挥作用，其最初的活动包括防御焦虑以及使用内摄和投射过程。在那本书中，我还提出，自我最初承受焦虑的能力取决于它与生俱来的力量，也就是说，取决于体质因素。我还多次表达了这样的观点，即自我在与外部世界的第一次接触中就建立了客体关系。最近，我将追求整合的动力定义为自我的另一种原始功能。❶

现在，我将探讨本能——尤其是生死本能之间的斗争——在自我的这些功能中所扮演的角色。弗洛伊德关于生死本能的固有观念认为，本我作为本能的储藏库自始至终都在起作用。我完全同意这个观点。然而，我与弗洛伊德的不同之处在于，我提出了一个假设，即焦虑的主要原因是对毁灭、死亡的恐惧，这种恐惧源于内在死本能的作用。生死本能之间的斗争源自本我，并涉及自我。对被摧毁的原始恐惧迫使自我采取行动，并产生了最初的防御。这些自我活动的最终根源在于生本能的运作。自我对于整合和组织的追求清楚地表明了它源自生本能；正如弗洛伊德所说，"……自我的主要目的是整合和结合……"❷。与追求整合的驱力相反，但又与之交替出现的是分裂过程，它与内摄和投射一起，代表了一些最基本的早期机制。所有这些，在生本能的推动下，从一开始就被用于防御。

本能驱力对自我原始功能的另一个重要贡献需要在此加以考虑。这与我对婴儿早期的概念是一致的，即幻想活动植根于本能，用苏珊·艾萨克斯（Susan Isaacs）的话说，是本能在心理上的必然结果。我认为，幻想从一开始就和本能一样，是生死本能活动的心理表现。幻想活动是内摄和投射机制的基础，而这些机制使自我能够执行上述基本功能之一，即建立客体关系。通过投射，通过将力比多和攻击性向外转化并将其注入客体，婴儿最初的客体关系便产生了。在我看来，这个过程是客体投注（cathexis of objects）的基础。由于内摄过程，这最初的客体同时也被纳入了自我。从一开始，与外部客体和内部客体的关系就是相互作用的。这些"内化客体"中的第一个，正如我所说的，是一个部分客体，即母亲的乳房；根据我的经验，这甚至适用于用奶瓶喂养的婴儿。但是，如果我在这里讨论这一象征等同（symbolic equation）的产生过程，那就走太远了。乳房作为一个内化客体，对自我的发展有着至关重要的影响。随着与完整客体的关系的发展，母亲和父亲，以及其他家庭成员，会根据婴儿的经验，以及他交替出现的感觉和幻想，以好的或坏的形象出现。这样，一个由好的和坏的客体组成的世界就在婴儿的内

---

❶《关于一些分裂机制的说明》（1946）。

❷《自我与本我》（Freud，1923），*S.E.*19，p.45。

心建立起来了，这既是内心迫害的根源，也是内心富足和稳定的根源。在最初的三四个月里，受迫害焦虑非常普遍，它对自我施加的压力严重考验着自我忍受焦虑的能力。这种受迫害焦虑有时会削弱自我，有时则会成为整合和智力成长的动力。在第一年的第二个季度，婴儿需要保护他所爱的内在客体，因为他觉得自己的攻击冲动危及了这个客体，由此产生的抑郁性焦虑和罪疚感再次对自我产生双重影响：它们可能会威胁到自我，也可能会刺激自我进行修复和升华。通过这些我只能在此简要提及的各种方式，自我既受到其与内部客体关系的冲击，也得到了强化。❶

以婴儿内部世界为中心的特定幻想系统对自我的发展至关重要。根据婴儿的情绪和体验，婴儿会觉得内化客体有自己的生命，它们之间以及与自我之间相互协调或冲突。当婴儿觉得自己包含好的客体时，他会体验到信任、信心和安全感。当他觉得自己包含着坏的客体时，他就会体验到迫害和怀疑。婴儿与内部客体的好坏关系和与外部客体的好坏关系同时发展，并长期影响着婴儿的成长过程。另一方面，与内部客体的关系从一开始就受到构成婴儿日常生活一部分的挫折和满足的影响。因此，内部客体世界和外部世界之间存在着持续的相互作用，前者以幻想的方式反映了从外部获得的印象，而后者则受到投射的决定性影响。

正如我经常描述的那样，内化客体也构成了超我❷（超我在最初几年里不断发展）的核心，并在作为俄狄浦斯情结继承者的超我（按照经典理论）出现的阶段达到顶峰。

由于自我和超我的发展与内摄和投射过程息息相关，它们从一开始就密不可分，而且由于它们的发展受到本能驱力的重要影响，所以从生命的一开始，这三个心灵区域就处于最密切的互动之中。我意识到，我在这里谈论心灵的三个区域，并不符合本文讨论的主题，但我对婴儿早期的概念使我无法只考虑自我和本我的相互影响。

由于生死本能之间永恒的相互作用以及由它们的对立（融合与消解）引发的冲突支配着精神生活，因此在无意识中存在着不断变化的相互作用的事件流、起伏不定的情绪和焦虑。我试图从无意识的最初阶段开始，以内部和外部客体的关系为重点，对众多过程进行说明，现在我将得出一些结论：

（1）我在这里简要概述的假设，代表了一种比弗洛伊德的心理结构概念所暗示的更广泛的关于早期无意识过程的观点。

（2）如果我们假设超我是从这些早期无意识过程中发展出来的，而这些早期

---

❶ 我的论文对这些早期过程进行了最新阐述。

❷ 问题来了：内化客体在多大程度上、在什么条件下构成自我的一部分，在多大程度上构成超我的一部分？我认为，这个议题尚不清楚，有待进一步阐明。葆拉·海曼（1952）在这方面提出了一些建议。

无意识过程也塑造了自我，决定了自我的功能，并形成了自我与外部世界的关系，那么就需要重新审视自我发展的基础以及超我形成的基础。

（3）因此，我的假设将促使我们重新评估超我和自我的性质和范围，以及构成自我的心灵各部分之间的相互关系。

最后，我要重申一个众所周知的事实。我们越深入探索心灵，就越坚信这个事实。即我们认识到，无意识是所有心理过程的根源，决定着整个心理生活，因此，只有深入而广泛地探索无意识，我们才能分析整个人格。

6

关于婴儿情感生活的一些理论结论❶
Some Theoretical Conclusions Regarding the Emotional Life of the Infant

（1952）

❶ 我在撰写这本书（即《精神分析的发展》——见下文关于"焦虑和罪疚感"的解释性说明）的过程中得到了宝贵的帮助。我的朋友洛拉·布鲁克（Lola Brook）仔细审阅了我的手稿，并在表述和材料安排方面提出了许多有益的建议。我非常感谢她对我的工作始终如一的关心。

我对婴儿心智的研究使我越来越意识到，婴儿在早期发展阶段，有许多过程在很大程度上是同时进行的，这些过程的复杂性令人困惑。因此，在撰写本章时，我只试图阐明婴儿第一年情感生活的某些方面，并特别强调了焦虑、防御和客体关系。

出生后的头三四个月（偏执−分裂心位）❶

I

在出生后的最初阶段，婴儿会体验到来自内部和外部的焦虑。多年来，我一直认为，死本能的内在作用导致了对毁灭的恐惧，而这正是受迫害焦虑的主要原因。焦虑的第一个外部来源可以在出生时的体验中找到。弗洛伊德认为，这种体验为后来所有的焦虑情境提供了原型，必然会影响婴儿与外部世界的最初关系。❷看来，婴儿所遭受的痛苦和不适，以及宫内状态的丧失，都让他觉得是敌对势力的攻击，即迫害。❸因此，从一开始，只要婴儿受到伤害，受迫害焦虑就会进入他与客体的关系中。

本书提出的一个基本概念是，婴儿最初的喂养体验和母亲在场的体验会引发他与母亲的客体关系。❹这种关系起初是一种与部分客体的关系，因为从生命之初，口腔的力比多冲动和口腔破坏性（oral-destructive）冲动都特别指向母亲的乳房。我们认为，力比多冲动和攻击冲动之间始终存在着相互作用，尽管其比例各不相同，这与生死本能之间的融合是一致的。可以设想，在婴儿不感到饥饿和紧张的时期，力比多冲动和攻击冲动之间存在着最佳平衡。当来自内部或外部的匮乏导致攻击冲动增强时，这种平衡就会被打破。我认为，力比多和攻击性之间平衡的这种改变产生了一种叫作贪婪的情感，它首先具有一种口腔性质。任何贪婪的增加都会增强挫败感，进而增强攻击冲动。在先天攻击性成分很强的儿童中，受迫害焦虑、挫折感和贪婪很容易被激发，这导致婴儿难以忍受匮乏和应对焦虑。因此，在与力比多冲动相互作用的过程中，破坏性冲动的强度将为贪婪的强度提供

---

❶ 我在《关于一些分裂机制的说明》一文中提到，除了我自己使用的"偏执心位"一词外，我还采用了费尔贝恩的"分裂"一词。

❷ 弗洛伊德在《抑制、症状和焦虑》一书中指出："子宫内生活和婴儿早期之间的连续性，要比我们所认为的分娩过程这一令人印象深刻的中断，具有更大的意义。"（S.E. 20，p.138）

❸ 我认为，生死本能之间的斗争已经进入了出生的痛苦体验，并增加了由其引起的受迫害焦虑。

❹ 梅兰妮·克莱因在这里提及艾萨克斯（1952）、海曼（1952）的著作和她自己的《婴儿行为观察》（On Observing the Behaviour of Young Infants），它们都发表在同一卷《精神分析的发展》中。

一种体质基础。然而，在某些情况下，受迫害焦虑可能会增加婴儿的贪婪，而在另一些情况下（正如我在《儿童精神分析》一书中所指出的那样），受迫害焦虑可能会成为最早的喂养抑制的原因。

反复出现的满足感和挫败感是对力比多冲动和破坏性冲动、爱与恨的强烈刺激。因此，只要乳房能带来满足，它就会被爱，被认为是"好的"；只要它带来挫折，它就会被恨，被认为是"坏的"。好乳房和坏乳房之间的这种强烈对立在很大程度上是自我缺乏整合，以及自我内部的分裂过程和与客体有关的分裂过程造成的。然而，我们有理由认为，即使在婴儿出生后的头三四个月，好的和坏的客体在婴儿的心目中也不是完全不同的。母亲的乳房，无论是好的方面还是坏的方面，对婴儿来说似乎都与母亲的身体融为一体；因此，从最早的阶段开始，与她作为一个人的关系就逐渐建立起来了。

除了来自外部因素的满足感和挫折感体验之外，各种内在心理过程——主要是内摄和投射——也促成了与原初客体的双重关系。婴儿将他的爱的冲动投射到带来满足的（好的）乳房上，就像他将他的破坏性冲动向外投射到带来挫折的（坏的）乳房上一样。同时，通过内摄，一个好的乳房和一个坏的乳房在婴儿体内建立起来。❶这样，婴儿头脑中的外部和内部客体形象就被他的幻想扭曲了，而幻想又与他对客体的冲动投射联系在一起。好的乳房——外部的和内部的——成为所有提供帮助和满足的客体的原型，坏的乳房成为所有外部和内部迫害性的客体的原型。婴儿获得满足感的各种因素，如饥饿的缓解、吸吮的快感、摆脱不适和紧张（即摆脱匮乏）以及被爱的体验，都归因于好的乳房。相反，一切挫折和不适都归因于坏的（迫害性）乳房。

我将首先描述婴儿与坏乳房的关系所产生的后果。如果考虑一下存在于婴儿头脑中的画面——这可以从对儿童和成人的分析中回溯性地看到，我们会发现，当婴儿处于挫折和仇恨状态时，他所憎恨的乳房已经获得了源自婴儿自身冲动的口腔破坏性特质。在他的破坏性幻想中，他撕咬、吞噬和消灭乳房；他觉得乳房也会以同样的方式攻击他。随着尿道和肛门施虐冲动越来越强烈，婴儿会用有毒的尿液和爆炸性的粪便攻击乳房，并因此预期乳房对他也是有毒的和爆炸性的。他的施虐幻想的细节决定了他对内部和外部迫害者的恐惧内容，主要是对报复性（坏）乳房的恐惧。❷

---

❶ 这些最早的内摄客体形成了超我的核心。在我看来，超我是从最早的内摄过程开始的，它是从好的和坏的形象中建立起来的，这些形象在不同的发展阶段内化于爱与恨之中，并逐渐被自我同化和整合。参见海曼（1952）的文献。

❷ 我认为，与内化客体（首先是部分客体）的攻击有关的焦虑是疑病症的基础。我在《儿童精神分析》一书的第 144、264 和 273 页中提出了这一假设，并在书中阐述了我的观点，即婴儿早期的焦虑本质上是精神病性的，也是日后罹患精神病的基础。

由于对客体的幻想攻击从根本上说是受贪婪的影响，因此，由于投射，对客体的贪婪的恐惧是受迫害焦虑的一个基本要素：坏乳房会以婴儿想吞噬它的同样贪婪的方式吞噬他。

然而，即使在最初阶段，婴儿与好乳房的关系也在一定程度上抵消了受迫害焦虑。我在上文已经指出，虽然婴儿的感受集中在与母亲的喂养关系上，以她的乳房为代表，但母亲的其他方面已经进入了婴儿与母亲的最初关系中；因为即使是很小的婴儿，也会对母亲的微笑、手、声音、母亲抱着他和满足他的需要作出反应。婴儿在这些情境下体验到的满足和爱，都有助于抵消受迫害焦虑，甚至抵消因出生体验而产生的丧失感和受迫害感。他在被哺乳时与母亲的身体亲近——本质上是他与好乳房的关系——反复帮助他克服对以前的已失去的状态的渴望，减轻受迫害焦虑，增加对好客体的信任。（见本文的第1个脚注）

II

非常小的婴儿的情感具有一种极端而强烈的特征。带来挫折的（坏的）客体被体验为可怕的迫害者，好的乳房往往变成"理想的"乳房，它应该满足婴儿的贪婪欲望，即提供无限的、即时的和永恒的满足。因此，关于一个完美的，取之不尽、用之不竭的乳房的感觉就产生了，它总是可用的，总是令人满意的。另一个使好乳房理想化的因素是婴儿对受迫害的恐惧，这种恐惧产生了保护自己不受迫害者伤害的需要，从而强化了一个能满足所有需要的客体的力量。理想化的乳房是迫害性乳房的必然结果；因为这种理想化来自抵御迫害性客体的需要，所以它是一种抵御焦虑的方法。

幻觉满足（hallucinatory gratification）的例子可以帮助我们理解理想化过程是如何产生的。在这种状态下，来自各方面的挫折感和焦虑被消除，失去的外部乳房被重新找回，内在拥有理想乳房（拥有它）的感觉被重新激活。我们也可以假设婴儿产生了他所渴望的回到产前状态的幻觉。由于幻觉中的乳房是取之不尽、用之不竭的，因此贪婪得到了暂时的满足。（但迟早，饥饿的感觉会把婴儿拉回到外部世界，然后挫折感以及由此产生的所有情绪又会被体验到。）在愿望实现（wish-fulfilling）的幻觉中，有许多基本的机制和防御在起作用。其中之一就是对内部和外部客体的全能控制，因为自我会想象自己完全占有外部和内部的乳房。此外，在幻觉中，迫害性的乳房与理想的乳房被分离开来，受挫的体验与被满足的体验也被分离开来。这种分裂似乎与否认过程有关，它相当于客体的分裂，以及对关于客体的感觉的分裂。否认的最极端形式——就像我们在幻觉满足中发现的那样——等同于消灭任何带来挫折的客体或情境，因而与生命早期阶段强烈的全能感联系在一起。受挫的情境、带来挫折的客体、受挫引起的不良情绪（以及自我的分裂部分）都会被认为已经不复存在，已经被消灭，通过这些方式，婴儿可以获得满足感，并从受迫害焦虑中解脱出来。对迫害性客体和迫害性情境的消除，与最极端形式的对迫害性客体的全能控制是紧密联系在一起的。我想说的是，在某种程度上，这些过程也在理想化机制中发挥着作用。

在愿望实现幻觉之外的其他状态下，早期的自我似乎也采用了这种分裂机制，即将客体和情境的某个方面分裂出去并消灭。例如，在受迫害的幻觉中，客体和情境中**可怕的**方面似乎占了上风，以至于好的方面被彻底摧毁——这个过程我无法在此讨论。在不同的状态下，自我将两个方面分开的程度似乎有很大的不同，这可能取决于被否认的方面是否被认为已经完全不存在了。

受迫害焦虑从根本上影响着这些过程。我们可以假设，当受迫害焦虑不那么强烈时，分裂就不那么极端，因此自我就能够整合自己，并在某种程度上整合对客体的情感。很可能，只有当对客体的爱战胜了破坏性冲动（最终是生本能战胜了死本能）时，这种整合步骤才能发生。因此，我认为自我的整合倾向可以被视为生本能的一种表现形式。

婴儿对同一个客体——乳房——的爱与破坏性冲动交织在一起，这会带来抑郁性焦虑、罪疚感以及对受伤的所爱客体——好乳房——进行修复的冲动。这意味着，婴儿有时会对部分客体——母亲的乳房——产生矛盾心理。❶在生命的最初几个月，这种整合状态是短暂的。在这一阶段，自我实现整合的能力自然仍非常有限，这也是受迫害焦虑和分裂过程最强烈的原因。看上去，随着发展的进行，整合体验以及由此产生的抑郁性焦虑会越来越频繁，持续时间也会越来越长；所有这一切都构成了整合成长的一部分。随着对客体的两方面对立情感在整合方面的进步，力比多对破坏性冲动的缓解成为可能。❷这会带来焦虑的**实际减轻**，而这正是正常发展的基本条件。

正如我所指出的那样，分裂过程的强度、频率和持续时间（不仅在个体之间，而且在同一婴儿的不同时期）都有很大的差异。这是早期情感生活复杂性的一部分，许多过程以极快的速度交替进行，甚至似乎同时进行。例如，除了将乳房分裂为爱与恨（好与坏）两个方面之外，似乎还存在着另一种性质的分裂，这种分裂使婴儿感到自我（以及客体）支离破碎；这些过程是解体状态的基础。❸正如我在上文所指出的，这种状态与其他状态交替出现，在其他状态中，自我的整合和客体的整合日益增加。

---

❶ 我在论文《论躁郁状态的心理成因》（《论文集》第1卷）中提出，婴儿是首先在抑郁心位下与完整客体的关系中体验到矛盾心理的。为了与我关于抑郁性焦虑开始的观点（参见《关于焦虑和罪疚感的理论》）保持一致，我现在认为，矛盾心理也已经在与部分客体的关系中被体验到了。

❷ 力比多和攻击性之间的这种互动形式相当于两种本能之间的一种特殊融合状态。

❸ 参见《关于一些分裂机制的说明》。

早期的分裂方式从根本上影响了在稍晚的阶段所进行的压抑的方式，而这反过来又决定了意识和无意识之间相互作用的程度。换句话说，心理的各个部分在多大程度上相互"疏通"，在很大程度上取决于早期分裂机制的强弱。❶外部因素从一开始就起着至关重要的作用；因为我们有理由假定，每一次迫害性恐惧的刺激都会强化分裂机制，即自我将自身和客体分裂开来的倾向；而每一次好的体验都加强了对好客体的信任，并促进自我和客体迈向整合。

Ⅲ

弗洛伊德的一些结论暗示，自我是通过对客体的内摄而发展起来的。在我看来，在最早阶段，在满足和幸福的情况下被内摄的好乳房是自我的重要组成部分，并加强了自我的整合能力。这个内在的好乳房也是早期超我的有益和良性的一面，它加强了婴儿对其客体的爱和信任的能力，增强了对好客体和好情境的刺激，因此是消除焦虑的重要保证；它是内在生本能的代表。然而，一个好的客体只有在它被感觉处于完好无损的状态时才能实现这些功能，这意味着它主要是伴随着满足和爱的感觉被内化的。这种感觉的前提是，吸吮带来的满足感没有受到外部或内部因素的干扰。内部干扰的主要来源是过度的攻击性冲动，这种冲动会增加贪婪，削弱承受挫折的能力。换句话说，在两种本能的融合过程中，当生本能高于死本能，相应地力比多高于攻击性时，好乳房就能在婴儿心中更牢固地建立起来。

然而，婴儿的口腔施虐冲动从生命的一开始就很活跃，而且很容易被来自外部和内部的挫折所激起，这就不可避免地一次又一次地让婴儿感到，由于他对乳房的贪婪吞噬，乳房在他体内已经被毁坏得支离破碎。内摄的这两个方面是并存的。

在婴儿与乳房的关系中，挫折感还是满足感占主导地位，无疑在很大程度上受外部环境的影响，但毫无疑问，必须考虑到从一开始就影响自我力量的体质因素。我曾提出过这样的观点，即自我承受紧张和焦虑的能力，以及因此在某种程度上承受挫折的能力，是一个体质因素。❷这种与生俱来的承受焦虑的能力，似乎最终取决于力比多对攻击冲动的影响，也就是说，取决于生本能从一开始就在两种本能的融合中所起的作用。

---

❶ 我发现，对于分裂样病人来说，他们的婴儿期分裂机制的强度最终导致他们难以与自己的无意识保持接触。在这类病人身上，由于焦虑的压力，他们一次又一次地无法维持在分析过程中得到加强的自我不同部分之间的联系，从而阻碍了整合的进展。对于抑郁症病人来说，无意识和有意识之间的分界并不那么明显，因此这类病人的洞察力要强得多。在我看来，他们更成功地克服了婴儿早期的分裂机制。

❷ 参见《儿童精神分析》第3章，p.49。

我的假设是，在吸吮功能中表现出来的口腔力比多能使婴儿把乳房（和乳头）作为一个相对不受破坏的客体，这并不违背破坏性冲动在最初阶段最为强大的假设。影响这两种本能的融合和化解的因素仍然模糊不清，但几乎没有理由怀疑，在与第一个客体——乳房——的关系中，自我有时能够通过分裂的方式将力比多与攻击分开。❶

我现在要谈谈投射在受迫害焦虑的演变中所起的作用。我在其他地方❷描述过，吞食和挖出母亲乳房的口腔施虐冲动是如何发展成吞食和挖出母亲身体的幻想的。来自所有其他施虐源头的攻击很快就会与这些口腔攻击联系在一起，从而发展出两种主要的施虐幻想。一种主要是口腔施虐，与贪婪联系在一起，就是要掏空母亲身体中一切美好和理想的东西。另一种形式的幻想攻击——主要是肛门施虐——是在母亲的身体里塞满不好的物质和自我部分，这些物质和部分被分裂出来并投射到母亲身上。这主要表现为排泄物，它们成为损害、破坏或控制被攻击客体的手段。或者，被认为是"坏"自我的整个自我进入母亲的身体并控制它。在这些不同的幻想中，自我通过投射占有了一个外部客体——首先是母亲——并把它变成了自我的延伸。在我看来，这些过程就是经由投射的认同或"投射性认同"（projective identification）的基础。❸内摄性认同和投射性认同似乎是互补的过程。投射性认同的基本过程似乎在与乳房的最早关系中就已开始运作。"像吸血鬼一样"吸吮乳房、挖出乳房，在婴儿的幻想中发展为进入乳房并进一步进入母亲的身体。因此，投射性认同将与对乳房的贪婪的口腔施虐性内摄同时开始。这一假设与我经常表达的观点一致，即从生命之初，内摄和投射就会相互作用。正如我们所看到的，对迫害性客体的内摄在某种程度上是由破坏性冲动被投射到客体上决定的。对内部迫害者的恐惧增加了投射（驱逐）坏东西的动力。当投射被受迫害的恐惧所支配时，被投射了坏东西（坏的自我）进去的客体就会成为**最可怕**的迫害者，因为它被赋予了主体的所有坏品质。这个客体被再次内摄，强烈地加强了对内部和外部迫害者的恐惧。（死本能，或者更确切地说，与之相关的危险，又一次转向了内部。）因此，与内部世界和外部世界有关的迫害性恐惧之间存在着一种持续的相互作用，在这种相互作用中，投射性认同所涉及的过程起着至关重要的作用。

---

❶ 我的论点（在这里和以前的著作中）隐含着，我不同意亚伯拉罕的"前矛盾阶段"概念，因为它意味着破坏性（口腔施虐）冲动首先在长牙时产生。然而，我们必须记住，亚伯拉罕也指出了"吸血鬼般的"吸吮中固有的施虐。毫无疑问，出牙期的到来和影响牙龈的生理过程会强烈刺激食人冲动和幻想；但攻击性是婴儿与乳房最早关系的一部分，尽管在这个阶段通常不会表现为咬。

❷ 参见《儿童精神分析》，p.128。

❸ 参见《关于一些分裂机制的说明》。

正如我所说，爱的感觉的投射——将力比多归结于客体的过程——是找到好客体的先决条件。好客体的内摄刺激了好感觉的向外投射，这反过来又通过再内摄加强了拥有好的内在客体的感觉。在把坏的自我投射到客体和外部世界的同时，也会投射出部分好的自我或整个好的自我。对好的客体和好的自我的再内摄会减轻受迫害焦虑。这样，与内部世界和外部世界的关系就同时得到了改善，自我的力量和整合能力也随之增强。

正如我在前一节中所说的那样，整合的进展取决于爱的冲动暂时压倒破坏性冲动，这导致了一种短暂的状态，在这种状态中，自我把对一个客体（首先是母亲的乳房）的爱的感觉和破坏性冲动整合起来。这一整合过程启动了发展过程中的更多重要步骤（很可能同时发生）：抑郁性焦虑和罪疚感等痛苦情绪出现；攻击性被力比多所缓解；因此，受迫害焦虑减少了；与被毁灭的外部和内部客体的命运有关的焦虑导致了对它更强烈的认同，因此，自我努力进行修复，并抑制被认为对所爱客体有危险的攻击冲动。❶

随着自我整合能力的增强，抑郁性焦虑的体验会越来越频繁，持续时间也会越来越长。与此同时，随着感知范围的扩大，在婴儿的头脑中，母亲作为一个完整而独特的人的概念，从她身体的各个部分和她人格的各个方面（如她的气味、触摸、声音、微笑、脚步声等）发展而来。抑郁性焦虑和罪疚感会逐渐集中到母亲这个人身上，而且强度会增加；抑郁心位会凸显出来。

IV

到目前为止，我已经描述了婴儿出生后头三四个月的心理生活的一些方面。（但必须记住，由于个体差异很大，我们只能粗略估计各发展阶段的持续时间。）在我所描述的这一阶段中，某些特征非常突出。偏执-分裂倾向占主导地位。内摄和投射——再内摄和再投射——过程之间的相互作用决定了自我的发展。与所爱和所恨（好和坏）的乳房的关系是婴儿最初的客体关系。破坏性冲动和受迫害焦虑达到了顶峰。对无限满足的渴望和受迫害焦虑，使婴儿感到理想的乳房和危险的吞噬性的乳房同时存在，而在婴儿的心目中，这两个乳房在很大程度上是相互分离的。母亲乳房的这两个方面被内摄并形成了超我的核心。在这一阶段，分裂、全能、理想化、否认，以及控制内部和外部客体占主导。这些最初的防御具有一种极端的性质，符合早期情绪的强度和自我承受剧烈焦虑的有限能力。虽然

---

❶ 亚伯拉罕提到本能抑制首先出现在"……以食人为性欲目标的自恋阶段"（《关于力比多发展的一个简短研究》，p.496）。由于对攻击性冲动和贪婪的抑制往往也涉及力比多，抑郁性焦虑就成为婴儿在几个月大时出现并在断奶时加剧的喂养困难的原因。至于最早出现的喂养困难，有些婴儿从出生后几天就会出现，我认为这是由受迫害焦虑造成的（参见《儿童精神分析》，pp.156-157）。

这些防御在某些方面阻碍了整合之路，但它们对整个自我的发展至关重要，因为它们一次又一次地缓解了小婴儿的焦虑。这种相对的、暂时的安全感主要是通过把迫害性客体与好客体分开来实现的。好（理想）客体存在于自我的头脑中，使自我有时能保持强烈的爱和满足感。好客体有时也提供了保护，使自我免受迫害性客体的伤害，因为婴儿觉得好客体已经取代了迫害性客体（如愿望实现的幻觉）。我认为，这些过程是婴儿在完全满足和极度痛苦两种状态之间迅速转换的原因。在这个早期阶段，自我处理焦虑的能力仍然非常有限，它无法让对母亲的两种截然不同的情感结合在一起。这意味着，通过信任好客体来减轻对坏客体的恐惧和抑郁性焦虑只会在短暂的体验中出现。在解体和整合的交替过程中，逐渐形成了一个更加整合的自我，其处理受迫害焦虑的能力也随之增强。婴儿与母亲身体各部分（主要是母亲的乳房）的关系，逐渐转变为与母亲作为一个人的关系。

婴儿早期的这些过程可以归纳为以下几个方面：

（a）自我具有一些整合和凝聚的雏形，并朝着这个方向不断发展；从出生后开始，它还执行一些基本功能；因此，它利用分裂过程和对本能欲望的抑制来抵御从出生开始自我就经历的受迫害焦虑。

（b）客体关系，这种关系由力比多和攻击、爱和恨形成，一方面渗透着受迫害焦虑，另一方面渗透着其必然结果，即从对客体的理想化中获得的全能保证。

（c）内摄和投射，与婴儿的幻想生活和他的所有情绪联系在一起，从而内化了好的和坏的客体，这启动了超我的发展。

随着自我忍耐焦虑的能力越来越强，防御方法也会相应改变。此外，现实感的增强以及满足感、兴趣和客体关系的扩大也是原因之一。破坏性冲动和受迫害焦虑的力量减弱；抑郁性焦虑的力量增强，并在我下一节描述的时期达到顶峰。

婴儿期的抑郁心位

I

在一岁的第二个季度，婴儿的智力和情感发展发生了明显的变化。他与外部世界、与人以及与事物的关系变得更加不同。他的满足感和兴趣范围扩大了，表达情感和与人沟通的能力也增强了。这些可以观察到的变化都是自我逐渐发展的证明。整合、意识、智力、与外部世界的关系以及自我的其他功能都在稳步发展。与此同时，婴儿的性器官也在发育；尿道、肛门和生殖器的发育趋势越来越强，但口腔冲动和欲望仍占主导地位。因此，不同的力比多和攻击源汇集在一起，给婴儿的情感生活增添了色彩，并带来了各种新的焦虑情境；幻觉的范围不断扩大，变得更加精细和分化。相应地，防御的性质也发生了重大变化。

所有这些发展都反映在婴儿与母亲（在某种程度上也反映在与父亲和其他人）的关系上。在乳房仍被视为主要客体的同时，与母亲作为一个人的关系逐渐发展起来，当婴儿能够将母亲作为一个人（或者换句话说，作为一个"完整的客体"）感知和内摄时，与母亲的认同变得更加充分，并且得到加强。

虽然某种程度上的整合是自我将母亲和父亲作为一个完整的人进行内摄的能力的先决条件，但当抑郁状态凸显出来时，整合和综合就开始进一步发展了。客体的不同方面——爱与恨、好与坏——更加接近，这些客体现在是完整的人。整合的过程涵盖了外部和内部客体关系的整个领域。它们不仅包含了内化客体（早期的超我）的不同方面，也包含了外部客体的不同方面；但是，自我也被驱动着去减少外部世界和内部世界之间的差异，或者说，减少外部形象和内部形象之间的差异。与这些整合过程一起进行的是自我的进一步整合，其结果是自我分裂出来的各个部分更加一致。所有这些整合过程都会导致爱与恨之间的冲突爆发出来。随之而来的抑郁性焦虑和罪疚感不仅在量上有所改变，在质上也有所改变。现在，矛盾的体验主要是指向一个完整的客体。爱与恨更加紧密地结合在一起，"好"和"坏"的乳房、"好"和"坏"的母亲不再像早期阶段那样分开。虽然破坏性冲动的力量减弱了，但这些冲动对所爱的客体（现在被视为一个人）构成了巨大的威胁。贪婪和对贪婪的防御在这一阶段起着重要的作用，因为对无可挽回地失去所爱和不可或缺的客体的焦虑往往会增加贪婪。然而，贪婪被认为是无法控制和具有破坏性的，会危及所爱的外部和内部客体。因此，自我会越来越多地抑制本能的欲望，这可能会导致婴儿在享受或接受食物时遇到严重困难❶，日后在建立亲情和性关系时也可能会受到严重抑制。

上述整合的步骤使自我更有能力承认日益严峻的心理现实。内化的母亲被认为是受伤的、受苦的、有被消灭的危险或已经被消灭并永远失去了，对母亲的焦虑导致了对受伤客体更强烈的认同。这种认同既强化了修复的动力，也强化了自我抑制攻击冲动的尝试。自我还一次又一次地利用躁狂防御。正如我们已经看到的，自我会使用否认、理想化、分裂和控制内外客体等方法来对抗受迫害焦虑。当抑郁心位出现时，这些全能的方法在某种程度上仍会被保留下来，但它们现在主要被用来对抗抑郁性焦虑。这些方法也会随着整合的步骤而发生变化，也就是说，它们不再那么极端，而是更加符合自我面对心理现实的能力的增长。随着形式和目的的改变，这些早期的方法现在构成了躁狂防御。

---

❶ 这种在婴儿身上经常出现的困难，尤其是在断奶（即从母乳喂养到奶瓶喂养的转换过程中，或在奶瓶喂养中添加新食物时等）时，可以被视为抑郁心位中的一种抑郁症状。这一点在我的《婴儿行为观察》（1952）一文中有详细论述。

面对众多的焦虑情境，自我倾向于否认它们，当焦虑最严重时，自我甚至会否认自己爱着客体这一事实。其结果可能是持久地扼杀爱，远离主要客体，增加受迫害焦虑，即倒退到偏执-分裂心位。❶

自我控制外部和内部客体的尝试——这种方法在偏执-分裂心位下主要针对受迫害焦虑——也会发生变化。当抑郁性焦虑占据上风时，自我对客体和冲动的控制主要是为了防止挫败感、防止攻击性和随之而来的带给所爱客体的危险，也就是说，是为了控制抑郁性焦虑。

用来分裂客体和分裂自我的方法也有所不同。虽然早期的分裂方法在某种程度上仍在继续，但现在的自我将完整的客体分为未受伤害的活的客体和受伤害的濒危客体（可能是垂死或死亡的客体）；因此，分裂在很大程度上成为对抑郁性焦虑的一种防御。

与此同时，自我的发展也迈出了重要的一步，这不仅使自我对焦虑有了更充分的防御，而且最终导致焦虑的实际减轻。通过抑郁心位的修通，面对心理现实的持续体验增加了婴儿对外部世界的理解。因此，起初被扭曲成理想化的和可怕的形象的父母形象逐渐接近现实。

正如本章前面所讨论的，当婴儿内摄了一个更安心的外部现实时，他的内部世界就会得到改善；而通过投射，这反过来又有利于他对外部世界的描绘。因此，随着婴儿一次又一次地重新内摄一个更现实、更安心的外部世界，并在某种程度上在他的内心建立起完整的、未受伤害的客体，超我组织就会逐渐得到重要的发展。然而，随着好的和坏的内部客体越来越接近——坏的方面被好的方面所减轻——自我和超我之间的关系发生了变化，也就是说，超我逐渐被自我同化。（见本文末的注释2）

在这一阶段，对受害客体进行修复的驱力会充分发挥作用。正如我们之前看到的，这种倾向与罪疚感密不可分。当婴儿感到他的破坏性冲动和幻想是针对他所爱的、作为一个完整的人的客体时，罪疚感就会强烈起来，与此同时，他就会产生一种压倒性的冲动，想要修复、保护或恢复他所爱的受伤害的客体。在我看来，这些情感等同于哀悼状态，而自我的防御则是试图克服哀悼。

由于修复的倾向最终源于生本能，因此它利用了力比多幻想和欲望。这种倾向进入了所有的升华过程，从这一阶段开始，它就一直是控制和减少抑郁的重要手段。

在早期阶段，似乎心理生活的各个方面都会被自我用来抵御焦虑。最初以全

---

❶ 这种早期退行可能会造成早期发展的严重障碍，如智力缺陷（《关于一些分裂机制的说明》）；它可能成为某种形式的精神分裂症的基础。婴儿期抑郁心位失败的另一个可能结果是躁郁症，或者是严重的神经官能症。因此，我认为婴儿期的抑郁心位在第一年的发展中至关重要。

能方式使用的修复倾向也成为一种重要的防御手段。婴儿的感觉（幻觉）可以描述如下："我的母亲正在消失，她可能永远不会回来了，她正在受苦，她死了。不，这不可能，因为我可以让她复活。"

随着婴儿对他的客体和他的修复能力逐渐有了更大的信心，这种全能感会逐渐减弱。❶他觉得，他的每一步发展和新成就都会给他周围的人带来快乐，他通过这种方式来表达他的爱，抵消或消除他的攻击冲动所造成的伤害，并对他所爱的受伤害的客体进行修复。

这样就为正常的发展奠定了基础：与他人的关系得到发展，与内部和外部客体有关的受迫害焦虑减少，良好的内部客体变得更加稳固，随之而来的是一种更强的安全感，所有这一切都加强和丰富了自我。更强大、更连贯的自我，虽然会大量使用躁狂防御，但它会一次又一次地将客体和自我分裂的方面整合在一起。逐渐地，分裂和整合的过程被应用于彼此分离较少的方面，对现实的感知增加了，客体以更真实的面貌出现。所有这些发展都会使婴儿越来越适应外部和内部的现实。❷

婴儿对挫折的态度也发生了相应的变化。正如我们所看到的，在最初的阶段，母亲（她的乳房）的坏的迫害性方面在孩子的心目中代表了一切挫折和邪恶，无论是内部的还是外部的。当婴儿对其客体的现实感和信任感增强时，他就更有能力区分来自外部的挫折和幻想中的内部危险。因此，恨和攻击行为与外部因素造成的实际挫折或伤害的关系变得更加密切。这是朝着用一种更现实、更客观的方法来处理自己的攻击行为迈出的一步，这种方法能减少儿童的罪疚感，并最终使他以一种更自洽（ego-syntonic）的方式来体验和升华自己的攻击行为。

此外，这种对挫折的更现实的态度——这意味着与内部和外部客体有关的迫害性恐惧已经减少——导致婴儿在挫折体验消失后，有更大的能力重新建立与母亲和其他人的良好关系。换句话说，婴儿对现实的适应能力不断增强，再加上内摄和投射功能的变化，使他与内部和外部世界的关系更加稳固。这就减少了矛盾和攻击性，使修复的动力得以充分发挥作用。通过这些方式，由抑郁心位引起的哀悼过程逐渐得到修通。

当婴儿长到大约三到六个月的关键阶段，面对抑郁心位中固有的冲突、罪疚感和悲伤时，他处理焦虑的能力在某种程度上取决于他先前的发展；也就是说，取决于他在出生后的头三四个月里，在多大程度上吸收并确立了构成其自我核心的好客体。如果这个过程是成功的——这意味着受迫害焦虑和分裂过程并不

---

❶ 在对成人和儿童的分析中可以发现，在充分体验抑郁的同时，希望的感觉也会出现。在早期发展过程中，这是帮助婴儿克服抑郁心位的因素之一。

❷ 我们知道，矛盾压力下的分裂在某种程度上会持续一生，并在正常的心理效能（mental economy）中发挥重要作用。

是过度的，而且已经出现了一定程度的整合——受迫害焦虑和分裂机制就会逐渐失去力量，自我就能够内摄和建立起完整的客体，并渡过抑郁心位。然而，如果自我无法处理在这一阶段出现的许多严重的焦虑情况——这种失败是由基本的内部因素和外部经验决定的——那么就会从抑郁心位强烈倒退到早期的偏执-分裂心位。这也会阻碍完整客体的内摄过程，并严重影响生命第一年和整个童年期的发展。

II

我对婴儿抑郁心位的假设是基于有关生命早期阶段的基本精神分析概念，也就是早期内摄以及在婴儿期占主导地位的口欲和食人冲动。弗洛伊德和亚伯拉罕的这些发现极大地促进了人们对精神疾病病因的理解。通过发展这些概念，并将它们与对婴儿的理解（这些理解来自对幼儿的分析）联系起来，我逐渐认识到早期过程和体验的复杂性及其对婴儿情感生活的影响；反过来，这也必将为精神障碍的病因提供更多的启示。我的结论之一是，婴儿抑郁心位与哀悼和忧郁症现象之间存在着特别密切的联系。❶

亚伯拉罕继续弗洛伊德关于忧郁症的研究，指出了正常哀悼与不正常哀悼之间的一个根本区别（见本文末的注释3）。在正常的哀悼中，个人会成功地在自我中建立起失去的亲人，而在忧郁症和非正常哀悼中，这一过程并不成功。亚伯拉罕还描述了这种成败所依赖的一些基本因素。如果食人冲动过度，失去的亲人就无法被内摄，从而导致疾病。在正常的哀悼过程中，主体也会被驱动在自我中修复失去的亲人；但这一过程会成功。正如弗洛伊德所说，不仅是对失去的所爱客体的贯注被撤回并重新投资，而且在这个过程中，失去的客体在内部被建立起来。

在我的论文《哀悼及其与躁郁状态的关系》中，我表达了以下观点："我的经验使我得出这样的结论，虽然正常哀悼的特征确实是个人在自己的内部建立起失去的所爱客体，但他并不是第一次这样做，而是通过哀悼的工作，重新建立起这个客体以及他认为自己失去的所有所爱的**内在**客体。"每当悲伤出现时，它就会破坏对所爱内部客体的安全拥有感，因为它会重新唤起早期对受伤和被摧毁客体的焦虑——对破碎的内心世界的焦虑。罪疚感和受迫害焦虑——婴儿期的抑郁心位——又被重新激活。被哀悼的**外部**所爱客体的成功修复，以及它在哀悼过程中被强化的内摄，意味着被爱的**内部**客体得到了修复并被重新获得。因此，哀悼过程中特有的对现实的检验不仅是重新与外部世界建立联系的手段，也是**重新建立被打乱的内心世界**的手段。因此，哀悼是对婴儿在抑郁心位下所体验的情感情境

---

❶ 关于婴幼儿抑郁心位与躁郁状态和正常哀伤的关系，请参阅我的《论躁郁状态的心理成因》和《哀悼及其与躁郁状态的关系》（均收录于《论文集》第1卷）。

的一种重复。在害怕失去所爱的母亲的压力下，婴儿努力建立和整合自己的内心世界，在自己的内心牢牢地建立起好客体。

根据我的经验，决定失去所爱客体（由于死亡或其他原因）是否会导致躁郁症或是否能被正常克服的基本因素之一，就是在生命的第一年里，抑郁心位在多大程度上被成功修通，以及所爱客体在多大程度上在内部被安全地建立起来。

抑郁心位与婴儿力比多组织的根本变化息息相关，因为在这一时期——大约是第一年的中期——婴儿进入了直接和倒置（inverted）的俄狄浦斯情结的早期阶段。在此，我将只对俄狄浦斯情结的早期阶段作最概括的描述。❶ 这些早期阶段的特点是，当与完整客体的关系正在被建立时，部分客体仍然在婴儿的心智中扮演着重要的角色。此外，虽然生殖器欲望正强烈地凸显出来，但口腔欲望尚处于主导地位。强烈的口腔欲望会因与母亲的关系受挫而增强，并从母亲的乳房转移到父亲的阴茎上。❷ 男女婴儿的生殖器欲望与口腔欲望合而为一，因此与父亲阴茎的关系既是口欲关系，也是生殖器关系。生殖器欲望也会指向母亲。婴儿对父亲阴茎的欲望与对母亲的嫉妒是联系在一起的，因为他觉得母亲得到了他想要的东西。无论哪种性别，这些多方面的情感和愿望都构成了倒置的和直接的俄狄浦斯情结的基础。

俄狄浦斯早期阶段的另一个方面，与母亲的"内在"和他自己的"内在"在小婴儿心中所起的重要作用有关。在破坏性冲动占主导地位的前一阶段（偏执-分裂心位），婴儿进入母亲身体并占有其内容物的冲动主要是口腔和肛门性质的。这种冲动在下一阶段（抑郁心位）仍然活跃，但当生殖器欲望增加时，它更多地指向父亲的阴茎（等同于婴儿和粪便），因为他觉得母亲的身体里有这些东西。与此同时，对父亲阴茎的口腔欲望会导致阴茎的内化，而这种内化的阴茎——包括好的和坏的——会在婴儿的内部客体世界中扮演重要角色。

俄狄浦斯发展的早期阶段是最复杂的：来自不同方面的欲望汇聚在一起；这些欲望既指向部分客体，也指向完整客体；父亲的阴茎既令人渴望又令人憎恨，它不仅是父亲身体的一部分，而且婴儿同时感觉到它在自己体内和母亲体内。

嫉羡似乎是口腔贪婪的内在因素。我的分析工作表明，嫉羡（与爱和满足感交替出现）首先指向喂养婴儿的乳房。当俄狄浦斯情境出现时，除了这种原始的嫉羡之外，又多了嫉妒。婴儿对父母双方的感觉似乎是这样的：当他受到挫折时，

---

❶ 参见海曼（1952）文献的第二部分。我在《儿童精神分析》（特别是第8章）中详细阐述了俄狄浦斯情结的发展过程；在论文《俄狄浦斯冲突的早期阶段》和《从早期焦虑看俄狄浦斯情结》中也有详细阐述。

❷ 亚伯拉罕在《关于力比多发展的一个简短研究》（p.490）中写道："关于被内摄的身体部位，需要注意的另一点是，阴茎经常与女性乳房同化，而身体的其他部位，如手指、脚、头发、粪便和臀部，则可以次要方式代表这两个器官。"

父亲或母亲就会享受他被剥夺的想要的东西——母亲的乳房、父亲的阴茎——并不断地享受它。小婴儿的一个特点是具有强烈的情感和贪婪，他认为父母经常处于口腔、肛门和生殖器相互满足的状态。

这些性观念是联合父母形象的基础，例如：母亲内部包含着父亲的阴茎或整个父亲；父亲内部包含着母亲的乳房或整个母亲；父母在性交中不可分割地融合在一起。❶这种性质的幻想也促成了"有阴茎的女人"这一概念。此外，由于内化作用，婴儿会在自己的内心深处建立起这种联合父母的形象，这也是许多精神病性焦虑情境的根本原因。

随着与父母的关系逐渐变得更加现实，婴儿开始将他们视为独立的个体，也就是说，原始的联合父母形象失去了力量。❷

这些发展与抑郁心位相互关联。无论哪种性别，婴儿都害怕失去母亲这个主要的爱的客体（即抑郁性焦虑），这促进了对替代品的需要；婴儿首先向父亲求助，父亲在这一阶段也是作为一个完整的人来满足这种需要。

通过这些方式，力比多和抑郁性焦虑在一定程度上从母亲身上转移开来，这种分配过程刺激了客体关系，也减轻了抑郁情绪的强度。因此，直接的和倒置的俄狄浦斯情结的早期阶段缓解了儿童的焦虑，帮助他克服了抑郁心位。然而，与此同时，新的冲突和焦虑又出现了，因为指向父母的俄狄浦斯愿望意味着嫉羡、竞争和嫉妒——在这一阶段仍被口腔欲望强烈激发——现在在两个既恨又爱的人身上被体验到了。这些冲突最初出现在俄狄浦斯情结的早期阶段，而这些冲突的解决则是焦虑调节过程的一部分，这一过程从婴儿期一直延续到童年的最初几年。

总之，抑郁心位在儿童的早期发展中起着至关重要的作用，通常情况下，当婴儿神经官能症在五岁左右结束时，受迫害焦虑和抑郁性焦虑已经得到了调节。然而，修通抑郁心位的基本步骤是在婴儿建立完整客体时完成的，也就是说，是在一岁的后半期，我们可以说，如果这些过程取得成功，就满足了正常发展的一个先决条件。在这一时期，受迫害焦虑和抑郁性焦虑会被反复激活，例如在长牙和断奶的经历中。焦虑和身体因素之间的相互作用是第一年复杂的发展过程（涉及婴儿的所有情绪和幻想）的一个方面；实际上，这在某种程度上适用于整个生命历程。

我在本章中一直强调，婴儿情感发展和客体关系的变化是渐进的。抑郁状态

---

❶ 参见《儿童精神分析》中的"联合父母形象"概念，尤其是第8章。

❷ 婴儿能够同时享受与父母的关系，这是他精神生活中的一个重要特征，但这与他因嫉妒和焦虑而产生的将父母分开的欲望相冲突，而且这取决于他能够感觉到父母是不同的个体。这种与父母更加整合的关系（有别于强迫性地把父母分开和阻止他们性交的需要），意味着他对父母之间的关系有了更深的理解，这也是婴儿希望他能把父母聚到一起并使他们幸福地结合的先决条件。

是逐渐形成的，这就解释了为什么抑郁心位对婴儿的影响通常不会突然出现。❶此外，我们还必须记住，在体验到抑郁情绪的同时，自我也在发展与之抗衡的方法。在我看来，这是经历精神病性焦虑的婴儿与成人精神病病人之间的根本区别之一；因为，在婴儿经历这些焦虑的同时，促进焦虑调节的过程已经在起作用了（见本文末的注释4）。

焦虑的进一步发展和调节

I

婴儿期神经症可以被看作一系列过程的组合，通过这些过程，具有精神病性质的焦虑被控制、修通和调节。调节受迫害焦虑和抑郁性焦虑的基本步骤是第一年发展的一部分。因此，在我看来，婴儿期神经症始于出生后的第一年，随着潜伏期的到来，早期焦虑已经得到调节，婴儿期神经症也就结束了。

发展的所有方面都有助于调节焦虑的过程，因此，焦虑的演变只能在它们与所有发展因素的相互作用中才能得到理解。例如，获得身体技能、游戏活动、语言和智力的全面发展、清洁习惯、升华的增长、客体关系范围的扩大、儿童力比多组织的发展——所有这些成就都与婴儿期神经症的各个方面不可避免地交织在一起，最终与焦虑的演变和对它的防御相关联。在此，我只能挑出其中几个相互作用的因素，并指出它们是如何促进焦虑的调节的。

如前所述，最初的迫害性客体（外部和内部）是母亲的坏乳房和父亲的坏阴茎；与内部和外部客体有关的迫害性恐惧是相互影响的。这些焦虑首先集中在父母身上，表现为早期恐惧症，并极大地影响了儿童与父母的关系。受迫害焦虑和抑郁性焦虑从根本上加剧了俄狄浦斯情境❷中产生的冲突，并影响了力比多的发展。

在俄狄浦斯情结的早期阶段（大约在第一年的中期），指向父母双方的生殖器欲望最初是与口腔欲望、肛门欲望和尿道欲望和幻想交织在一起的，既有力比多的，也有攻击性的。所有这些来源的破坏性冲动所产生的精神病性质的焦虑，往往会加强这些冲动，如果过度，就会造成对前生殖阶段（pre-genital stages）的强烈固着。❸

---

❶ 然而，只要仔细观察，就能在正常婴儿身上发现反复出现抑郁情绪的迹象。在某些情况下，如生病、突然与母亲或奶妈分离或更换食物，幼儿会出现非常明显的严重抑郁症状。

❷ 我在《从早期焦虑看俄狄浦斯情结》（《论文集》第1卷）一文中详细论述了受迫害焦虑和抑郁性焦虑与阉割恐惧之间的相互关系。

❸ 参见海曼和艾萨克斯（1952）的论文。

因此，力比多发展的每一步都受到焦虑的影响。因为焦虑会导致固着在前生殖阶段，并一次又一次地退回到前生殖阶段。另一方面，焦虑和罪疚感以及随之而来的修复倾向又会推动力比多，刺激力比多向前发展；因为给予和体验力比多的满足可以缓解焦虑，也能满足修复的冲动。因此，焦虑和罪疚感有时会抑制，有时会促进力比多的发展。这不仅因人而异，而且在同一个人身上也可能有所不同，这取决于任何给定时间内部和外部因素之间错综复杂的相互作用。在直接的和倒置的俄狄浦斯情结的波动中，所有的早期焦虑都会被体验；因为在这些位置上，嫉妒、竞争和恨会反复激起受迫害焦虑和抑郁性焦虑。然而，当婴儿从与外在父母的关系中获得越来越多的安全感时，对父母作为内在客体的焦虑就会逐渐被修通和减弱。

在受焦虑强烈影响的进步与退行的相互作用中，生殖器趋势（genital trends）逐渐占据上风。因此，修复的能力增强了，范围扩大了，升华的力量和稳定性也增强了；因为在生殖器水平上，它们与人类最具创造性的冲动紧密相连。女性生殖器的升华与生殖力——创造生命的能力——有关，因此也与丧失或受伤客体的再造有关。在男性的位置上，创造生命的元素通过受精的幻想得到加强，从而使受伤或被摧毁的母亲恢复或复活。因此，生殖器不仅是生殖器官，也是一种修复和再生的手段。

生殖器趋势的上升意味着自我整合的巨大进步，因为这些趋势取代了前生殖器性质（pre-genital nature）的力比多和修复欲望，从而实现了前生殖器和生殖器修复趋势的结合。例如，接受"好东西"的能力（首先是从母亲那里获得所需的食物和爱的能力），以及反哺母亲的冲动，从而恢复母亲（口腔升华的基础），是生殖期发展取得成功的先决条件。

尽管在俄狄浦斯情境中，生殖器欲望是冲突和罪疚感的根源，但随着生殖器力比多的增强，包括修复能力的提高，由破坏性倾向引起的焦虑和罪疚感也会逐渐减轻。因此，生殖器欲望占据主导地位，意味着口腔、尿道和肛门欲望和焦虑的减少。在修通俄狄浦斯冲突和实现生殖器主导的过程中，儿童能够在其内心世界中安全地建立自己的好客体，并与父母建立稳定的关系。所有这些都意味着，他正在逐步修通和调节受迫害焦虑和抑郁性焦虑。

我们有理由认为，一旦婴儿把兴趣转向母亲乳房以外的客体，如母亲身体的一部分、周围的其他客体、他自己身体的一部分等，一个对升华和客体关系的成长至关重要的过程就开始了。爱、欲望（包括攻击性的和力比多的）和焦虑从最初的唯一客体（母亲）转移到其他客体；新的兴趣发展起来，成为与主要客体的关系的替代物。然而，这个主要客体不仅是指外在的，也涉及内化的好乳房；这种与外部世界相关的情绪和创造性情感的转移，与投射是联系在一起的。在所有这些过程中，象征形成和幻想活动的作用都非常重要。❶当抑郁性焦虑出现时，特别是当抑郁心位开始时，自我感觉被驱动着去将欲望和情感以及罪疚感和修复的冲动，投射、转移和分配到新的客体和兴趣上。在我看来，这些过程是整个人生升华的主要动力。然而，升华（以及客体关系和力比多组织）成功发展的先决条件是，在欲望和焦虑被转移和分配的同时，对原初客体的爱能够保持。因为，如果对原初客体的不满和憎恨占主导地位，就会危及升华和与替代客体的关系。

如果由于未能克服抑郁心位而阻碍了修复的希望，或者换一种说法，如果对所爱客体遭受的破坏感到绝望，那么修复和升华的能力就会受到另一种干扰。

II

如上所述，发展的各个方面都与婴儿期神经症息息相关。婴儿期神经症的一个特点是早期恐惧症，这种恐惧症始于出生后的第一年，其形式和内容不断变化，在整个童年时期出现并反复出现。早期恐惧症既有受迫害焦虑，也有抑郁性焦虑，包括进食困难、夜游症、对母亲不在身边的焦虑、对陌生人的恐惧、与父母关系以及一般客体关系的困难。将迫害性客体外化的需要是恐惧症机制中的一个内在因素。❷这种需要来自受迫害焦虑（指向自我的）和抑郁性焦虑（核心是内部迫害者对内在好客体造成的威胁）。对内在迫害者的恐惧也表现在疑病症中。这种焦虑也会导致各种身体疾病，例如幼儿经常感冒。❸

口腔、尿道和肛门焦虑（这些焦虑影响了清洁习惯的养成和抑制）是婴儿期神经症症状的基本特征。婴儿期神经症的另一个特点是，在其生命的最初几年会反复发作。如上文所述，如果受迫害焦虑和抑郁性焦虑得到强化，就会倒退到早期阶段和相应的焦虑情境。例如，这种倒退表现为已经养成的清洁习惯被打破；或者，表面上已经克服的恐惧症可能会以略微改变的形式重新出现。

第二年，强迫症的趋势开始凸显；它们既反映了口腔、尿道和肛门方面的焦虑，又与这些焦虑结合在一起。在睡前仪式、与清洁或食物等有关的仪式中，以

---

❶ 在这里，我无法详细描述象征形成如何从一开始就与儿童的幻想生活和焦虑的演变密不可分。在这里，我参考了艾萨克斯（1952）和我的《婴儿行为观察》，也参考了我以前的论文《早期分析》（Early Analysis，1926）和《象征形成在自我发展中的重要性》（1930a）。

❷ 参见《儿童精神分析》，p.125，pp.156-161。

❸ 我的经验告诉我，那些作为疑病症基础的焦虑也是癔症转换症状的根源。两者共同的基本因素是对身体内部迫害的恐惧（迫害性内在客体的攻击，或主体的施虐冲动对内部客体造成的伤害，如受到他的危险排泄物的攻击），所有这些都被感觉是对自我造成的身体伤害。阐明这些受迫害焦虑转化为身体症状的基本过程，可能会对癔症的问题有进一步的启发。

及在对重复的普遍需求中（例如，希望别人反复地给他讲同样的故事，甚至要用同样的表达方式，或者反复地玩同样的游戏），都可以观察到强迫症的特征。这些现象虽然是儿童正常发展的一部分，但可以被描述为神经症症状。这些症状的减轻或克服对应着口腔、尿道和肛门焦虑的调节；这反过来又意味着受迫害焦虑和抑郁性焦虑的调节。

自我逐步发展出防御的能力，使其能够在一定程度上修通焦虑，这是调节焦虑过程的重要组成部分。在最早的阶段（偏执-分裂心位），焦虑被极端而强大的防御（如分裂、全能和否认）所抵消。❶在随后的阶段（抑郁心位），正如我们所看到的，防御机制发生了重大变化，其特点是自我承受焦虑的能力增强了。到了第二年，婴儿的自我有了进一步的发展，他利用自己对外部现实的日益适应和对身体机能的日益控制，用外部现实来检验内部危险。

所有这些变化都是强迫机制的特征，它也是一种非常重要的防御机制。例如，通过养成清洁的习惯，婴儿对他的危险粪便（即其破坏性）、内化坏客体和内部混乱的焦虑会一次又一次地暂时减轻。对括约肌的控制向他证明，他可以控制内部的危险和内在客体。此外，实际的粪便也可以作为证据，用来反驳他对粪便破坏性的幻想恐惧。婴儿现在可以按照母亲或护士的要求排出粪便，通过表示赞同产生粪便的条件，她们似乎也赞同粪便的性质，这就使排泄物变得"好"了。❷因此，婴儿可能会觉得，在他的攻击性幻想中，排泄物对他的内部和外部客体造成的伤害是可以消除的。因此，养成清洁的习惯也会减轻罪疚感，满足修复的动力。❸

强迫机制是自我发展的重要组成部分。它们能让自我暂时远离焦虑。这反过来又帮助自我获得更大的整合和力量；因此，逐步修通、减轻和调节焦虑就成为可能。然而，强迫机制只是这一阶段的防御手段之一。如果强迫机制过多并成为主要的防御手段，则表明自我无法有效地处理精神病性质的焦虑，儿童正在形成严重的强迫症。

---

❶ 如果这些防御过度持续，超过了它们所适合的早期阶段，自我的发展就会受到各种影响；整合将受到阻碍，幻想生活和力比多欲望受到阻碍，因此，修复倾向、升华、客体关系和与现实的关系都可能受到损害。

❷ 认识到儿童有养成清洁习惯的需要，这种需要与焦虑、罪疚感以及对它的防御联系在一起，我们可以得出以下结论：如果在没有压力的情况下，在孩子有明显的需要时（通常是在第二年）进行清洁训练，对孩子的成长是有帮助的。如果在较早的阶段强加给孩子，则可能是有害的。此外，无论在哪个阶段，都只应鼓励而不应强迫孩子养成清洁的习惯。后者必然是对一个重要的教养问题的非常不全面的提法。

❸ 弗洛伊德关于强迫症过程中反向形成（reaction-formations）和"消除"（undoing）的观点是我的"修复"概念的基础，此外，它还包含了各种过程，通过这些过程，自我认为它消除了在幻想中造成的伤害，恢复、保存和复活了客体。

在生殖器力比多增强的阶段，防御的另一个根本性变化也很明显。正如我们所看到的，当这种情况发生时，自我更加整合；对外部现实的适应性得到了改善；意识的功能得到了扩展；超我也更加整合；无意识过程（即自我和超我的无意识部分）得到了更充分的整合；意识和无意识之间的界限更加明显。这些发展使得压抑在防御中占据了主导地位。❶压抑的一个重要元素是超我的斥责和禁止，随着超我组织的进步，这种斥责和禁止的力量也在增强。超我要求把某些冲动和幻想（无论是攻击性的还是力比多的）排除在意识之外，自我更容易满足这种要求，因为它在整合和同化超我方面都取得了进步。

我在前一节中描述过，即使在生命的最初几个月，自我也会抑制本能的欲望，最初是在受迫害焦虑的压力下，稍后是在抑郁性焦虑的压力下。当自我可以利用压抑时，本能抑制的发展就会更进一步。我们已经看到了自我在偏执-分裂心位使用分裂的方式。❷分裂机制是压抑的基础（正如弗洛伊德的概念所暗示的那样）；但与导致解体状态的最初形式的分裂不同，压抑通常不会导致自我解体。由于在这一阶段，心灵的意识和无意识部分有了更大的整合，而在压抑中，分裂主要是意识和无意识之间的分裂，因此自我的任何部分都不会出现前一阶段可能出现的解体程度。然而，生命最初几个月采用分裂过程的程度，会对后来压抑的使用产生至关重要的影响。因为，如果早期的分裂机制和焦虑没有得到充分克服，结果可能导致意识和无意识之间的边界不是流动的，而是出现了僵化的障碍；这表明压抑是过度的，从而导致发展受阻。另一方面，在适度压抑的情况下，无意识和意识之间更有可能保持彼此之间的"孔隙"，因此冲动及其衍生物在某种程度上被允许从无意识中反复呈现出来，并由自我进行选择和拒绝。对要压抑的冲动、幻想和想法的选择，取决于自我接受外部客体标准的能力的提高。这种能力与超我内部更大的整合，以及自我对超我越来越多的同化有关。

超我结构的变化是逐渐发生的，并始终与俄狄浦斯情结的发展相关联，它有助于在潜伏期开始时俄狄浦斯情结的衰退。换句话说，力比多组织的进步以及自我在这一阶段所能做出的各种调整，都与调节与内化父母有关的受迫害焦虑和抑郁性焦虑息息相关，这意味着婴儿的内心世界更加安全。

从焦虑的演变来看，潜伏期开始时的变化特点可归纳如下：与父母的关系更稳固；内摄的父母更接近真实父母的形象；他们的标准、告诫和禁令被接受并内化，因此对俄狄浦斯欲望的压抑更加有效。所有这些都代表了超我发展的顶峰，这是生命最初几年过程的结果。

---

❶ 参见弗洛伊德的"……我们应该牢记，压抑是一个与力比多的生殖器组织有特殊关系的过程，当自我必须在其他组织水平上确保自己不受力比多的影响时，它就会采用其他的防御方法"（《抑制、症状和焦虑》，*S.E.* 20，p.125）。

❷ 参见《关于一些分裂机制的说明》。

结　论

　　我已经详细讨论了克服抑郁心位的最初步骤，这种抑郁心位是婴儿出生后第一年后半期的特征。我们看到，在最初阶段，当受迫害焦虑占主导地位时，婴儿的客体具有一种原始和迫害的性质；它们会吞噬、撕裂、毒害、淹没等等，也就是说，各种口腔、尿道和肛门的欲望和幻想会投射到外部和内部的客体上。随着力比多组织的发展和焦虑的调节，这些客体在婴儿头脑中的形象也在一步步改变。

　　婴儿与内部世界和外部世界的关系同时得到改善；这些关系之间的相互依存意味着内摄和投射过程的变化，而内摄和投射过程是减轻受迫害焦虑和抑郁性焦虑的重要因素。所有这些都使自我更有能力同化超我，从而增强了自我的力量。

　　当达到稳定时，一些基本因素已经发生了变化。在这一点上，我并不关心自我的进步——正如我试图说明的那样，自我的进步与情绪的发展和焦虑的改变息息相关——我想强调的是无意识过程的变化。我认为，如果我们把这些变化与焦虑的起源联系起来，就会更容易理解。在此，我想回到我的论点，即破坏性冲动（死本能）是导致焦虑的主要因素。❶ 贪婪因不满和仇恨而加剧，也就是说，因破坏本能的表现而加剧；但这些表现反过来又因受迫害焦虑而加剧。在发展过程中，当焦虑减少并被更稳妥地控制时，不满和仇恨以及贪婪就会减少，最终导致矛盾心理的减轻。从本能的角度来说：当婴儿期神经症发展到一定程度时，也就是说，当受迫害焦虑和抑郁性焦虑减少和改变时，生本能和死本能（也就是力比多本能和攻击本能）融合的平衡在某种程度上发生了变化。这意味着无意识过程发生了重大变化，也就是说，超我的结构和自我的无意识（以及有意识）部分的结构和领域发生了重大变化。

　　我们已经看到，作为童年最初几年特征的力比多位置与进步和退行之间的波动，与婴儿早期产生的受迫害焦虑和抑郁性焦虑的演变有着密不可分的联系。因此，这些焦虑不仅是导致固着和退行的重要因素，而且会长期影响儿童的成长过程。

　　正常发展的前提条件是，在退行与进步的相互作用中，已经取得的进步的基本方面得以保持。换句话说，整合的过程不会受到根本性的、永久性的干扰。如果焦虑能逐渐得到缓解，那么进步就一定会超过退行，在婴儿期神经症的发展过程中，心理稳定的基础也就建立起来了。

---

❶ 参见《关于焦虑和罪疚感的理论》。

注 释

1

玛格丽特·A. 里布尔（Margaret A. Ribble）报告了对 500 名婴儿的观察结果 [《与人格发展有关的婴儿期经验》（Infantile Experience in Relation to Personality Development，1944）]，并表达了一些观点，其中一些观点与我通过幼儿分析得出的结论相辅相成。

例如，关于从生命开始与母亲的关系，她强调婴儿需要"母爱"，这超越了吮吸的满足。她说（p.631）：

"儿童人格的质量和凝聚力在很大程度上取决于对母亲的情感依恋。这种对母亲的依恋，或者用精神分析的术语来说，就是对母亲的贯注，是在从母亲那里获得满足感的基础上逐渐发展起来的。我们已经相当详细地研究了这种发展中的依恋的性质，它是如此难以捉摸却又如此重要。三种感官体验，即触觉、动觉（或身体位置感）和声音，是形成这种依恋关系的主要因素。几乎所有的婴儿行为观察者都提到了这些感觉能力的发展……但它们对母婴之间个人关系的特殊重要性却没有得到强调。"

她在不同的地方强调了这种个人关系对儿童身体发育的重要性；例如，在第630页，她说：

"婴儿的个人护理和训练中最微不足道的任何不正常现象，如与母亲的接触太少、训练太少、更换护士或一般的例行公事，都会经常导致婴儿出现面色苍白、呼吸不规则和喂养障碍等问题。对于体质敏感或组织能力差的婴儿来说，这些干扰如果过于频繁，可能会永久性地改变他们的机体和心理发育，甚至威胁到生命本身。"

在另一段话中，作者将这些干扰总结如下（p.630）：

"由于大脑和神经系统的不完整性，婴儿一直处于功能紊乱的潜在危险之中。从表面上看，这种危险是与母亲的突然分离，而母亲必须凭直觉或有意识地维持这种功能平衡。实际的忽视或缺乏爱同样会造成灾难性的后果。内部的危险似乎来自生物需求造成的紧张状态的加剧，以及有机体无法维持其内部能量或新陈代谢平衡和反射兴奋性。**对氧气的需求**可能会变得非常迫切，因为小婴儿的呼吸机制还不够完善，无法充分满足前脑快速发育所导致的日益增长的内在需求。"

根据里布尔的观察，这些功能紊乱可能相当于生命危险，可以解释为死本能的一种表现形式，弗洛伊德认为，死本能主要是针对有机体本身的[参见《超越快乐原则》（Beyond the Pleasure Principle）]。我认为，这种激起对毁灭和死亡恐惧的危险，是焦虑的主要原因。里布尔的观察结果表明，生物、生理和心理因素从出生开始就紧密地联系在一起。我想得出的进一步结论是，母亲对婴儿始终如一的关爱，加强了婴儿与母亲之间的力比多关系（对于体质敏感或组织能力差的婴儿来说，这甚至是维持他们生命的关键），支持了生本能与死本能的斗争。在本文和《关于焦虑和罪疚感的理论》（本卷）中，我将更全面地讨论这一点。

在另一个问题上，里布尔博士的结论与我的结论不谋而合，这就是她所说的大约在第三个月发生的变化。这些变化可以被视为与我所描述的抑郁心位开始时的情感生活特征相对应的生理变化。她说（p.643）：

"此时，呼吸、消化和血液循环等机体活动已开始表现出相当的稳定性，表明自律神经系统已接管了其特定功能。我们从解剖学研究中得知，胎儿的血液循环系统通常在这个时候已经消失……大约在这个时候，脑电图中开始出现典型的成人脑电波模式……它们可能表明大脑活动的形式更加成熟。情绪反应的爆发并不总是很明显，但明显地表达了积极或消极的方向，可以看到整个动机系统都参与其中……婴儿的眼睛能很好地聚焦，并能跟随母亲四处走动，耳朵功能良好，并能分辨母亲发出的声音。母亲的声音或视线会引发以前只能从接触中获得的积极情绪反应，包括适当的微笑，甚至是真正的喜悦爆发。"

我认为，这些变化是与分裂过程的减少、自我整合和客体关系的进展有关的，特别是与婴儿将母亲作为一个完整的人进行感知和内摄的能力联系在一起的。我曾描述过，所有这些都发生在第一年的第二个季度，也就是抑郁心位开始的时候。

2

如果自我和超我之间的关系在早期发展中没有得到充分调整，那么精神分析程序的一项重要任务就是使病人能够回溯性地进行调整。只有通过对早期发展阶段（以及后期发展阶段）的分析，以及对负性移情和正性移情的透彻分析，才能做到这一点。在不断变化的移情情境中，主要影响超我发展和客体关系的外部和内部人物——好的和坏的——都会转移到精神分析师身上。因此，有时分析师必须站在可怕人物的立场上，只有这样才能充分体验、修通和减轻婴儿期的受迫害焦虑。如果精神分析师倾向于加强正性移情，那么他就会避免在病人的头脑中扮演坏的角色，而主要是作为一个好客体被引入。然后，在某些情况下，病人对好客体的信念可能会得到加强；但这种收获可能不稳定，因为病人无法体验到恨、焦虑和怀疑，而在生命的早期阶段，这些都与父母的可怕和危险的一面有关。只有通过分析负性和正性的移情，分析师才能交替扮演好客体和坏客体的角色，交替被爱和被恨、被欣赏和被害怕。这样，病人就能够修通并调节早期的焦虑情境，减少好的和坏的客体之间的分裂，他们变得更加整合，也就是说，攻击性因力比多而减弱。换句话说，受迫害焦虑和抑郁性焦虑从根本上得到了缓解。

亚伯拉罕认为，力比多在口腔水平的固着是忧郁症的基本病因之一。他对一个特殊病例中的这种固着现象描述如下："在抑郁状态下，他会被对母亲乳房的渴望所征服，这种渴望强大得难以形容，与其他任何东西都不同。如果在他长大成人后，力比多仍然停留在这一点上，那么忧郁症出现的一个最重要的条件就满足了。"[《论文选》（*Selected Papers*），p.458]

亚伯拉罕通过摘录两个病例来证实他的结论，这些结论为忧郁症和正常哀悼之间的联系提供了新的线索。实际上，这两个病例是经过彻底分析的第一批躁郁症病人，也是精神分析发展过程中的一个新尝试。在此之前，支持弗洛伊德关于忧郁症的发现的临床材料并不多。正如亚伯拉罕所说（同上，pp.433-434）："弗洛伊德大致描述了忧郁症病人的性心理过程。他从对忧郁症病人的偶尔治疗中获得了对这些过程的直观认识；但迄今为止，精神分析文献中支持这一理论的临床材料并不多。"

即使从这些为数不多的病例中，亚伯拉罕也了解到，在童年时期（5 岁）就已经有了实际的忧郁症状态。他说，他更倾向于说"男孩的俄狄浦斯情结导致了一种'原始的情感倒错（parathymia）'"，并将这一描述总结为："我们称之为忧郁症的正是这种精神状态。"（p.469）

桑多尔·拉多（Sandor Radó）在他的论文《忧郁症问题》（The Problem of Melancholia，1928）中更进一步，认为忧郁症的根源可以在吃奶婴儿的饥饿状态中找到。他说："抑郁性格中最深刻的固着点可以在失去爱的威胁中找到（弗洛伊德），尤其是在吃奶婴儿的饥饿状态中。"参考弗洛伊德的说法，"在躁狂中，自我再一次与超我融合在一起"。拉多推断，"这一过程是喝母亲乳汁时与母亲融合的体验在心理内部的忠实重复"。然而，拉多并没有将这一结论应用于婴儿的情感生活；他只提到了忧郁症的病因。

我在这两节中概述的儿童出生后头六个月的情况，意味着要修改我在《儿童精神分析》一书中提出的一些概念。在那本书中，我把来自各方面的攻击性冲动的汇集描述为"最大施虐阶段"。我仍然认为，在受迫害焦虑占主导地位的阶段，攻击冲动处于最高峰；或者换句话说，受迫害焦虑是由破坏性本能激起的，并不断通过将破坏性冲动投射到客体上而加强。因为受迫害焦虑的固有性质就是增加对被认为是迫害性的客体的恨和攻击，这反过来又加强了受迫害感。

在《儿童精神分析》出版后的一段时间里，我提出了抑郁心位的概念。在我看来，随着三到六个月大的儿童客体关系的发展，破坏性冲动和受迫害焦虑都会减少，从而出现抑郁心位。因此，虽然我对受迫害焦虑和施虐占优势之间的密切联系的看法没有改变，但在时间方面我必须做出改变。以前我认为，施虐的高峰期大约在第一年的中期；现在我要说的是，这个阶段涵盖了婴儿出生后的头三个月，与本章第一节描述的偏执-分裂心位相对应。如果我们假定小婴儿的攻击性强度有一定的个体差异，那么我认为，这个强度在出生后的初期不会少于食人、尿道和肛门冲动和幻想充分发挥作用的阶段。如果只从数量上考虑（然而，这种观点没有考虑到决定这两种本能运作的其他各种因素），可以说，随着更多的攻击源被挖掘出来，更多的攻击表达成为可能，就会出现一个分配的过程。在发展过程中，越来越多的能力（包括身体和心理能力）会逐渐发挥作用；来自不同方面的冲动和幻想相互重叠、相互作用、相互促进，这也可以说是在整合方面取得的进步。此外，与攻击性冲动和幻想的融合相对应的是口腔、尿道和肛门的力比多幻想的融合。这意味着力比多和攻击性之间的斗争是在更广阔的领域内进行的。正如我在《儿童精神分析》（p.150）一书中所说：

"我们所熟悉的组织阶段的出现，不仅与力比多在与破坏性本能的斗争中赢得和确立的地位相一致，而且，由于这两个组成部分永远是结合在一起的，也总是对立的，因此，它们之间的调整也在不断加强。"

婴儿能够进入抑郁心位，并在自己体内建立起完整的客体，这意味着他不再像早期阶段那样强烈地受破坏性冲动和受迫害焦虑的支配。正如我们所看到的那样，当爱与恨在与客体的关系中变得更加整合时，就会产生巨大的精神痛苦——抑郁情绪和罪疚感。恨在某种程度上被爱所减轻，而爱的感觉在某种程度上又受到恨的影响，其结果是婴儿对其客体的情感发生了质的变化。与此同时，在整合和客体关系方面的进步使自我能够发展出更有效的方法来处理破坏性冲动及其引起的焦虑。然而，我们不能忽视这样一个事实，即施虐冲动，特别是因为它们在各个区域都起作用，是婴儿在这一阶段产生冲突的最有力因素；因为抑郁心位的本质，是婴儿担心他所爱的客体受到他的施虐冲动的伤害或破坏。

婴儿出生后第一年的情感和心理过程（并在最初的五六年中反复出现），可以用攻击性和力比多之间斗争的成败来定义；抑郁心位的修通意味着，在这场斗争中（每当精神或身体出现危机时，这场斗争都会重新开始），自我能够发展出适当的方法来处理和调节受迫害焦虑和抑郁性焦虑——最终减少和控制对所爱客体的攻击。

我之所以选择"心位"这个词来指代偏执和抑郁阶段，是因为这些焦虑和防御的组合虽然是在最初阶段首先出现的，但并不局限于这些阶段，而是在童年的最初几年以及在以后生活中的某些情况下都会出现，并将反复出现。

7

婴儿行为观察

On Observing the Behaviour of Young Infants

(1952)

I

上一章中提出的理论结论来源于对幼儿的精神分析工作。**❶** 我们期望这些结论能够通过对婴儿第一年行为的观察得到证实。然而，这种佐证也有其局限性，因为我们知道，无论是婴儿还是成人，无意识过程只能从行为中得到部分揭示。记住这一点，我们可以在对婴儿的研究中得到一些精神分析结论的证实。

由于我们对早期无意识过程有了更多的了解，婴儿行为中的许多细节变得更容易理解，也更有意义；换句话说，我们在这一特殊领域的观察能力得到了提高。毫无疑问，由于小婴儿不会说话，我们对他们的研究受到了阻碍，但我们可以通过语言以外的手段收集早期情感发展的许多细节。不过，如果我们要了解小婴儿，我们不仅需要更多的知识，还需要与他充分共鸣，这种共鸣建立在我们的无意识与他的无意识密切接触的基础上。

现在，我打算根据最近多篇论文中提出的理论结论，探讨婴儿行为的一些细节。由于我在这里将很少考虑存在于基本态度范围内的许多变化，所以我的描述必然是过于简化的。此外，我对进一步发展的所有推论都必须考虑以下因素。从出生后开始，在每个发展阶段，外部因素都会对发展结果产生影响。我们知道，即使是成年人，其态度和性格也会受到环境和条件的有利或不利影响，而这一点对儿童的影响要大得多。因此，在把我从精神分析经验中得出的结论与对幼儿的研究联系起来时，我只是提出了可能的，或者可以说是很可能的发展路线。

新生儿因分娩过程和宫内环境的丧失而产生受迫害焦虑。长时间或困难的分娩必然会加剧这种焦虑。这种焦虑的另一个方面是婴儿必须适应全新的环境。

为了给婴儿温暖、支持和安慰而采取的各种措施，尤其是他在接受食物和吸吮乳房时所感受到的满足感，在一定程度上缓解了这些感受。我们可以认为，这些体验，最终是第一次吸吮乳房的体验，开启了婴儿与"好"母亲的关系。这些满足感似乎也在某种程度上弥补了宫内状态的缺失。从第一次喂奶开始，失去和重新获得所爱客体（好的乳房）就成了婴儿情感生活的重要组成部分。

婴儿与他的第一个客体，母亲，以及与食物的关系从一开始就相互关联。因此，研究婴儿对食物态度的基本模式似乎是了解幼儿的最佳方法。**❷**

婴儿最初对食物的态度从明显不贪婪到非常贪婪不等。因此，在此我将简要回顾一下我关于贪婪的一些结论：我在前一篇论文中指出，当力比多冲动和攻击冲动相互作用时，后者得到强化，贪婪就会产生；贪婪可能从一开始就会因为受

---

❶ 对成年人的分析，如果深入心灵的深层，也会提供类似的材料，并为最早和较晚的发展阶段提供令人信服的证据。

❷ 关于口腔特征对性格形成的根本重要性，参见亚伯拉罕的《力比多的生殖器水平上的性格形成》（Character-formation on the Genital Level of the Libido，1925）。

迫害焦虑而加剧。另一方面，正如我所指出的，婴儿最早的进食抑制也可归因于受迫害焦虑；这意味着，在某些情况下，受迫害焦虑会增加贪婪，而在另一些情况下，则会抑制贪婪。由于贪婪是婴儿对乳房的最初欲望所固有的，因此它对婴儿与母亲的关系以及一般的客体关系有着至关重要的影响。

II

即使在婴儿出生后的头几天，他们对吸吮的态度也会有很大的不同❶，而且随着时间的推移，这种不同会越来越明显。当然，我们必须充分考虑到母亲喂养和照料婴儿的每一个细节。我们可以发现，婴儿最初对食物的良好态度可能会被不利的喂养条件所破坏；而吸吮方面的困难有时会因母亲的爱心和耐心而得到缓解。❷有些孩子虽然很会吃，但并不明显贪吃，他们在很早的时候就表现出明显的爱的迹象，并对母亲产生了兴趣，这种态度包含了客体关系的一些基本要素。我曾见过三周大的婴儿在短时间内中断吸吮，去玩母亲的乳房或看母亲的脸。我还观察到，小婴儿甚至是在出生后的第二个月里的婴儿，在吃奶后的清醒期，会躺在母亲的腿上，抬头看着母亲，倾听母亲的声音，并用面部表情回应母亲的声音；这就像是母亲和婴儿之间爱的对话。这样的行为意味着，满足感不仅与食物本身有关，也与提供食物的客体有关。我认为，在早期阶段就明显地表现出与客体的关系，再加上对食物的喜悦，这对今后与人的关系和整个情感的发展都是个好兆头。我们可以得出这样的结论：在这些儿童身上，焦虑与自我的力量相比并不是过度的，也就是说，自我在某种程度上已经能够承受挫折和焦虑，并能够处理它们。同时，我们还必须假定，只有在焦虑不过度的情况下，婴儿才能自由地发展与生俱来的爱的能力，这种能力表现在早期的客体关系中。

从这个角度来考虑一些婴儿在他们生命最初几天的行为是很有趣的，正如米德尔摩（Middlemore）在"昏昏欲睡的满足的吸吮者"的标题下所描述的那样。❸她这样描述婴儿的行为："因为他们的吸吮反射没有立即被激发出来，所以可以自由地以各种方式接近乳房。这些婴儿在第四天开始稳定地吃奶，并且在接近乳房

---

❶ 迈克尔·巴林特（Michael Balint）[《婴儿早期的个体差异》（Individual Differences in Early Infancy），pp.57-79，pp.81-117]通过观察100个从5天到8个月大的婴儿得出结论：婴儿的吸吮节奏因人而异，每个婴儿都有自己的节奏。

❷ 不过，我们必须牢记，无论这些最初的影响有多么重要，环境的影响在儿童成长的每个阶段都是至关重要的。即使最初的养育产生了良好的效果，也会在某种程度上被后来的有害经历所抵消，正如早期生活中出现的困难可能会被后来的有益影响所削弱一样。同时，我们必须记住，有些儿童似乎可以承受不尽人意的外部环境，而不会对他们的性格和心理稳定造成严重伤害，而有些儿童，尽管周围环境有利，却会出现严重的困难，而且会持续下去。

❸ 参见《新生儿父母》（The Nursing Couple），pp.49-50。

时非常温柔。它们似乎像喜欢吸吮一样，喜欢舔乳头和用嘴含乳头。快乐情绪正向传播的一个有趣结果是他们养成了玩耍的习惯。一个困倦的孩子在每次喂奶前先玩乳头，而不是吸吮。在第三周，母亲设法将这种习惯性的玩耍转移到喂奶的最后，这种做法持续了10个月的母乳喂养，让母亲和孩子都很高兴。"（出处同前）既然"昏昏欲睡的满足的吸吮者"都发展成很好的进食者，并继续在乳房上玩耍，我可以假设，对他们来说，与第一个客体（乳房）的关系从一开始就和从吸吮和食物中获得的满足感一样重要。我们还可以更进一步。也许是由于躯体因素，有些婴儿的吸吮反射并没有立即被激发出来，但我们有充分的理由相信，心理过程也参与其中。我认为，婴儿在吮吸时产生快感之前对乳房的轻柔接触，在某种程度上也可能是焦虑的结果。

我在前一篇文章中提到过我的假设，即婴儿出生之初出现的吸吮困难与受迫害焦虑有关。婴儿对乳房的攻击性冲动往往会使乳房在他的心目中变成吸血鬼或吞噬性的客体，这种焦虑会抑制婴儿的贪婪，从而抑制吸吮的欲望。因此，我认为，"昏昏欲睡的满足的吸吮者"可以通过抑制吸吮欲望来解决这种焦虑，直到婴儿通过舔舐和用嘴吮吸乳房建立起安全的力比多关系。这意味着，从出生后一开始，一些婴儿就试图通过建立与乳房的"好"关系来抵消对"坏"乳房的受迫害焦虑。如上所述，那些在早期阶段就能明显转向客体的婴儿似乎具有很强的爱的能力。

让我们从这个角度来看看米德尔摩描述的另一组婴儿。她观察到，7个"活跃而满意的吸吮者"中有4个在咬乳头，而且这些婴儿并不是"为了更好地抓住乳头而咬乳头；咬乳头次数最多的两个婴儿可以很容易地接触到乳房"。此外，"那些经常咬乳头的活跃婴儿似乎有点喜欢咬人；他们咬人的状态是悠闲的，完全不像那些不满意的婴儿那样不安地咀嚼和啃咬……"。❶这种早期表现出的咬乳头的快感可能会让我们得出这样的结论：这些婴儿的破坏性冲动没有受到抑制，因此贪婪和吮吸的力比多没有受到影响。然而，即使是这些婴儿也不像表面上看起来那么无拘无束，因为7个婴儿中有3个"拒绝接受早先的几次喂食，并伴有挣扎和尖叫抗议。有时，在最轻柔地被喂奶和接触乳头时，他们也会尖叫，同时还会排气；但在下一次喂奶时，他们有时会一心一意地吸吮"。❷我认为，这表明贪婪可能会因焦虑而加强，这与"昏昏欲睡的满足的吸吮者"形成鲜明对比，后者因焦虑而抑制了贪婪。

---

❶ 米德尔摩认为，早在婴儿长出牙齿之前，即使他很少用牙龈咬住乳房，咬乳头的冲动也会形成对乳头的攻击行为。在这方面（同上，pp.58-59），她提到沃勒（Waller）的《助产和妇女疾病从业者百科全书》（*The Practitioner's Encyclopaedia of Midwifery and the Diseases of Women*）中的"母乳喂养"一节，他谈到"兴奋的婴儿会愤怒地咬乳房，并以令人疼痛的力量攻击乳房"。

❷ 同前，pp.47-48。

米德尔摩提到，在她观察到的7个"昏昏欲睡的满足的"婴儿中，有6个被母亲非常温柔地对待，而对于一些"不满意的吸吮者"，母亲的焦虑被激起，变得不耐烦。这种态度必然会增加孩子的焦虑，从而形成恶性循环。

至于"昏昏欲睡的满足的吸吮者"，如果像我所建议的那样，把与原初客体的关系作为抵消焦虑的基本方法，那么与母亲的关系中的任何干扰都必然会激起焦虑，并可能导致进食方面的严重困难。对于"活跃而满意的吸吮者"，母亲的态度似乎不那么重要，但这可能是一种误导。在我看来，对这些婴儿来说，危险并不在于进食的障碍（尽管即使是非常贪吃的孩子，也会出现进食抑制），而在于客体关系的损害。

结论是，对所有孩子来说，从孩子幼年开始，母亲的耐心和理解是最重要的。随着我们对早期情感生活的了解越来越多，这一点也越来越清楚。正如我所指出的："与母亲和外部世界的良好关系有助于婴儿克服其早期的偏执性焦虑，这一事实为我们揭示了早期经验的重要性。精神分析从一开始就一直强调儿童早期经验的重要性，但在我看来，只有当我们更多地了解了儿童早期焦虑的性质和内容，以及儿童的实际经验和幻想生活之间的持续相互作用之后，我们才能充分理解为什么外部因素如此重要。"❶

在每一个阶段，母亲的态度都可能减轻或加重婴儿的受迫害焦虑和抑郁性焦虑；在婴儿的无意识中，帮助性或迫害性的形象在多大程度上占主导地位，这在很大程度上受到他的实际经历的影响，主要是与母亲的经历，但很快也会受到与父亲和其他家庭成员的经历的影响。

III

小婴儿与母亲之间的紧密联系集中体现在与母亲乳房的关系上。尽管婴儿从幼年起就对母亲的其他特征——母亲的声音、面容和双手——做出反应，但幸福和爱、挫折和恨的基本体验都与母亲的乳房密不可分。早期与母亲的这种联系，随着乳房在内心世界的稳固建立而得到加强，并从根本上影响了所有其他关系，首先是与父亲的关系；这是形成对一个人深刻而强烈依恋的能力的基础。

对用奶瓶喂养的婴儿来说，如果是在近似母乳喂养的情况下被喂养的，也就是说，如果婴儿与母亲在身体上很接近，而且婴儿得到了爱抚和喂养，那么奶瓶就可以取代母乳。在这种情况下，婴儿可能会在自己的内心深处建立起一个被认为是主要来源的好客体。从这个意义上说，他将好乳房吸收进自己体内，这一过程是与母亲建立安全关系的基础。然而，母乳喂养的婴儿和非母乳喂养的婴儿对好乳房（好母亲）的内摄似乎在某些方面有所不同。本章无法详述这些差异及其

---

❶ 参见《论躁郁状态的心理成因》（《论文集》第1卷）。

对心理生活的影响（见本文末的注释1）。

在我对非常早期的客体关系的描述中，我提到过那些善于进食但不表现出过度贪婪的孩子。一些非常贪婪的婴儿也会在早期表现出对人的兴趣，但这与他们对食物的贪婪态度是相似的。例如，婴儿急切地需要人的陪伴，这似乎与人的关系不大，而与希望得到关注有关。这些孩子几乎无法忍受一个人待着，他们似乎总是需要食物或关注来满足自己。这表明，焦虑强化了孩子的贪婪，而且他们在内心世界中牢固地确立好客体和建立对作为好的外部客体的母亲的信任方面都出现了失败。这种失败可能预示着未来的困难：例如，对陪伴的贪婪和焦虑需求，往往与对孤独的恐惧相伴，并可能导致不稳定和短暂的客体关系，这些关系可以被描述为"滥交"（promiscuous）。

IV

现在来谈谈进食不良的婴儿。吃得很慢往往意味着缺乏乐趣，即缺乏力比多的满足；如果再加上他们很早就对母亲和其他人产生了明显的兴趣，这就表明，他们在一定程度上利用与客体的关系来逃避与食物有关的受迫害焦虑。虽然这种儿童可能会与人建立良好的关系，但这种对食物的态度所表现出的过度焦虑仍然会危及情绪的稳定。日后可能出现的各种困难之一是对吸收升华食物（sublimated food）的抑制，即智力发展障碍。

明显的拒食（与缓慢进食相比）显然是严重障碍的表现，尽管有些孩子在引入新食物（如用奶瓶喂养代替母乳喂养，或用固体食物代替液体食物）后，这种困难就会减轻。

如果缺乏对食物的喜爱或完全拒绝食物，再加上客体关系发展不足，则表明偏执和分裂机制（在出生后的头三四个月处于高峰期）过度或没有得到自我的充分处理。这反过来又表明，破坏性冲动和受迫害焦虑普遍存在，自我防御不足，对焦虑的调节不够。

另一种缺乏客体关系的情况是一些过度贪婪的儿童所特有的。在他们身上，食物几乎成了唯一的满足来源，而对人却兴趣缺缺。我的结论是，他们也无法成功修通偏执-分裂心位。

V

幼儿对待挫折的态度很能说明问题。有些婴儿（其中包括喂养良好的婴儿）可能会在推迟进餐时拒绝进食，或者在与母亲的关系中表现出其他障碍。对食物既感兴趣又爱母亲的婴儿更容易承受食物带来的挫折，因此他们与母亲的关系受到的干扰较小，影响也不会持续很长时间。这表明婴儿对母亲的信任和爱是相对牢固的。

这些基本态度也影响了奶瓶喂养（补充母乳喂养或替代母乳喂养）的方式，甚至影响了很小的婴儿对奶瓶喂养的接受程度。有些婴儿在使用奶瓶时会产生强烈的不满情绪；他们认为这是原初好客体的丧失，是"坏"妈妈强加给他们的剥夺。这种感觉并不一定表现为对新食物的排斥；但这种经历所激起的受迫害焦虑和不信任可能会扰乱与母亲的关系，从而增加恐惧焦虑，如害怕陌生人（在这一早期阶段，新食物在某种意义上就是陌生人）；或者以后会出现进食方面的困难，或者其升华的形式（如接受知识）可能会受到阻碍。

其他婴儿接受新食物时的怨恨较少。这意味着婴儿对剥夺的实际容忍度更高，这不同于表面上的顺从，而是源于与母亲相对安全的关系，使婴儿能够在保持对母亲的爱的同时转向新的食物（和客体）。

下面的例子说明了婴儿是如何接受奶瓶喂养作为母乳喂养的补充的。女婴 A 很会吃东西（但并不过分贪吃），而且很快就表现出我在前面描述过的发展中的客体关系。这些与食物和母亲的良好关系表现在她悠闲地进食，并明显地享受食物；几周大时，她偶尔会中断喝奶，抬头看看妈妈的脸或她的乳房；稍后，她甚至会在喝奶时友好地注意家人。第六周时，由于母乳不足，不得不在晚上喂奶后使用奶瓶。A毫不费力地接受了奶瓶。但在第十周，她有两个晚上在用奶瓶喝奶时表现出不情愿，但还是喝完了。第三天晚上，她完全拒绝了。当时，她的身体和精神似乎都没有受到干扰；睡眠和食欲都很正常。母亲不想强迫她，喂完奶后就把她放到小床上，以为她会睡着。A饿得哇哇大哭，于是母亲没有把她抱起来，而是给她喂了奶瓶，她现在迫不及待地把奶瓶喝光了。随后的几个晚上都发生了同样的事情：在母亲膝上时，婴儿拒绝接受奶瓶，但把她放到小床上时，她马上就接受了奶瓶。几天后，当婴儿还在母亲怀里时，她就接受了奶瓶，而且这次吸吮得很顺畅；当再用其他奶瓶时，也没有遇到困难。

我认为，抑郁性焦虑一直在增加，并在此时导致婴儿对母乳喂养后立即给的奶瓶产生反感。这说明抑郁性焦虑开始得比较早❶，但这与该婴儿与母亲的关系发展得很早而且很明显这一事实是一致的；在拒绝奶瓶之前的几个星期里，这种关系就发生了明显的变化。我的结论是，由于抑郁性焦虑的增加，靠近母亲的乳房和乳房的气味增强了婴儿对母亲乳房喂养的渴望和乳房没奶而产生的挫折感。当 A 躺在小床上时，她接受了奶瓶，因为我认为，在这种情况下，新的食物与她渴望的乳房是分开的，而在那一刻，乳房却变成了令人沮丧和受伤的乳房。通过这种方式，她可能更容易保持与母亲的关系，而不会受挫折激起的恨的影响，也就是说，保持好母亲（好乳房）的完整。

---

❶ 在我看来，正如前一章所述，抑郁性焦虑在某种程度上已经在婴儿出生后的头三个月开始出现，并在第一年的第二个季度达到顶峰。

嫉羡与感恩

我们还得解释一下，为什么过了几天，婴儿接受了被放在妈妈腿上用奶瓶喝奶，而且后来再也没有因为奶瓶而产生困难。我想，在这几天里，她已经完全处理了自己的焦虑，在接受这一替代客体和原初客体时，也就没有那么怨恨了。这意味着她很早就区分了食物和母亲，而这种区分一般来说对婴儿的成长至关重要。我现在要举一个例子，在这个例子中，婴儿与母亲的关系出现了紊乱，但这种紊乱并没有立即与对食物的不满联系在一起。一位母亲告诉我，她的孩子B在五个月大时，哭闹的时间比平时长。最后母亲来接孩子时，发现她处于"歇斯底里"的状态；婴儿看起来很害怕，显然是被她吓到了，而且似乎不认识她。过了一段时间，她才完全恢复了与母亲的联系。值得注意的是，这发生在白天，孩子醒着，而且刚吃完饭不久。这个孩子通常睡得很好，但时不时会莫名其妙地哭醒。我们有充分的理由假定，白天哭闹背后的焦虑也是睡眠不安的原因。我认为，由于母亲没有在孩子渴望的时候出现，她在孩子的心目中变成了一个坏（迫害性的）母亲，因此孩子似乎不认识她了，并对她感到恐惧。

下面的例子也很能说明问题。一个 12 周大的女婴C被独自放在花园里睡觉。她醒来后哭着找妈妈，但因为刮大风，她的哭声没有被听到。当母亲终于来抱起她时，婴儿显然已经哭了很久，脸上满是泪水，原本平淡的哭声变成了无法控制的尖叫。她被抱进室内，仍在尖叫，母亲试图安抚她，但无济于事。最后，尽管离下次喂奶的时间还有将近一个小时，母亲还是给她喂了奶——以前孩子不高兴的时候，这种方法从来没有失灵过（尽管她以前从来没有如此持续和剧烈地尖叫过）。孩子含住乳头，开始吮吸，但吮吸几下后，她就拒绝了乳房，继续尖叫。这种情况一直持续到她把手指放进嘴里开始吮吸。她经常吮吸自己的手指，而且有很多次在给她喂奶时她都把手指放进嘴里。通常，母亲只需轻轻地把手指拿开，换上乳头，孩子就会开始吃奶。但这一次，她拒绝了母乳，并再次大声尖叫。过了一会儿，她才再次吮吸手指；她的母亲让她吸了几分钟，一边摇着，一边安慰她，直到婴儿足够平静，可以吮奶，自己吸着睡着了。在这个婴儿身上，由于与前一个例子中相同的原因，母亲（和她的乳房）变成邪恶和迫害性的，因此乳房不能被接受。在尝试吸吮之后，她发现自己无法与好乳房重新建立关系。她只好吮吸自己的手指，也就是寻求一种自体性欲（auto-erotic）快感（弗洛伊德）。不过，我想补充的是，在这个例子中，自恋性的退缩是婴儿与母亲的关系受到干扰造成的，婴儿拒绝放弃吮吸手指，因为手指比乳房更值得信赖。通过吮吸手指，她重新建立了与内部乳房的关系，从而重新获得了足够的安全感，重新与外部乳房和母亲建立了良好的关系。❶ 我认为，这两个例子也有助于我们理解早期恐惧症

---

❶ 见海曼（1952）的《自体性欲、自恋和与客体的最早关系》（Auto-Erotism，Narcissism and the Earliest Relations to Objects）。

的机理，如母亲不在身边所引发的恐惧（弗洛伊德）。❶我认为，在婴儿出生后的头几个月里出现的恐惧症，是由于受迫害焦虑情绪扰乱了婴儿与内在和外在母亲的关系。❷

下面的例子也说明了好妈妈和坏妈妈的分裂，以及与坏妈妈有关的强烈（恐惧症）焦虑。十个月大的男孩 D 被祖母抱到窗前，饶有兴趣地看着街道。当他环顾四周时，突然看到离他很近的地方有一张陌生的面孔，那是一位刚进门的老妇人，她正站在祖母身边。他顿时焦虑不安，直到祖母把他带出房间，焦虑才有所缓解。我的结论是，此时此刻，孩子觉得"好"祖母消失了，而陌生人代表了"坏"祖母（这是一种基于将母亲分为好坏客体的分裂）。我稍后会再谈这个例子。

这种对早期焦虑的解释也为陌生人恐惧症（弗洛伊德）提供了新的视角。在我看来，母亲（或父亲）的迫害性主要来自对他们的破坏性冲动，而这种迫害性又转移到了陌生人身上。

VI

在婴儿出生后的头三四个月，就已经可以观察到我所描述的小婴儿与母亲关系中的那种干扰。如果这种干扰非常频繁，而且持续时间很长，就表明偏执-分裂心位没有得到有效修通。

即使在这个早期阶段，如果婴儿对母亲持续缺乏兴趣，稍后又对一般人和玩具漠不关心，则表明婴儿受到了更严重的同类干扰。在进食能力不差的小婴儿身上也能观察到这种态度。在肤浅的观察者看来，这些不怎么哭闹的孩子可能会显得很满足、很"乖"。通过对成人和儿童的分析，他们的严重困难可以追溯到婴儿时期，我得出结论，许多这样的婴儿实际上患有精神疾病，由于强烈的受迫害焦虑和过度使用分裂机制，他们变得与外界隔绝。因此，抑郁性焦虑无法成功被克服，爱和客体关系以及幻想生活的能力受到抑制；象征形成的过程受到阻碍，导致兴趣和升华受到抑制。

这种态度可以说是冷漠的，与真正满足的婴儿的行为截然不同。后者有时会要求别人注意他，当他感到沮丧时会哭闹，会表现出对别人的兴趣和乐于与人交往的各种迹象，但在其他时候，他自己也很快乐。这表明他对内外客体都有安全感；他可以毫无忧虑地忍受母亲的暂时离开，因为在他的心目中，好母亲是相对安全的。

VII

在其他章节中，我已经从不同角度描述了抑郁心位。在这里，我首先要考虑

---

❶《抑制、症状和焦虑》，pp.169-170。

❷ 见《婴儿的情感生活》和《关于焦虑和罪疚感的理论》（本卷）。

的是抑郁性焦虑对恐惧症的影响：此前，我只将恐惧症与受迫害焦虑联系起来，并通过一些事例来说明这一观点。因此我推测，五个月大的女婴 B 之所以害怕她的母亲，是因为在她的心目中，母亲已经从好母亲变成了坏母亲，而这种受迫害焦虑也干扰了她的睡眠。现在我想说的是，与母亲的关系受到干扰也是由抑郁性焦虑引起的。当母亲没有回来时，婴儿担心因为贪婪和攻击性冲动而失去好母亲的焦虑就会凸显出来；这种抑郁性焦虑是与好母亲变成坏母亲的迫害性恐惧联系在一起的。

在下面这个案例中，婴儿对母亲的思念也引发了抑郁性焦虑。女婴 C 从六七周大开始，就习惯于在晚上喂奶前的一小时在母亲的腿上玩耍。在婴儿五个月零一周大的时候，有一天，母亲有客人来访，忙得没时间陪她玩耍，但她却受到了家人和客人的极大关注。母亲晚上给她喂奶，像往常一样哄她睡觉，婴儿很快就睡着了。两小时后，她醒了过来，哭个不停；她拒绝喝牛奶（在这一阶段，偶尔会用勺子给她喂牛奶作为辅食，她通常也会接受）并继续哭泣。母亲放弃了喂奶的尝试，婴儿心满意足地在母亲腿上躺了一个小时，玩弄母亲的手指，然后母亲在通常的时间喂她夜奶，她很快就睡着了。这种干扰非常不寻常；在其他情况下，她可能会在晚上喂奶后醒来，但只有在生病时（大约两个月前），她才会醒来并哭闹。除了没有和母亲一起玩耍外，正常的生活习惯并没有因为婴儿醒来哭闹而中断。她没有饥饿或身体不适的迹象；她一整天都很开心，在事件发生后的晚上也睡得很好。

我认为，孩子的哭闹是因为她错过了与母亲的玩耍时间。C 与母亲的私人关系非常密切，她总是非常享受这个时间段。在其他醒着的时间段，她一个人非常满足，而在一天中的这个时间段，她会坐立不安，显然希望妈妈陪她玩到晚上喂奶。如果是因为错过了这一满足而导致她睡眠不安，我们就会得出进一步的结论。我们必须假定，婴儿对一天中这一特定时间的这种特定享受体验有记忆；对婴儿来说，游戏时间不仅是力比多的强烈满足，而且也是与母亲之间爱的关系的证明——最终是对好母亲的安全拥有；这给了她入睡前的安全感，这种安全感与对游戏时间的记忆联系在一起。她的睡眠受到干扰，不仅是因为她错过了这种力比多的满足，而且还因为这种挫折感激起了婴儿两种形式的焦虑：一种是抑郁性焦虑，担心自己的攻击性冲动会让她失去好妈妈，从而产生罪疚感❶；还有一种是受迫害焦虑，害怕母亲变坏和具有破坏性。我的结论是，从三四个月开始，这两种形式的焦虑都是恐惧症的基础。

抑郁心位与小婴儿一岁中期的某些重要变化有关（尽管这些变化开始得更早，

---

❶ 对于稍大一些的婴儿，可以很容易地观察到，如果在睡前没有给予他们所期望的特别的爱的表示，他们的睡眠很可能会受到干扰；在离别时，婴儿对爱的需求加剧，这与罪疚感、希望得到原谅和与母亲和解的愿望是分不开的。

而且是逐渐发展的）。在这个阶段，受迫害焦虑和抑郁性焦虑会以不同的方式表现出来，如更加焦躁不安、更加需要关注或暂时离开母亲、突然发脾气和更加害怕陌生人；此外，平时睡得很好的孩子有时会在睡梦中啜泣，或突然哭醒，伴有明显的恐惧或悲伤迹象。在这个阶段，面部表情会发生很大的变化；感知能力的增强、对人和事物的兴趣以及对人际交往的随时反应，都反映在孩子的外表上。另一方面，会出现悲伤和痛苦的迹象，尽管这些迹象是短暂的，但会使面部表情更加富有情感，情感的性质更深、范围更广。

VIII

在断奶时，抑郁心位会达到顶峰。正如前文所述，整合过程的进展以及与客体相关的相应整合过程都会引起抑郁情绪，而断奶的经历则进一步加剧了这种情绪。❶在这一阶段，婴儿已经经历了早期的丧失体验，例如，当强烈渴望的乳房（或奶瓶）没有立即出现时，婴儿会觉得它再也不会回来了。然而，断奶时发生的失去母乳（或奶瓶）的情况则不同。失去原初心爱客体的感觉证实了婴儿所有的受迫害焦虑和抑郁性焦虑（见本文末的注释2）。

下面的例子可以说明这一点。婴儿 E 在九个月大时断掉了最后一次母乳喂养，他对食物的态度并没有表现出特别的不安。那时他已经接受了其他食物，并且吃得很好。但是，他越来越需要母亲的陪伴，总的来说，他越来越需要关注和陪伴。最后一次母乳喂养一周后，他在睡梦中啜泣，醒来时表现出焦虑和不高兴，无法得到安慰。母亲只好让他再次吸吮母乳。

他吸了两口气，时间和平时差不多，虽然奶水明显很少，但他似乎完全满足了，愉快地进入了梦乡，上述症状也在这次经历后大大减轻。这表明，由于失去了好客体——乳房——而产生的抑郁性焦虑已经因为乳房的再次出现而得到了缓解。

断奶时，有些婴儿食欲下降，有些婴儿贪吃，而有些婴儿则在这两种反应之

---

❶ 伯恩费尔德（S.Bernfeld）在《婴儿心理学》（*Psychology of the Infant*，1929）中得出了一个重要结论：断奶与抑郁情绪息息相关。他描述了婴儿在断奶时的各种行为，从难以察觉的渴望和悲伤到实际的冷漠和完全拒绝进食，并将成人可能出现的焦虑不安、易怒和某种冷漠状态与婴儿的类似情况进行了比较。在克服断奶挫败感的方法中，他提到了通过投射和压抑使力比多从令人失望的客体身上撤回。他对"压抑"一词的使用作了限定，因为它是从成人的成熟状态中借用的。但他还是得出结论，"……其基本特性存在于（婴儿身上的）这些过程中"（p.296）。伯恩费尔德认为，断奶是导致心理病理发展的第一个明显原因，而婴儿的进食神经症则是导致神经症倾向的促成因素。他的结论之一是："由于婴儿在断奶时克服悲伤和丧失感的某些过程是无声无息地进行的，关于断奶影响的结论必须从对儿童对其世界及其活动的反应的深入了解中得出，**这些反应是其幻想生活的表现，或至少是其核心。**"（同上，p.259）

间徘徊。断奶的每一步都会出现这种变化。有些婴儿喜欢喝奶瓶里的奶，而不喜欢吸吮奶瓶，尽管他们中有些人已经吃过令人满意的母乳；还有一些婴儿在开始吃固体食物后，食欲大为改善，但也有一些婴儿在这时出现了进食困难，并以某种形式持续整个童年早期。❶许多婴儿只接受某些味道和质地的固体食物，而拒绝其他味道和质地的食物。当我们对儿童进行分析时，我们会了解到很多关于这种"癖好"的动机，并认识到其最深层的根源是与母亲有关的最早期的焦虑。我将以一个五个月大的女婴 F 的行为为例说明这一结论。当母亲给她蔬菜等固体食物时，她非常生气地拒绝了，而当父亲喂她时，她却非常平静地接受了。两星期后，她接受了母亲给她的新食物。根据一份可靠的报告，这个现在已经六岁的孩子与父母和哥哥的关系都很好，但食欲一直很差。

在这里，我们想起了女婴 A 和她接受辅食奶瓶的方式。女婴 F 也是经过一段时间的适应后，才能从母亲那里接受新的食物。

我在本文中一直试图说明，婴儿对食物的态度从根本上说是与母亲的关系联系在一起的，它涉及婴儿的整个情感生活。断奶的经历激起了婴儿内心深处的情感和焦虑，而更整合的自我会发展出强大的防御机制来对抗它们；焦虑和防御都会影响婴儿对食物的态度。在此，我必须对断奶时婴儿对食物态度的变化作一些概括。对新食物产生的许多困难的根源是对被母亲的坏乳房吞食和毒害的迫害性恐惧，这种恐惧源于婴儿对吞食性和毒害性乳房的幻想。❷在稍后的阶段，除了受

---

❶ 苏珊·艾萨克斯在《幼儿的社会性发展》（*Social Development in Young Children*）一书中，特别是第 3 章第 2 节中，列举了喂养困难的例子，并结合口腔施虐引起的焦虑进行了讨论。温尼科特的《童年障碍》（*Disorders of Childhood*）一书中也有一些有趣的观点，尤其是第16页和17页。

❷ 我曾说过，婴儿幻想用有毒（爆炸和燃烧）的排泄物攻击母亲的身体，这是他害怕被母亲毒害的根本原因，也是偏执狂的根源；同样，吞噬母亲（和母亲的乳房）的冲动使母亲在小婴儿心中成为一个吞噬性的危险客体[《俄狄浦斯冲突的早期阶段》《象征形成在自我发展中的重要性》以及《儿童精神分析》（特别是第8章）]。

弗洛伊德也提到了小女孩对被母亲谋杀或毒害的恐惧，他说这种恐惧"日后可能会成为偏执狂的核心"（《精神分析新论》，*S.E.*22，p.120）。他还说："对被毒害的恐惧也可能与乳房的撤回有关。这种被毒害是疾病萌芽的养料。"（同上，p.122）弗洛伊德在其早先的论文《女性的性欲》（Female Sexuality）中也提到了女孩在前俄狄浦斯阶段对"被母亲杀死（吞噬）"的恐惧。他认为"这种恐惧与儿童对母亲的敌意相对应，这种敌意是母亲在训练和照顾儿童身体的过程中施加的多种限制造成的，而且儿童心理组织的早期特点助长了这种投射机制。"他还得出结论："在这种对母亲的依赖中，我们看到了女性日后偏执的萌芽。"在这方面，他提到了鲁思·麦克·布伦瑞克（Ruth Mack Brunswick）在 1928 年报告的一个病例[《对一个偏执病例的分析》（The Analysis of a Case of Paranoia）]，在这个病例中，导致紊乱的直接根源是病人对其姐姐的俄狄浦斯固着（*S.E.* 21，p.227）。

迫害焦虑之外，还会有抑郁性焦虑（尽管程度不同），担心贪婪和攻击冲动会破坏所爱的客体。在断奶期间和之后，这种焦虑可能会增加或抑制对新食物的渴望。❶正如我们在前面所看到的，焦虑可能会对贪婪产生不同的影响：它可能会强化贪婪，也可能会导致对贪婪和摄取营养的快感的强烈抑制。

在某些情况下，断奶时食欲的增加表明，在吮吸期间，乳房的坏（迫害）方面比好的方面占优势；此外，由于担心所爱的乳房会有危险，抑郁性焦虑会抑制对食物的渴望（也就是说，受迫害焦虑和抑郁性焦虑会以不同的比例发挥作用）。因此，与母亲的乳房相比，奶瓶在某种程度上脱离了婴儿心目中的原初客体（乳房，同时也是乳房的象征），可以让婴儿在较少焦虑的情况下更愉快地吃奶。不过，有些婴儿并没有成功地用奶瓶代替母乳，如果他们喜欢吃东西，那也只是喜欢吃固体食物。

刚开始停止母乳喂养或奶瓶喂养时，婴儿的食欲会下降，这是经常发生的现象，这明显表明婴儿因失去原初所爱客体而产生抑郁性焦虑。但我认为，受迫害焦虑总是导致婴儿不喜欢新食物的原因之一。婴儿在吮吸母乳时，与好乳房的关系抵消了乳房坏（吞噬和有毒）的方面，而这种坏的方面被断奶的剥夺加强了，并被转移到新的食物上。

如上所述，在断奶过程中，受迫害焦虑和抑郁性焦虑都会对与母亲和食物的关系产生强烈影响。然而，在这一阶段，决定问题的是各种因素（内部因素和外部因素）错综复杂的相互作用；我指的不仅是个人对客体和食物态度的变化，而且还包括在一定程度上克服抑郁心位的成败。这在很大程度上取决于早期阶段乳房在多大程度上已经牢固地在婴儿内部建立起来，以及因此而产生的对母亲的爱在多大程度上能够在剥夺情境下得以维持——所有这一切在一定程度上取决于母亲和婴儿之间的关系。正如我所说的，即使是很小的婴儿，也能接受新的食物（奶瓶），而且几乎没有什么怨言（案例A）。这种对挫折的较好的内在适应是从出生后的最初几天开始形成的，它与区分母亲和食物的步骤密切相关。尤其是在断奶过程中，这些基本态度在很大程度上决定了婴儿是否有能力接受完全意义上的主食替代品。在这方面，母亲的行为和对孩子的感情也是非常重要的；母亲对孩子的关爱和投入的时间会帮助他克服抑郁情绪。与母亲的良好关系可以在某种程度上抵消他失去原初所爱客体（乳房）的痛苦，从而对抑郁心位的修通产生有利的影响。

其他经历，如身体不适、疾病，特别是出牙，也会激起婴儿对失去好客体的焦虑，这种焦虑在断奶时达到顶峰。这些经历必然会强化婴儿的受迫害焦虑和抑

---

❶ 在这里，我们可以把躁郁症病人对食物的态度做一个比较。我们知道，有些病人拒绝进食，另一些病人则暂时表现得更加贪婪，还有一些病人则在这两种反应之间摇摆不定。

郁性焦虑。换句话说，在这一阶段，疾病或出牙所引起的情绪困扰，绝不可能完全归因于身体因素。

IX

我们发现，婴儿在一岁中期的重要发展之一是客体关系范围的扩大，尤其是父亲对婴儿的重要性日益增加。我曾在其他文章中指出，抑郁情绪和对失去母亲的恐惧，以及其他发展因素，都会促使婴儿转向父亲。俄狄浦斯情结的早期阶段和抑郁心位密切相关，并且同时发展。我只想提一个例子，就是前面提到的女婴B。

从大约四个月大开始，她与比她大几岁的哥哥的关系就在她的生活中扮演了重要的角色；不难看出，她与哥哥的关系与她与母亲的关系有许多不同之处。她欣赏哥哥的一言一行，并不断向他示爱。她使出浑身解数来讨好他，赢得他的注意，并对他表现出明显的女性态度。那时，父亲除了很短的一段时间外都不在她身边，直到她十个月大时才经常见到父亲，从那时起，她与父亲建立了非常亲密和友爱的关系，这种关系在某些方面与她与哥哥的关系类似。她在刚满两岁时经常叫哥哥"爸爸"；那时，父亲成了她的最爱。她见到他时的喜悦，听到他的脚步声或声音时的狂喜，在他不在时反复提及他的方式，以及她对他的许多其他情感表达，都只能用"爱"来形容。母亲清楚地认识到，在这个阶段，小女孩在某些方面更喜欢父亲，而不是她。在这里，我们看到了一个早期俄狄浦斯情境的例子，在这个案例中，俄狄浦斯情境首先是在哥哥身上发生的，然后转移到了父亲身上。

X

正如我在不同场合所论述的，抑郁心位是正常情绪发展的一个重要组成部分，但儿童处理这些情绪和焦虑的方式以及他所使用的防御手段，是判断其发展是否令人满意的一个指标。（见本文末的注释3）

失去母亲的恐惧使得即使短暂地与母亲分离也变得痛苦；各种形式的游戏既表达了这种焦虑，也是克服焦虑的一种手段。弗洛伊德对 18 个月大的男孩玩卷轴的观察就指出了这一方向。❶ 在我看来，通过这种游戏，孩子不仅克服了他的丧失感，也克服了他的抑郁性焦虑。❷ 类似卷轴的游戏有多种典型形式。苏珊·艾萨克斯（1952）提到过一些例子，现在我将补充一些这方面的观察。婴儿，有时甚至在一岁后半期之前，就喜欢一次又一次地把东西从婴儿车里扔出来，然后爬过去抓住它。我在几个月大的婴儿 G 身上观察到这种游戏的进一步发展，他最近才开始爬行。他总是不厌其烦地把玩具从自己身边扔开，然后爬过去抓住玩具。他的

---

❶《超越快乐原则》（1920）第二章给出了这个游戏的描述。

❷ 温尼科特在《设定情境中的婴儿观察》（*The Observation of Infants in a Set Situation*）一书中详细论述了卷轴游戏。

家人告诉我，他是在两个月前开始玩这种游戏的，当时他第一次尝试向前爬。六七个月大的婴儿 E 躺在婴儿车里时曾注意到，当他抬起腿时，他扔在一边的玩具又滚回到他身边，于是他把这变成了一种游戏。

许多婴儿在第五或第六个月时就会对"躲猫猫"（见本文末的注释4）做出快乐的反应；我见过有的婴儿早在七个月大时就会主动把毯子拉过头顶，然后再把毯子取下来。婴儿 B 的母亲把这种游戏变成了睡前的习惯，从而让孩子在愉快的心情中入睡。看来，重复这种经历是帮助婴儿克服丧失和悲伤情绪的一个重要因素。我发现另一个对幼儿有很大帮助和安慰作用的典型游戏是，在孩子睡觉时，和孩子说"拜拜"，然后挥手，慢慢离开房间，就像逐渐消失一样。使用"拜拜"和挥手的方式，然后在母亲离开房间时说"再回来""很快回来"或类似的话，通常都能起到帮助或安慰的作用。我知道有些婴儿的第一句话就是"回来"或"再来"。

回到女婴 B 的问题上，"拜拜"是她的第一句话，我经常注意到，当她的母亲要离开房间时，孩子的眼睛里会流露出一闪而过的悲伤表情，或者她似乎快哭了。但当妈妈向她挥手说"拜拜"时，她似乎得到了安慰，继续玩耍。在她十到十一个月大的时候，我看到她练习挥手的动作，我的印象是，这不仅让她感兴趣，也让她感到安慰。

婴儿感知和理解周围事物的能力不断提高，这增强了他对自己处理甚至控制周围事物的能力的信心，也增强了他对外部世界的信任。他对外部现实的反复体验成为他克服受迫害焦虑和抑郁性焦虑的最重要手段。在我看来，这就是现实检验，也是弗洛伊德所说的成人哀悼过程的基础。❶

当一个婴儿能够坐起来或站在他的小床上时，他就能看人，在某种意义上与人的接触更近了；当他会爬和走时，这种情况就更明显了。这些成就不仅意味着他有更大的能力按照自己的意愿接近他的客体，而且意味着他有更大的能力独立于他的客体。例如，女婴 B（约十一个月）非常喜欢在一条走廊上爬上爬下，一爬就是几个小时，她一个人非常满足，但她不时爬进妈妈所在的房间（门没关），看一眼妈妈或试图和妈妈说话，然后又回到走廊上。

一些精神分析作者已经描述了站立、爬行和行走在心理意义上的重要性。在此，我想说的是，所有这些成就都被婴儿用来作为找回丧失的客体和寻找新客体的手段；所有这些都有助于婴儿克服其抑郁心位。语言的发展，从模仿声音开始，是另一项伟大的成就，它使儿童更接近他所爱的人，也使他能够找到新的客体。在获得新的满足时，与先前情境有关的挫折感和委屈感就会减少，从而再次增强了安全感。取得进步的另一个因素来自婴儿试图控制他的客体、他的外部和内部

---

❶ 参见《哀伤与忧郁》（Mourning and Melancholia，1917）。

世界。自我在发展过程中的每一步都被用来抵御焦虑，在这个阶段主要是抵御抑郁性焦虑。这将促进一个我们经常可以看到的事实，即随着发展的进步，如走路或说话，儿童变得更快乐、更活泼。从另一个角度看，自我努力克服抑郁心位，不仅在生命的第一年，而且在整个童年早期，都会促进儿童的兴趣和活动。❶

　　下面的例子说明了我对早期情感生活的一些结论。三个月大的男婴 D 对他的玩具，即珠子、木环和拨浪鼓，表现出非常强烈的个人情感。他聚精会神地看着这些玩具，一遍又一遍地抚摸它们，把它们含在嘴里，倾听它们发出的声音；当它们不在他想要的位置上时，他对这些玩具很生气并尖叫；当这些玩具被固定在他想要的位置上时，他就会很高兴，并再次喜欢上它们。在他四个月大的时候，他妈妈说，他用玩具发泄了很多愤怒；另一方面，这些玩具也是他痛苦时的安慰。有时给他看玩具，他就不哭了，玩具还能在他睡觉前安慰他。

　　第五个月时，他能清楚地区分父亲、母亲和女佣；他认出父亲、母亲和女佣的眼神，他对他们每个人的某种游戏的期待，都清楚地表明了这一点。在这个阶段，他的人际关系已经非常明显；例如，当奶瓶空空地放在他身边的桌子上时，他就转向奶瓶，发出声音，抚摸奶瓶，还不时地吮吸奶嘴。从他的面部表情可以看出，他对奶瓶的态度就像对所爱的人一样。九个月大时，他被观察到充满爱意地看着奶瓶，对着奶瓶说话，显然是在等待奶瓶的回答。他与奶瓶的这种关系非常有趣，因为这个小男孩从来都不爱吃东西，也不贪吃，事实上，他对吃东西并不感到特别高兴。几乎从一开始，母乳喂养就遇到了困难，因为母亲的奶水断了，几周大时，他就完全改用奶瓶喂养了。到了第二年，他的食欲才开始增强，即便如此，他的食欲在很大程度上还是依赖于与父母分享食物的乐趣。在此我们要注意的是，九个月大时，他对奶瓶的主要兴趣似乎几乎是人际性质的，而不仅仅与奶瓶中的食物有关。

　　十个月大时，他非常喜欢一个嗡嗡作响的陀螺，一开始是被它的红色旋钮吸引住了，马上就吮吸起来；这使他对嗡嗡陀螺的旋转方式和发出的声音产生了浓厚的兴趣。他很快就放弃了吮吸的尝试，但对嗡嗡陀螺的兴趣依然不减。在他十五个月大的时候，他非常喜欢的另一个嗡嗡陀螺在他玩耍的时候掉到了地上，陀螺摔成了两半。孩子对这件事的反应令人震惊：他哭了起来，哭得很伤心，而且不愿意回到事发的房间。最后，当他的母亲成功地把他带到那里，让他看到嗡嗡陀螺又重新组合在一起时，他拒绝看它，并跑出了房间（甚至在第二天，他也不愿靠近放陀螺的玩具柜）。此外，事件发生几个小时后，他还拒绝吃他的茶点。过

---

❶ 正如我在上一篇文章中指出的那样，虽然抑郁情绪的关键体验和对抑郁情绪的防御在婴儿出生后的第一年就已出现，但婴儿需要多年的时间才能克服他的受迫害焦虑和抑郁性焦虑。这些焦虑在婴儿期神经症的过程中一次又一次地被激活和克服。但是，这些焦虑从未被根除，因此在一生中都有可能重新出现，尽管程度较轻。

了一会儿，他妈妈拿起他的玩具狗说："多好的小狗啊。"男孩高兴了起来，拿起狗，继续带着它从一个人走到另一个人身边，期待着他们说："多好的小狗啊。"很明显，他把自己和玩具狗联系在了一起，因此，对玩具狗的喜爱让他感到安心，因为他觉得自己对嗡嗡陀螺造成了伤害。

值得注意的是，这个孩子早在之前的阶段就已经表现出了对破碎物品的焦虑。例如，大约八个月大的时候，他把一个玻璃杯掉在地上（还有一次是个茶杯），摔碎了，他就哭了。不久，不管是谁弄坏的，只要看到打碎的东西，他就会感到非常不安，以至于他的母亲立刻把这些东西从他的视线中移开。

在这种情况下，他的痛苦既是受迫害焦虑的表现，也是抑郁性焦虑的表现。如果我们把他大约八个月时的行为与后来的嗡嗡陀螺事件联系起来，这一点就很清楚了。我的结论是，奶瓶和嗡嗡陀螺都象征着母亲的乳房（我们应该记得，十个月大时，他对嗡嗡陀螺的行为就像九个月大时对奶瓶的行为一样），而当嗡嗡陀螺被摔开时，对他来说就意味着母亲的乳房和身体遭到了破坏。这就解释了他为什么会对破碎的嗡嗡陀螺产生焦虑、罪疚和悲伤的情绪。

我已经把破碎的陀螺与破碎的杯子和奶瓶联系起来了，但还有更早的联系。正如我们所看到的，孩子有时会对他的玩具表现出极大的愤怒，他以一种非常个人化的方式对待这些玩具。我认为，后来观察到的他的焦虑和罪疚感可以追溯到他对玩具的攻击行为，尤其是在无法得到玩具的时候。还有一个更早的联系，那就是他与母亲乳房的关系，母亲的乳房没有满足他，并已被撤回。因此，对打碎茶杯或玻璃杯的焦虑表达了他对愤怒和破坏性冲动的内疚，这些愤怒和破坏性冲动主要针对他母亲的乳房。因此，通过象征形成，孩子把他的兴趣转移到了一系列客体上❶，从乳房到玩具：奶瓶—玻璃杯—茶杯—嗡嗡陀螺；并把个人关系和情绪，如愤怒、恨、受迫害焦虑和抑郁性焦虑、罪疚感，转移到了这些客体上。

在本文的前面部分，我描述了这个孩子对陌生人的焦虑，并通过实例说明了母亲形象（这里是祖母形象）分为好母亲和坏母亲。在他的人际关系中，对坏妈妈的恐惧和对好妈妈的爱都表现得很明显。我认为这两方面的人际关系都影响到他对破碎东西的态度。

在嗡嗡陀螺坏掉的事件中，他表现出受迫害焦虑和抑郁性焦虑的混合，他拒绝进房间，后来甚至拒绝靠近玩具柜，这表明他害怕这些客体（受迫害焦虑），这些客体由于受伤而变成危险的客体。然而，毫无疑问，在这种情况下，强烈的抑郁情绪也在起作用。当小狗（代表他自己）是"好"的，并且仍然被他的父母所爱时，所有这些焦虑都得到了缓解。

---

❶ 关于象征形成对心理生活的重要性，参见艾萨克斯（1952）的论文，以及我的论文《早期分析》和《象征形成在自我发展中的重要性》。

结　论

我们对体质因素及其相互作用的了解还不全面。在我为本书撰写的章节中，我已经谈到了一些因素，现在我来总结一下。自我忍受焦虑的先天能力可能取决于出生时自我凝聚力的强弱；这反过来又导致分裂机制的活动或多或少，并相应地导致整合能力或强或弱。从出生后一开始就存在的其他因素包括爱的能力、贪婪的强度和对贪婪的防御。

我认为，这些相互关联的因素是生死本能之间某些融合状态的表现。这些状态从根本上影响着破坏性冲动被力比多所抵消和缓解的动力过程，这一过程对塑造婴儿的无意识生活至关重要。从出生后开始，婴儿的体质因素就与外部因素联系在一起，从出生的经历和最初的照料和喂养开始。❶此外，我们有充分的理由认为，从早期开始，母亲的无意识态度就会对婴儿的无意识过程产生强烈的影响。

因此，我们必然会得出这样的结论：体质因素不能脱离环境因素来考虑，反之亦然。这些因素共同形成了最早期的幻想、焦虑和防御，虽然它们存在某些典型的模式，但千变万化。这就是孕育一个人的心智和人格的土壤。

我已经努力证明，通过仔细观察幼儿，我们可以对他们的情感生活有一定的了解，并对他们未来的智力发展有所启示。在上述范围内进行的这些观察，在一定程度上支持了我对婴儿最初发展阶段的研究结果。这些发现是在对儿童和成人进行精神分析时得出的，因为我能够将他们的焦虑和防御追溯到婴儿时期。我们可能还记得，弗洛伊德在其成年病人的无意识中发现了俄狄浦斯情结，从而对儿童进行了更开明的观察，这反过来又完全证实了他的理论结论。在过去的几十年里，俄狄浦斯情结中固有的冲突得到了更广泛的认可，因此，人们对儿童情感困难的理解也加深了；但这主要适用于处于更高发展阶段的儿童。对于大多数成年人来说，小婴儿的心理生活仍然是一个谜。我冒昧地建议，对婴儿进行更密切的观察，受到来自幼儿精神分析中关于早期心理过程的知识增加的刺激，将来会使我们对婴儿的情感生活有更好的了解。

我在本书的一些章节和以前的著作中提出过这样一个论点，即幼儿过度的受迫害焦虑和抑郁性焦虑在精神障碍的心理形成过程中具有至关重要的意义。在本文中，我一再指出，一个善解人意的母亲可以通过自己的态度来减少婴儿的冲突，从而在某种程度上帮助他更有效地应对焦虑。因此，更全面、更普遍地认识到婴儿的焦虑和情感需求，将减少婴儿期的痛苦，从而为其日后生活的幸福和稳定奠

---

❶ 最近对产前行为模式的研究，特别是格塞尔（A.Gesell）对产前行为模式的描述和总结 [见《行为胚胎学》（*The Embryology of Behaviour*）]，为我们提供了思考原始自我和胎儿体质因素在多大程度上已经发挥作用的素材。至于母亲的精神和身体状况是否会影响胎儿的上述体质因素，这也是一个悬而未决的问题。

定基础。

注　释

1

这个问题有一个基本方面，我想提一下它。我的精神分析工作使我得出这样的结论：刚出生的婴儿会无意识地感觉到有一个独特的好东西存在，从中可以得到最大的满足，而这个东西就是母亲的乳房。我还认为，这种无意识的认识意味着，即使没有被母乳喂养的婴儿也会产生与母亲乳房的关系和拥有乳房的感觉。这就解释了上文提到的事实，即用奶瓶喂养的孩子也会从好的和坏的两方面来内摄母亲的乳房。用奶瓶喂养的婴儿有多大能力在他的内心世界中牢固地建立好的乳房，这取决于各种内部和外部因素，其中固有的爱的能力起着至关重要的作用。

在出生后的最初阶段，人们对乳房有一种无意识的认识，并对乳房产生感情，这只能被看作一种系统发生遗传（phylogenetic inheritance）。

现在我们来考虑一下个体发生因素在这些过程中所起的作用。我们有充分的理由假定，婴儿的冲动与口腔的感觉联系在一起，把他引向母亲的乳房，因为他最初的本能欲望的对象是乳头，其目的是吮吸乳头。这就意味着，奶瓶的奶嘴不能完全取代所需的乳头，奶瓶也不能取代所需的母亲乳房的气味、温暖和柔软的感觉。因此，尽管婴儿可能很容易接受并喜欢用奶瓶进食（尤其是在近似母乳喂养的情况下），他仍然会觉得自己没有得到最大的满足，从而对能够提供这种满足的独特客体产生深深的渴望。

对无法获得的理想客体的渴望是精神生活中的一个普遍特征，因为它源于儿童在成长过程中经历的各种挫折，最终不得不放弃俄狄浦斯客体。挫折感和委屈感导致了对过去的幻想，并常常在回想时集中在与母亲的乳房有关的痛苦上，即使是那些母乳喂养令人满意的人也是如此。然而，我在一些分析中发现，在没有接受过母乳喂养的人身上，对无法获得的客体的渴望表现出一种特殊的强度和质量，这种渴望根深蒂固，其起源于婴儿的第一次喂养经历和与第一个客体的关系变得显而易见。这种情绪的强度因人而异，对心理发展的影响也不尽相同。例如，在某些人身上，被剥夺母乳的感觉可能会导致强烈的委屈感和不安全感，并对客体关系和人格发展产生各种影响。在另一些人身上，对一个独特客体的渴望可能会强烈地刺激某些升华，比如对理想的追求，或对自身成就的高标准要求。

现在，我将这些观察结果与弗洛伊德的论述进行比较。在谈到婴儿与母亲的乳房和母亲的关系的根本重要性时，弗洛伊德说：

"在所有这些方面，系统发生的基础比偶然的个人经历要占优势得多，以至于一个儿童是真的吸吮过乳房，还是吃奶瓶长大，从未享受过母亲的温柔呵护，没有什么区别。在这两种情况下，他的成长过程都是一样的，*也许在后一种情况下，他后来的渴望会更加强烈*。"[《精神分析纲要》（*An Outline of Psycho-Analysis*），p.56]（斜体由我所加）

在这里，弗洛伊德认为系统发生因素具有压倒一切的重要性，以至于婴儿的实际喂养经历变得相对微不足道。这比我的经验得出的结论更进一步。然而，在我斜体标注的这句话中，弗洛伊德似乎考虑到了一种可能性，即错过母乳喂养的经历会让婴儿感到被剥夺，否则我们就无法解释对母亲乳房的渴望"更加强烈"。

2

我已经说得很清楚，婴儿在整合他对母亲的不同情感时所表现出来的整合过程，也就是把客体的好的方面和坏的方面结合在一起的过程，是抑郁性焦虑和抑郁心位的基础。这意味着这些过程从一开始就与客体有关。在断奶的经历中，感觉失去的是原初所爱客体，因此与之相关的受迫害焦虑和抑郁性焦虑得到了加强。因此，断奶的开始构成了婴儿生命中的一次重大危机，他的冲突在断奶的最后阶段达到了另一个顶峰。断奶过程中的每一个细节都会影响婴儿抑郁性焦虑的强度，并可能增强或减弱他克服抑郁心位的能力。因此，谨慎而缓慢地断奶对孩子是有利的，而突然断奶则会突然增强孩子的焦虑，可能会影响他的情感发展。这就产生了一些相关的问题。例如，在婴儿出生后的头几周甚至几个月，用奶瓶喂养代替母乳喂养会产生什么影响？我们有理由认为，这种情况不同于大约五个月开始的正常断奶。这是否意味着，由于在婴儿出生后的头三个月里，受迫害焦虑占主导地位，这种形式的焦虑会因为过早断奶而加重，或者这种经历会使婴儿更早出现抑郁性焦虑？这两种结果中，哪一种会占上风，可能部分取决于外部因素，如开始断奶的实际时间和母亲处理这种情境的方式；部分取决于内部因素，可以概括为内在的爱与融合能力的强弱——这反过来也意味着生命之初自我的内在力量。正如我反复论证的那样，这些因素是婴儿在某种程度上稳固地建立其好客体的能力的基础，即使他从未有过被母乳喂养的经历。

另一个问题涉及晚断奶的影响，这是原始人和某些文明社会的习惯做法。我没有足够的数据来回答这个问题。不过，我可以说，根据我的观察和精神分析经验判断，断奶的最佳时期大约在一岁中期。因为在这个阶段，婴儿正处于抑郁心位，而断奶在某种程度上可以帮助他修通不可避免的抑郁情绪。在这一过程中，婴儿会得到他在这一阶段形成的越来越多的客体关系、兴趣、升华和防御的支持。

至于断奶的完成，也就是从吸吮到用杯子喝奶的最后转变，要提出一个最佳时间的一般性建议就比较困难了。在这个阶段，儿童的个体需求更容易通过观察来衡量，应将其作为决定性的标准。

对有些婴儿来说，断奶过程中还有一个阶段需要考虑，那就是放弃吮吸拇指或其他手指。有些婴儿是在母亲或护士的压力下放弃吮指的，但根据我的观察，即使婴儿似乎是主动放弃吮指（这里也不能完全排除外部影响），也会带来断奶所特有的冲突、焦虑和抑郁情绪，有时还会伴有食欲不振。

断奶问题与更普遍的挫折问题联系在一起。如果挫折不过分（我们要记住，在一定程度上，挫折是不可避免的），甚至可以帮助孩子处理抑郁情绪。因为挫折是可以克服的，这种经历往往会增强孩子的自我意识，也是哀悼工作的一部分，而哀悼工作可以帮助婴儿应对抑郁情绪。更具体地说，母亲的再次出现一再证明她并没有被摧毁，也没有变成坏母亲，这意味着婴儿的攻击行为并没有产生可怕的后果。因此，挫折的有害影响和有益影响之间存在着一种微妙的、因人而异的平衡，这种平衡是由各种内部和外部因素决定的。

3

我认为，偏执-分裂心位和抑郁心位都是正常发展的一部分。我的经验使我得出结论，如果婴儿早期的受迫害焦虑和抑郁性焦虑与自我逐步处理焦虑的能力不成比例，就会导致儿童的病理性发展。我在前一章中描述了与母亲关系的分裂（"好"母亲和"坏"母亲），这是自我尚未充分整合的特征，也是分裂机制的特征，这种分裂机制在婴儿出生后的头三四个月内达到顶峰。通常情况下，与母亲关系的波动，以及受分裂过程影响的暂时的退缩状态，是不容易衡量的，因为在那个阶段，它们与自我的不成熟状态密切相关。然而，当发展不能令人满意时，我们可以发现某些失败的迹象。在本章中，我提到了一些典型的困难，这些困难表明偏执-分裂心位的发展并不令人满意。尽管在某些方面情况有所不同，但所有这些情况都有一个共同的重要特征：在婴儿出生后的头三四个月，就可以观察到客体关系发展中的障碍。

同样，某些困难也是经历抑郁心位的正常过程的一部分，如焦躁、易怒、睡眠不安、更需要关注，以及对母亲和食物的态度发生变化。如果这种干扰过多且持续时间过长，则可能表明未能修通抑郁心位，并可能成为日后患上躁郁症的基础。然而，未能修通抑郁心位可能会导致不同的结果：某些症状，如对母亲和其他人的退缩，可能会变得稳定，而不是短暂和局部的。如果与此同时，婴儿变得更加冷漠，没有发展出通常与抑郁症状同时出现的兴趣扩大和接受替代品的能力，而这在一定程度上是克服抑郁症状的一种方式，那么我们可以推测，抑郁心位并没有得到成功的修通，而是倒退到了以前的状态，即偏执-分裂心位，我们必须高度重视这种倒退。

重复一下我在以前的著作中所表达的结论：如果受迫害焦虑和抑郁性焦虑是过度的，可能会导致严重的精神疾病和童年期的心理缺陷。这两种形式的焦虑也是成年后偏执狂、精神分裂症和躁郁症的固着点。

4

弗洛伊德提到婴儿在与母亲玩躲猫猫游戏时的快乐，即母亲把脸藏起来，然后再出现（弗洛伊德没有说他指的是婴儿期的哪个阶段；但根据游戏的性质，我们可以推测他指的是一岁中后期的婴儿，也可能是大一些的婴儿）。在这方面，他说婴儿"还不能区分暂时的离开和永久的失去。一旦失去母亲的踪影，他就会表现得好像再也见不到母亲了；需要反复安慰他，他才会知道母亲消失后通常会再次出现"（*S.E.* 20，p.169）。

至于进一步的结论，在这一点上与前面提到的对卷轴游戏的解释存在同样的分歧。弗洛伊德认为，婴儿在思念母亲时产生的焦虑会造成"……创伤，如果婴儿当时恰好有一种需要，而这种需要应该由母亲来满足的话。如果这种需要当时不存在，就会变成一种危险情境。因此，焦虑的第一个决定因素是自我本身引入的，是失去对客体的感知（等同于失去客体本身）。到目前为止，还不存在失去爱的问题。后来，经验告诉孩子，客体可能存在，但会对他生气；这时，失去客体的爱就成了一种新的、更持久的危险和焦虑的决定因素"。我曾在不同的场合阐述过我的观点，在此简要重述一下：小婴儿会体验到对母亲的爱和恨，当他想念母亲，而母亲又不能满足他的需要时，他就会觉得母亲的离去是他破坏性冲动导致的结果；因此，他产生了受迫害焦虑（生怕好母亲变成了愤怒的迫害性母亲），以及哀悼、罪疚感和焦虑（生怕所爱的母亲被他的攻击行为摧毁）。这些构成抑郁心位的焦虑会被一次又一次地克服，例如通过安慰性质的游戏。

在考虑了关于小婴儿情感生活和焦虑的一些不同意见之后，我想提请大家注意与上述引文相同背景下的一段话，弗洛伊德在这段话中似乎对他关于哀悼问题的结论作了限定。他说："……什么时候与客体分离会产生焦虑，什么时候会产生哀悼，什么时候可能只会产生痛苦？我想说的是，要回答这些问题是遥遥无期的。我们必须满足于做出某些区分和推测某些可能性。"

8

精神分析游戏技术：其历史和意义

The Psycho-Analytic Play Technique: Its History and Significance

（1955）

I

作为本书的导言，我提供了一篇主要涉及游戏技术的论文 ❶，这是因为考虑到我对儿童和成人的工作，以及我对整个精神分析理论的贡献，最终都来自针对幼儿发展起来的游戏技术。我并不是说我后来的工作直接应用了游戏技术；但是，我所获得的关于早期发展、无意识过程以及通过哪些诠释方法可以接近无意识的洞见，对我与大龄儿童和成人所做的工作产生了深远的影响。

因此，我将简要概述我的工作是如何从精神分析游戏技术发展而来的，但我不会试图对我的研究成果进行完整的总结。1919 年，当我开始我的第一个案例时，一些儿童精神分析工作已经完成，尤其是赫尔穆特（Hug-Hellmuth）博士的工作（1921）。不过，她并没有对六岁以下的儿童进行精神分析，而且，虽然她使用了图画，偶尔也用游戏作为素材，但她并没有将其发展成一种特定的技术。

在我开始工作的时候，一个既定的原则是，应该尽量少做诠释。除了极少数例外，精神分析师都没有探索过儿童无意识的更深层次，因为这种探索被认为具有潜在的危险性。这种谨慎的态度反映在当时以及之后的许多年里，精神分析被认为只适合处于潜伏期及之后阶段的儿童。❷

我的第一个病人是一个五岁的男孩。在我最早发表的论文中，我称他为"弗里茨"（Fritz）。❸ 一开始，我认为影响母亲的态度就足够了。我建议她鼓励孩子与她畅所欲言地讨论他心中许多难以启齿、阻碍智力发展的问题。这样做取得了很好的效果，但他的神经症问题并没有得到充分缓解，因此很快就决定让我对他进行精神分析。在这样做的时候，我偏离了当时已建立的一些规则，因为我诠释了我认为在孩子向我提供的材料中最迫切的内容，并发现我的兴趣集中在他的焦虑和对焦虑的防御上。这种新方法很快就给我带来了严重的问题。在分析第一个病例时，我所遇到的焦虑是非常强烈的，虽然我看到我的诠释一次又一次地缓解了焦虑，我更加坚信我的工作方向是正确的，但有时我也会因为新出现的强烈焦虑而感到不安。有一次，我向卡尔·亚伯拉罕（Karl Abraham）博士寻求建议。他回答说，由于到目前为止，我的诠释经常能让病人感到轻松，而且分析工作也在明显取得进展，因此他认为没有理由改变方法。他的支持让我倍受鼓舞，果然，在接下来的几天里，孩子的焦虑大大减轻，病情进一步好转。在这次分析中获得的信念对我的整个分析工作产生了强烈的影响。

---

❶ 我对亚伯拉罕的发现的根本重要性越来越深信不疑，这也是我接受亚伯拉罕分析的结果，他对我的分析始于 1924 年，14 个月后因亚伯拉罕病逝而中断。

❷ 参见我的《精神分析的新方向》（*New Directions in Psycho-Analysis*）。

❸ 安娜·弗洛伊德在《儿童精神分析治疗》（*The Psycho-Analytical Treatment of Children*, 1927）一书中描述了这种早期方法。

治疗是在孩子家里用他自己的玩具进行的。这次分析是精神分析游戏技术的开端，因为从一开始，孩子就主要通过游戏表达他的幻想和焦虑，而我一直在向他诠释游戏的意义，结果在他的游戏中出现了更多的材料。也就是说，我已经在这个病人身上使用了我的技术所特有的诠释方法。这种方法符合精神分析自由联想的基本原则。我不仅诠释了孩子的话，还诠释了他与玩具之间的活动，我将这一基本原则应用于孩子的心理，他的游戏和各种活动——实际上是他的全部行为——都是表达成人主要通过语言表达的内容的手段。我还自始至终以弗洛伊德确立的精神分析的另外两个原则为指导，我从一开始就把它们视为基本原则：探索无意识是精神分析的主要任务，对移情的分析是实现这一目标的手段。

1920 年到 1923 年间，我在其他儿童案例中获得了更多经验，但游戏技术发展的一个重要步骤是我在 1923 年对一个两岁零九个月的孩子进行的精神分析。我在《儿童精神分析》一书中以"丽塔"（Rita）为名介绍了这个儿童案例的一些细节。❶ 丽塔患有夜惊症和动物恐惧症，对母亲的态度非常矛盾，同时又非常依恋母亲，以至于几乎不能独处。她有明显的强迫症，有时非常抑郁。她的游戏受到抑制，无法忍受挫折，这使她的成长越来越困难。由于对如此年幼的孩子进行分析是一项全新的尝试，我对如何处理这个病例感到非常不确定。第一次治疗似乎证实了我的疑虑。当我把丽塔单独留在她的育儿室时，她立刻表现出了我所认为的负性移情的迹象：她焦虑不安，沉默寡言，很快就要求到花园里去。我同意了，并和她一起去了——可以补充说，是在她母亲和姨妈的注视下，她们把这看作失败的信号。大约十到十五分钟后，当我们回到育儿室时，她们惊讶地发现丽塔对我非常友好。对这一变化的解释是，当我们在室外时，我一直在诠释她的负性移情（这又一次违反了惯例）。根据她说的一些话，以及我们在户外时她不那么害怕的事实，我得出结论，当她和我独处一室时，她特别害怕我可能会对她做什么。我对这一点进行了诠释，并提到了她的夜惊，我把她怀疑我是一个充满敌意的陌生人和她害怕一个坏女人会在她晚上一个人的时候袭击她联系起来。这样诠释了几分钟后，我建议我们回到育儿室，她欣然同意了。正如我所提到的，丽塔在玩耍时有明显的抑制行为，一开始她几乎什么也不做，只是痴迷于给她的娃娃穿衣服和脱衣服。但很快，我就理解了她这种执着背后的焦虑，并对其进行了诠释。这个案例使我更加坚信，对儿童进行精神分析的前提条件是理解和诠释游戏所表达的幻想、情感、焦虑和体验，如果游戏活动受到抑制，则要理解和诠释造成抑制的原因。

和弗里茨的情况一样，我也是在孩子家里用她自己的玩具进行分析的；但在

---

❶ 参见《一个儿童的发展》（The Development of a Child, 1923）、《学校在儿童力比多发展中的作用》（The Role of the School in the Libidinal Development of the Child, 1924）以及《早期分析》（1926）。

这个仅持续了几个月的治疗过程中，我得出了一个结论：精神分析不应该在孩子家里进行。因为我发现，虽然她非常需要帮助，而且她的父母也决定让我尝试精神分析，但她母亲对我的态度却非常矛盾，整体上对治疗持敌对态度。更重要的是，我发现只有当病人能够感觉到治疗室或游戏室，甚至整个分析，都是与他的日常家庭生活分开的时候，移情情境（精神分析过程的支柱）才能建立和维持。因为只有在这样的条件下，病人才能克服对体验和表达想法、情感和欲望的阻抗，因为这些想法、情感和欲望与传统习俗格格不入，而且在儿童的案例中，他们会觉得这些想法、情感和欲望与他们所受的教育大相径庭。

同样是在 1923 年，我在对一个七岁女孩进行精神分析时，发现了更多重要的问题。她的神经症显然并不严重，但她的父母有一段时间一直很担心她的智力发展。虽然她相当聪明，但却跟不上同龄人的步伐，她不喜欢上学，有时还逃学。她与母亲之间的关系以前充满爱意和信任，但自从她上学以来就发生了变化：她变得拘谨和沉默。我和她谈了几次，但没有取得什么效果。很明显，她不喜欢上学，从她不太自信地谈论关于学校的话中，以及从其他言论中，我能够做出一些诠释，并获得了一些素材。但我的印象是，我不可能以这种方式取得更大的进展。在一次谈话中，我再次发现这个孩子反应迟钝，性格孤僻，于是我离开了她，说我一会儿就回来。我走进我自己孩子的托儿所，收集了一些玩具、汽车、小人偶、几块砖头和一列火车，把它们放进一个盒子里，然后回到病人身边。这个孩子原本不喜欢画画或其他活动，但对这些小玩具很感兴趣，马上就开始玩了起来。从玩耍中我发现，其中两个玩具人物代表了她自己和一个小男孩，一个我以前听说过的同学。这两个玩具的行为似乎有什么秘密，其他玩具被认为是在干扰或围观，因而被搁置一旁。这两个玩具的活动导致了一些灾难，如摔倒或与汽车相撞。这种情况反复出现，并伴有焦虑的迹象。这时，我诠释说，根据她玩耍的细节推断，她和她的朋友之间似乎发生了一些性活动，这让她非常害怕被发现，因此对其他人产生了不信任。我指出，在玩的过程中，她变得焦虑不安，似乎即将停止玩耍。我提醒她，她不喜欢上学，这可能与她害怕老师发现她和同学的关系并惩罚她有关。最重要的是，她害怕并因此不信任她的母亲，现在她可能对我也有同样的感觉。这种诠释对孩子的影响是惊人的：她的焦虑和不信任先是增加了，但很快就明显缓解了。她的面部表情发生了变化，虽然她既不承认也不否认我的诠释，但她随后通过产生新的材料以及在玩耍和说话时变得更加自由，来表明她的同意；她对我的态度也变得更加友好，不再那么多疑。当然，负性移情与正性移情交替出现，但从这次治疗开始，分析工作进展顺利。同时，我还了解到，她与家人的关系，尤其是与母亲的关系也发生了有利的变化。她对学校的厌恶感减少了，对上课也更感兴趣了，但她对学习的抑制，根植于内心深处的焦虑，在治疗过程中才逐渐得到解决。

II

我曾描述过，如何使用我为儿童病人特别准备的存放在盒子里的玩具，这对她的分析至关重要。这次经历以及其他经历帮助我确定了哪些玩具最适合精神分析游戏技术。[1]我发现小玩具是必不可少的，因为小玩具的数量和种类可以让孩子表达各种各样的幻想和体验。为此，这些玩具必须是非机械性的，而且人形玩具只在颜色和大小上有所不同，不应表示任何特定的职业。这些玩具非常简单，儿童可以根据游戏中出现的材料，在许多不同的情境中使用它们。这样，他就能同时呈现出各种经验、幻想或实际情境，这也使我们有可能对他的心智运作有一个更加连贯的了解。

为了保持玩具的简洁性，游戏室的设备也很简单。除了精神分析所需的东西外，里面什么都没有。[2]每个孩子的玩具都被锁在一个特定的抽屉里，因此他知道，他的玩具和他与玩具的游戏（相当于成人的联想）只有分析师和他自己知道。我第一次向上述小女孩介绍玩具的那个盒子就是个人抽屉的原型，它是分析师和病人之间私密关系的一部分，是精神分析移情情境的特征。

我并不是说精神分析游戏技术完全取决于我对游戏材料的特定选择。无论如何，孩子们经常会自发地带来他们自己的东西，与他们一起玩耍是分析工作中理所当然的事。但我认为，分析师提供的玩具总体上应该是我所描述的那种类型，即简单、小巧、非机械性的。

然而，玩具并不是游戏分析的唯一必要条件。儿童的许多活动有时都是围着洗脸盆进行的，洗脸盆里有一两个小碗、小勺子和小汤匙。儿童经常画画、写字、涂色、剪纸、修理玩具等等。有时他会玩游戏，把角色分配给分析师和他自己，如扮演商店、医生和病人、学校、母亲和孩子。在这些游戏中，孩子经常扮演大人的角色，这不仅表达了他想颠倒角色的愿望，而且还展示了他认为父母或其他有权威的人对待他的行为方式，或者说是他认为应该有的行为方式。有时，他为了发泄自己的攻击性和怨恨，会扮演父母的角色，对分析师所代表的孩子施虐。无论幻想是通过玩具还是戏剧化的方式呈现，诠释的原则都是一样的。因为，无论使用什么材料，都必须应用该技术所依据的精神分析原则。[3]

在儿童的游戏中，攻击性会以各种方式直接或间接地表现出来。玩具经常会

---

[1] 另见里克曼（Rickman）编的《论儿童的养育》（*On the Bringing up of Children*，1936）和我的论文《从早期焦虑看俄狄浦斯情结》（1945）。

[2] 它们主要包括：木制小人（通常有两种尺寸）、汽车、手推车、秋千、火车、飞机、动物、树木、砖块、房屋、栅栏、纸张、剪刀、小刀、铅笔、粉笔或颜料、胶水、球和弹珠、橡皮泥和绳子。

[3] 房间里有可清洗的地板、自来水、一张桌子、几把椅子、一张小沙发、一些坐垫和一个五斗橱。

被弄坏，或者当孩子的攻击性更强时，会用刀子或剪刀攻击桌子或木头，水或颜料被泼得到处都是，房间一般都成了战场。让孩子发挥其攻击性是非常重要的；但最重要的是，要了解为什么在移情情境中的这一特定时刻会出现破坏性冲动，并观察其在孩子心中产生的后果。例如，在孩子弄坏了一个小玩具后，他可能很快就会产生罪疚感。这种罪疚感不仅指向实际造成的伤害，还指向玩具在孩子无意识中代表的东西，如弟弟、妹妹或父母，因此，诠释也必须涉及这些更深层次的东西。有时，我们可以从孩子对分析师的行为中看出，他的破坏性冲动带来的产物不仅是罪疚感，还有受迫害焦虑，他害怕报复。

我通常都能让孩子明白，我不能容忍对我的身体攻击。这种态度不仅可以保护精神分析师，而且对分析也很重要。因为如果不把这种攻击限制在一定范围内，很容易激起孩子过度的罪疚感和受迫害焦虑，从而增加治疗的困难。有时有人问我是用什么方法防止肢体攻击的，我想答案是我非常小心地不去抑制孩子的攻击性**幻想**；事实上，我给了他机会，让他以其他方式表现出来，包括对我进行言语攻击。我越是能够及时诠释孩子的攻击动机，就越能控制住局面。但是，对于一些患有精神病的孩子，有时我很难保护自己免受他们的攻击。

Ⅲ

我发现孩子对他损坏的玩具的态度很能说明问题。他常常把代表兄弟姐妹或父母的玩具放在一边，一段时间不理不睬。这表明他们不喜欢受损害的客体，因为他们害怕被攻击者（由玩具所代表）会报复并变得危险。这种受迫害的感觉可能非常强烈，以至于掩盖了由他所造成的损害引起的罪疚感和抑郁感。或者，罪疚感和抑郁感可能会非常强烈，以至于强化了迫害感。然而，有一天，孩子可能会在抽屉里寻找被损坏的玩具。这表明，那时我们已经能够分析一些重要的防御机制，从而减轻受迫害感，使罪疚感和修复冲动得以体验。当这种情况发生时，我们还可以注意到，孩子与玩具所代表的特定兄弟姐妹的关系，或者说他与兄弟姐妹的总体关系发生了变化。这种变化证实了我们的印象，即受迫害焦虑已经减轻，加上罪疚感和修复的愿望，因过度焦虑而受到损害的爱的情感已经凸显出来。对于另一个孩子，或在分析的后期阶段对于同一个孩子，罪疚感和修复愿望可能会在攻击行为发生后不久产生，而对在幻想中受到伤害的兄弟或姐妹的柔情也会显现出来。这种变化对性格形成、客体关系以及心理稳定的重要性无论怎样强调都不过分。

诠释工作的一个重要部分，就是要跟上儿童爱与恨之间的波动，跟上幸福、满足和受迫害焦虑、抑郁之间的波动。这意味着分析师不应该对孩子弄坏玩具表示不赞同；但是，他不应该鼓励孩子表达他的攻击性，也不应该向他建议玩具可以修补。换句话说，他应该让孩子体验他的情绪和幻想。不使用教育或道德影响，只坚持精神分析，这始终是我的技术的一部分，简而言之，精神分析就是理解病人的心理，并向他揭示其中发生的事情。

儿童通过游戏活动能够表达各种各样的情感情境：例如，挫折感和被拒绝感；对父母或兄弟姐妹的嫉妒；伴随这种嫉妒的攻击性；有玩伴和对抗父母的盟友的快乐；对新生儿或即将出生的婴儿的爱与恨，以及随之而来的焦虑、罪疚感和修复的冲动。在儿童的游戏中，我们还可以看到日常生活中的真实经历和细节的重复，这些经历和细节往往与他的幻想交织在一起。可以看出，有时他生活中非常重要的实际事件既没有进入他的游戏，也没有进入他的联想，而有时整个重点却在于表面上的小事件。但这些微不足道的事件对他来说却非常重要，因为它们激起了他的情感和幻想。

IV

有许多孩子在玩耍时会受到抑制。这种抑制并不总是完全阻止他们玩耍，但可能很快就会打断他们的活动。例如，有一个小男孩只被带到我这里做了一次面谈（将来有可能进行分析，但当时他的父母正要带他出国）。我在桌子上放了一些玩具，他坐下来开始玩，很快就发生了意外、碰撞，他试图立起来的玩具人摔倒了。在这一切的过程中，他表现得非常焦虑，但由于还没有治疗的打算，我也就没有进行诠释。几分钟后，他悄悄地从椅子上滑下来，说"玩够了"，然后就出去了。我相信，根据我的经验，如果这是治疗的开始，而且我对他玩玩具时表现出的焦虑以及相应的对我的负性移情进行了诠释，我应该能够充分化解他的焦虑，让他继续玩。

下一个例子可以帮助我说明游戏抑制的一些原因。我在《儿童精神分析》一书中用"彼得"（Peter）这个名字描述过一个三岁九个月大的男孩，他非常神经质。❶ 他无法玩耍，不能忍受任何挫折、胆小、伤感、没有男子气概，但有时又好斗和专横，对家人的态度非常矛盾，并且强烈地依赖他的母亲。他的母亲告诉我，彼得在十八个月大时与父母同住一间卧室，并有机会目睹了他们的性生活。在那个假期里，他变得非常难以管教，睡眠质量很差，晚上又开始弄脏床铺，他已经有几个月没有这样做了。在那之前，他一直自由自在地玩耍，但从那个夏天开始，他就不再玩耍了，而且对玩具的破坏性变得非常强；他除了把玩具弄坏之外什么也不做。不久，他的弟弟出生了，这更增加了他的困难。

第一次治疗，彼得开始了他的游戏；他很快就让两匹马撞在一起，并用不同的玩具重复同样的动作。他还提到他有一个弟弟。我向他诠释说，马和其他撞在

---

❶ 在《儿童精神分析》（特别是第二、三和四章）中既有玩具游戏的实例，也有上述游戏的实例。另见《儿童游戏中的人格化》（Personification in the Play of Children，1929）。

一起的东西代表了人，他先是拒绝，然后接受了这个诠释。他又把马撞在一起，说它们要睡觉，用砖头把它们盖起来，并补充说："现在它们都死了，我已经把它们埋了。"他把汽车前后排成一排，在后来的分析中显示，这象征着他父亲的阴茎。他让汽车跑起来，然后突然发脾气，把汽车扔得满屋都是，说："我们总是把圣诞礼物直接砸碎，我们不想要了。"就这样，他在无意识中把砸玩具当成了砸父亲的生殖器。在这最初的一次治疗中，他确实摔坏了好几个玩具。

在第二次谈话中，彼得重复了第一次治疗中的一些内容，特别是车、马等撞在一起，并再次谈到了他的弟弟，我诠释说他是在向我展示他的爸爸妈妈是如何碰撞他们的生殖器的（当然是用他自己的词来表示生殖器），他认为他们这样做导致了他弟弟的出生。这种诠释产生了更多的材料，揭示了他与弟弟和父亲之间非常矛盾的关系。他把一个玩具人放在一块他称之为"床"的砖头上，把他扔了下去，说他"死了，完了"。接下来，他选择了他已经损坏的角色，用两个玩具人重演了同样的事情。我的理解是，第一个玩具人代表他的父亲，他想把他的父亲从母亲的床上扔下去并杀死；而接下来两个玩具人中的一个又是他的父亲，另一个代表他自己，他的父亲也会对他做同样的事情。他之所以选择两个已经损坏的角色，是因为他觉得如果他攻击父亲，父亲和他自己都会受到伤害。这段材料说明了许多问题，我只想提及其中的一两点。

由于彼得目睹父母性交的经历对他的心灵产生了巨大的冲击，激发了他强烈的情感，如嫉妒、攻击和焦虑，这是他在游戏中首先要表达的。毫无疑问，他已经不再有意识地了解这段经历，它被压抑了，对他来说只有象征性的表达才是可能的。我有理由相信，如果不是我诠释说撞在一起的玩具是人，他可能就不会产生在第二次治疗中出现的材料。此外，如果我没有在第二次治疗中通过诠释玩具受到的损害，向他说明他在游戏中受到抑制的一些原因，他很有可能就像他在日常生活中那样，在弄坏玩具后就不再玩了。

有些孩子在接受治疗之初，甚至不会像彼得或那个只来接受过一次面谈的小男孩那样玩耍。但极少有孩子完全无视桌上的玩具。即使他对玩具视而不见，他也会让分析师了解到他不想玩的动机。在其他方面，儿童分析师也可以收集材料进行诠释。任何活动，如在纸上涂鸦或剪纸，以及行为的每一个细节，如姿势或面部表情的变化，都可以为儿童的心理活动提供线索，这可能与分析师从父母那里听到的关于他的困难有关。

关于诠释对游戏技术的重要性，我已经说了很多，并举了一些例子来说明其内容。这使我想到了一个我经常被问到的问题："幼儿在智力上能够理解这些诠释吗？"我和同事的经验是，如果诠释与材料中的要点有关，他们就能完全理解。当然，儿童分析师必须尽可能简洁明了地进行诠释，而且在诠释时还应使用儿童的表达方式。但是，如果他把材料中的要点用简单的语言表达出来，接触到当时最活跃的情绪和焦虑，儿童的意识和智力理解往往是一个自然的后续过程。儿童分析初学者的许多有趣和令人惊讶的经历之一，就是发现即使是非常年幼的儿童，其洞察能力也往往远超成人。在某种程度上，这是因为幼儿的意识和无意识之间的联系比成人更紧密，而且幼儿的压抑没有成人那么强烈。我还认为，婴儿的智力往往被低估了，事实上，他所理解的东西比人们认为的要多。

现在，我将通过一个小孩对诠释的反应来说明我所说的内容。在彼得的分析中，我已经给出了一些细节，他强烈反对我的诠释，即他从"床上"扔下来的那个"死了，完了"的玩具人代表了他的父亲（对所爱的人的死亡愿望的诠释通常会引起儿童和成人的强烈阻抗）。在第三次治疗中，彼得再次带来了类似的材料，但他现在接受了我的诠释，并若有所思地说："如果我是爸爸，有人想把我扔到床后面，让我死无葬身之地，我会怎么想呢？"这表明，他不仅理解、接受了我的诠释，而且还认识到了更多的东西。他明白，自己对父亲的攻击性情感导致了他对父亲的恐惧，同时他也将自己的冲动投射到了父亲身上。

移情分析一直是游戏技术中的一个要点。我们知道，在对分析师的移情中，病人会重复之前的情绪和冲突。根据我的经验，我们可以在移情分析中把病人的幻想和焦虑带回到它们的发源地——婴儿时期和他的原初客体——从而从根本上帮助病人。因为通过重新体验早期的情绪和幻想，并结合他的原初客体来理解它们，他就可以从根本上修正这些关系，从而有效地减轻他的焦虑。

V

回顾我最初几年的工作，我想特别指出几个事实。我在本文开头提到，在分析我最早的儿童案例时，我发现自己的兴趣集中在他的焦虑和对焦虑的防御上。我对焦虑的重视使我越来越深入儿童的无意识和幻想生活中。这种特别的强调与精神分析的观点背道而驰，即诠释不应该非常深入，也不应该经常进行。我坚持自己的方法，尽管这涉及技术上的彻底改变。这种方法把我带入了一个新的领域，因为它开启了我对婴儿早期幻想、焦虑和防御的理解，而这些在当时基本上还未被探索。当我开始从理论上阐述我的临床研究成果时，我清楚地认识到了这一点。

在对丽塔的分析中，令我印象深刻的各种现象之一是她的超我（super-ego）很严厉。我曾在《儿童精神分析》一书中描述过丽塔是如何扮演一个严厉的、惩罚孩子的母亲，她非常残酷地对待孩子（娃娃或我所代表的孩子）。此外，她对母亲的矛盾心理、对惩罚的极度需求、罪疚感和夜惊让我认识到，在这个两岁零九个月大的孩子身上——而且很明显可以追溯到更小的时候——存在着一个严酷的超我。我发现这一发现在对其他幼儿的分析中得到了证实，并得出结论，超我出现的时间比弗洛伊德假设的要早得多。换句话说，我清楚地认识到，弗洛伊德所设想的超我是多年发展的最终产物。通过进一步的观察，我认识到超我是儿童感觉到的在内部以具体方式运作的东西；它是由儿童的经验和幻想所建立起来的各种形象组成的，是儿童内化（内摄）其父母的各个阶段的产物。

这些观察结果反过来又引领我在对小女孩的分析中发现了女性焦虑的主要情境：母亲被视为最原始的迫害者，她作为一个外在和内化的客体，攻击孩子的身体，并夺走她想象中的孩子。这些焦虑源于女孩对母亲身体的幻想攻击，其目的是夺走母亲身体里的东西，即粪便、父亲的阴茎和孩子，并导致女孩害怕受到类似攻击的报复。我发现这种受迫害焦虑与深深的抑郁和罪疚感结合或交替出现，这些观察让我发现了**修复**倾向在心理生活中扮演的重要角色。在这个意义上，"修复"是一个比弗洛伊德的"强迫症中的解脱"和"反向形成"概念更广泛的概念。因为它包括各种过程，通过这些过程，自我认为它可以消除幻想中的伤害，恢复、保护和复活客体。这种倾向与罪疚感紧密相连，其重要性还在于它对所有的升华以及心理健康做出了重大贡献。

在研究对母亲身体的幻想攻击时，我很快就发现了肛门和尿道的施虐冲动。我在上文提到过，我在1923年从丽塔那里认识到了超我的严酷性，她的分析极大地帮助我理解了对母亲的破坏性冲动是如何成为罪疚感和受迫害感的原因的。我在1924年分析了三岁零三个月大的"特鲁德"（Trude），通过这个案例，我清楚地认识到了这些肛门和尿道施虐的破坏性冲动。❶她来找我治疗时，患有各种症状，如夜惊、大小便失禁。在对她进行分析的初期，她让我假装自己躺在床上睡着了。然后，她会说她要攻击我，并在我的臀部寻找粪便（我发现这些粪便也代表着孩子），她要把它们取出来。这种攻击之后，她就会蹲在角落里，装作是在床上，用垫子（用来保护她的身体，也代表孩子）盖住自己；与此同时，她还尿裤子了，并清楚地表明她非常害怕被我攻击。她对危险的内化母亲的焦虑证实了我最初从丽塔的分析中得出的结论。这两次分析的持续时间都很短，部分原因是父母认为已经取得了足够的改善。❷

不久之后，我开始相信，这种破坏性冲动和幻想总是可以追溯到口腔欲望。事实上，丽塔已经清楚地表明了这一点。有一次，她把一张纸涂黑，撕碎，把纸屑扔进水杯里，然后把水杯放在嘴边，好像要喝水一样，嘴里还念叨着"死女人"。❸我当时认为这种撕纸和弄脏纸的行为表达了攻击和杀害她母亲的幻想，这引起了她对报复的恐惧。我已经提到过，正是在特鲁德身上，我才意识到这种攻击具有特定的肛门和尿道施虐性质。但在1924年和1925年进行的其他分析中（露丝和彼得，均在《儿童精神分析》中有所描述），我也意识到了口腔施虐冲动

---

❶ 对这个孩子的分析始于1924年，她是另一个帮助我发展游戏技巧的案例主人公。

❷ 参见《儿童精神分析》。

❸ 丽塔接受了83次治疗，特鲁德接受了82次治疗。

在破坏性幻想和相应的焦虑中所起的基本作用，从而在对幼儿的分析中充分证实了亚伯拉罕的发现。❶这些分析给了我更多的观察空间，因为它们比丽塔和特鲁德的分析持续的时间更长，❷使我对口腔欲望和焦虑在正常和异常心理发展中的基本作用有了更全面的认识。❸

如前所述，我已经在丽塔和特鲁德身上发现了被攻击的，因而令人恐惧的母亲（严酷的超我）的内化。1924年至1926年间，我分析了一个病得很重的孩子。❹通过对她的分析，我对这种内化的具体细节以及偏执和躁狂-抑郁焦虑背后的幻想和冲动有了很多了解。因为我逐渐了解了她的内化过程的口腔和肛门性质，以及这些过程所导致的内部迫害情境。同时，我也更加意识到，内在的迫害会通过投射的方式影响与外部客体的关系。她强烈的嫉羡和憎恨明确无误地显示出其源于对母亲乳房的口腔施虐关系，并与她的俄狄浦斯情结交织在一起。厄娜（Erna）的病例为我在1927年第十届国际精神分析大会上提出的一系列结论奠定了基础，❺特别是我提出的早期超我是精神病的基础的观点。两年后，我又进一步强调了口腔施虐冲动和幻想对精神分裂症的重要性。❻

在进行上述分析的同时，我还对男孩的焦虑情境进行了一些有趣的观察。对男孩和男人的分析完全证实了弗洛伊德的观点，即阉割恐惧是男性的主要焦虑，但我认识到，由于早期对母亲的认同（女性的位置导致了俄狄浦斯情结的早期阶段），对身体内部攻击的焦虑对男人和女人都非常重要，并以各种方式影响和塑造了他们的阉割恐惧。

事实证明，对母亲的身体和她应该包含的父亲的幻想攻击所产生的焦虑，在男女两性中都是幽闭恐惧症（包括对被囚禁或埋葬在母亲身体中的恐惧）的基础。这些焦虑与阉割恐惧之间的联系，可以从失去阴茎或阴茎在母体内被毁坏的幻想（这种幻想可能导致阳痿）中看到。

我逐渐发现，与对母亲身体的攻击以及受到外部和内部客体攻击相关的恐惧具有特殊的性质和强度，这表明了它们的精神病性质。在探索儿童与内化客体的关系时，各种内在迫害情境及其精神病内容变得清晰起来。此外，我还认识到，对报复的恐惧源于个人自身的攻击性，这使我认为，自我最初的防御是针对由破坏性冲动和幻想引起的焦虑的。当我们一次又一次地追溯这些精神病性焦虑的根

---

❶ 参见《从早期焦虑看俄狄浦斯情结》（1945），《论文集》第1卷，p.404。

❷ 参见《从精神障碍看力比多发展的简史》（A Short History of the Development of the Libido，Viewed in the Light of Mental Disorders，1924）。

❸ 露丝接受了190次治疗，彼得接受了278次治疗。

❹ 在《儿童精神分析》第3章中以"厄娜"为名进行了描述。

❺ 参见《俄狄浦斯冲突的早期阶段》（1928）。

❻ 参见《象征形成在自我发展中的重要性》（1930a）。

源时，发现它们都源于口腔施虐。我还认识到，与母亲的口腔施虐关系，以及对被吞噬的乳房的内化，创造了所有内在迫害者的原型；此外，受伤的，因此令人恐惧的乳房，以及满意的、有帮助的乳房，这两者的内化共同构成了超我的核心。另一个结论是，虽然口腔焦虑是第一位的，但来自各方面的施虐幻想和欲望在发展的早期阶段就开始发挥作用，并与口腔焦虑重叠。❶

我在上文描述的婴儿焦虑的重要性也体现在对患有重病的成年人的分析中，其中一些人是边缘型精神病病人。❷

还有其他一些经历帮助我得出了进一步的结论。毫无疑问，将患有偏执狂的厄娜与我在病情较轻的儿童身上发现的幻想和焦虑（它们只能被称为神经症）进行比较，使我确信精神病性焦虑（偏执性和抑郁性）是婴儿神经症的基础。在对成年神经症病人的分析中，我也发现了类似的现象。所有这些不同的探索都得出了这样的假设：精神病性质的焦虑在某种程度上是婴儿正常发展的一部分，并在婴儿神经症的过程中得到表达和解决。❸然而，要揭示这些婴儿期的焦虑，就必须将分析深入无意识的深层，这既适用于成人，也适用于儿童。❹

---

❶ 这些结论和其他结论载于我前面提到的两篇论文，即《俄狄浦斯冲突的早期阶段》和《象征形成在自我发展中的重要性》，另见《儿童游戏中的人格化》（1929）。

❷ 很可能，我是在对一个来找我治疗了一个月的偏执型精神分裂症病人进行分析后，才明白了精神病性焦虑的内容以及诠释它们的紧迫性。1922年，一位要去度假的同事让我接手他的一位精神分裂症病人，为期一个月。从第一次治疗开始，我就发现绝不能让病人长时间保持沉默。我觉得他的沉默意味着危险，而且在每一次这样的情况下，我都会把他对我的怀疑诠释为：他怀疑我在和他叔叔密谋，并会让他再次被认定为精神病人（他最近刚被取消认定）——在其他场合，他也口头表达过这些内容。有一次，当我这样诠释他的沉默，把它与以前的材料联系起来时，病人坐了起来，用威胁的语气问我："你要把我送回精神病院吗？"但他很快就变得安静下来，开始侃侃而谈。这说明我的思路是正确的，应该继续诠释他的怀疑和受迫害的感觉。在某种程度上，他对我产生了正性和负性移情，但有一次，当他对女性的恐惧表现得非常强烈时，他要求我提供一个他可以求助的男性分析师的名字。我给了他一个名字，但他从未找过这位同事。在那一个月里，我每天都去治疗病人。让我接手的分析师回来后发现了一些进展，希望我继续分析。我拒绝了，因为我已经充分意识到在没有任何保护措施或其他适当管理的情况下治疗偏执病人的危险性。在我对他进行分析期间，他经常在我家对面站上几个小时，抬头看着我的窗户，不过只有几次他按门铃要求见我。我可以提一下，过了不久，他又被认定了。虽然我当时没有从这次经历中得出任何理论结论，但我相信，这个片段的分析可能有助于我后来对婴儿期焦虑的精神病性质的洞察，也有助于我的技术的发展。

❸ 我们知道，弗洛伊德发现正常人和神经症病人之间没有结构上的区别，这一发现对于理解一般的心理过程具有极其重要的意义。我的假设是，精神病性质的焦虑在婴儿期无处不在，并且是婴儿神经症的基础，这是对弗洛伊德发现的延伸。

❹ 我在上一段中提出的结论，在《儿童精神分析》一书中有充分论述。

在本文的引言中已经指出，我从一开始就把注意力集中在儿童的焦虑上，而且我发现自己能够通过诠释焦虑的内容来减轻焦虑。为了做到这一点，我必须充分利用游戏的象征性语言，我认为这是儿童表达方式的重要组成部分。正如我们所看到的，砖块、小人偶、小汽车不仅代表了儿童感兴趣的事物本身，而且在他与它们玩耍的过程中，它们还总是具有各种象征意义，这些意义与他的幻想、愿望和体验紧密相连。这种古老的表达方式也是我们所熟悉的梦境语言，我发现正是以一种类似弗洛伊德解梦的方式来处理儿童的游戏，我才能进入儿童的无意识世界。但是，我们必须结合每个儿童的特定情绪和焦虑，以及分析中呈现的整个情境，来考虑他对象征的使用；仅仅对象征进行笼统的诠释是没有意义的。

随着时间的推移，我对象征的重视使我得出了关于象征形成过程的理论结论。游戏分析表明，象征使儿童不仅能转移兴趣，还能转移幻想、焦虑和罪疚感到人以外的物体上。❶因此，儿童在游戏中体验到很大程度的解脱，这也是游戏对儿童如此重要的因素之一。例如，我在前面提到的彼得，当我把他损坏玩具人偶诠释为攻击他弟弟时，他向我指出，他不会对他真正的弟弟这样做，他只会对玩具弟弟这样做。当然，我的诠释让他明白，他想攻击的其实是他的弟弟；但这个例子表明，只有通过象征性的手段，他才能在分析中表达自己的破坏倾向。

我还得出了这样的结论：在儿童身上，形成和使用象征的能力以及发展幻想生活的能力受到严重抑制，是一种严重障碍的表现。❷我认为，这种抑制以及由此导致的与外部世界和现实关系的紊乱是精神分裂症的特征。❸

顺便提一下，我发现从临床和理论角度来看，我同时分析成人和儿童都是非常有价值的。这样，我能够观察到婴儿的幻想和焦虑在成人身上仍在发挥作用，也能评估幼儿的未来发展。正是通过比较重病儿童、神经症儿童和正常儿童，并认识到婴儿期的精神病性焦虑是成年神经症病人的致病原因，我才得出了上述结论。❹

VI

在对成人和儿童的分析中，我发现冲动、幻想和焦虑的发展可以追溯到它们的起源，即对母亲乳房的感觉（即使是没有吃过母乳的儿童），我发现客体关系几乎从出生时就开始了，并随着第一次被哺乳的经历而产生；此外，精神生活的各个方面都与客体关系息息相关。我还发现，儿童对外部世界的体验——很快就包括他与父亲和其他家庭成员的矛盾关系——不断受到他正在建立的内部世界的影

---

❶ 关于这一点，请参阅琼斯博士的重要论文《象征理论》（The Theory of Symbolism，1916）。

❷ 参见《象征形成在自我发展中的重要性》（1930a）。

❸ 这一结论影响了人们对精神分裂症沟通模式的理解，并在精神分裂症的治疗中占据了一席之地。

❹ 在这里，我无法讨论正常人、神经症病人和精神病人之间除了共同特征之外的根本区别。

响，反过来又影响他的内部世界；外部和内部情境总是相互依存的，因为从生命的一开始，内摄和投射就同时起作用。

我观察到，在婴儿的心目中，母亲最初是作为好的和坏的乳房出现的，而在几个月后，随着自我整合能力的增强，这两个对立的方面开始被整合起来，这帮助我理解了将好的和坏的形象分裂开来的过程的重要性，❶ 以及这种过程对自我发展的影响。我从经验中得出的结论是，抑郁性焦虑的产生是自我整合了客体的好坏（爱与恨）两方面的结果，这反过来又使我得出了抑郁心位的概念，它在第一年中期达到顶峰。在此之前的是偏执心位，持续时间为出生后的头三四个月，其特点是受迫害焦虑和分裂过程。❷ 后来，在 1946 年 ❸，当我重新阐述我对生命最初三四个月的看法时，我把这个阶段称为偏执 - 分裂心位（采用了费尔贝恩的一个建议）❹，并在研究其重要性时，试图协调我关于分裂、投射、迫害和理想化等方面的发现。

我对儿童的研究以及从中得出的理论结论，日益影响着我对成人的探索技术。精神分析的一贯原则是，必须在成人身上探索源于婴幼儿心灵的无意识。我在儿童方面的经验使我比以前更深入地了解了这一方向，并由此发明了一种可以进入这些层面的技术。尤其是我的游戏技术帮助我了解了哪些材料是目前最需要诠释的，以及以何种方式最容易传达给病人；我可以将其中的一些知识运用到对成人的分析中。❺ 如前所述，这并不意味着对儿童使用的技术与对成人使用的方法完全相同。尽管我们可以追溯到最早的阶段，但在分析成人时，考虑成人的自我是非常重要的，就像在分析儿童时，我们要根据其发展阶段来考虑婴儿的自我一样。

对婴儿最初发展阶段的更全面的理解，对幻想、焦虑和防御在婴儿情感生活中的作用的理解，也为成人精神病的固着点提供了启示。因此，通过精神分析来治疗精神病病人开辟了一条新途径。这一领域，尤其是精神分裂症病人的精神分析，还需要进一步的探索；不过，本书所介绍的一些精神分析师在这方面所做的工作似乎证明我们可以对未来抱有希望。

---

❶ 参见《儿童游戏中的人格化》（1929）。

❷ 参见《论躁郁状态的心理成因》（1935）。

❸ 参见《关于一些分裂机制的说明》（1946）。

❹ 参见费尔贝恩的《精神病和神经症的精神病理学修订》（1941）。

❺ 游戏技术还影响了其他领域的儿童工作，例如儿童指导工作和教育。苏珊·艾萨克斯在马尔丁豪斯学校的研究为英国教育方法的发展注入了新的动力。她关于这项工作的著作广为流传，对英国的教育技术，尤其是幼儿教育技术产生了持久的影响。她的研究方法深受她对儿童分析，特别是对游戏技术的高度重视的影响；在英国，精神分析对儿童的理解促进了教育的发展，这在很大程度上要归功于她。

9

论认同
On Identification

（1955）

引　言

　　弗洛伊德（1917）在《哀伤与忧郁》❶一文中指出了认同与内摄之间的内在联系。他后来发现了超我❷，并将其归因于对父亲的内摄和认同，从而使人们认识到认同是内摄的产物，是正常发展的一部分。自这一发现以来，内摄和认同在精神分析思想和研究中发挥了核心作用。

　　在开始讨论本文的实际主题之前，我认为先回顾一下我对该主题的主要结论会有所帮助。超我的发展可以追溯到婴儿最初阶段的内摄；原始的内化客体构成了复杂的认同过程的基础；由出生经历产生的受迫害焦虑是第一种焦虑形式，随后很快出现抑郁性焦虑。这种相互作用既建立了内心世界，也塑造了外部现实的图景。内心世界由各种客体组成，首先是母亲，这些客体被内化在不同的方面和情感情境中。当受迫害焦虑占主导地位时，这些内化客体之间以及它们与自我之间的关系主要被体验为敌对和危险的；当婴儿得到满足和快乐的感受占上风时，他们会觉得这些形象是可爱和美好的。这个可以用内部关系和事件来描述的内心世界，是婴儿自己的冲动、情绪和幻想的产物。当然，它也受到来自外部的好的和坏的经验的深刻影响。❸但同时，内心世界也影响着他对外部世界的感知，这对他的成长同样具有决定性的作用。母亲，首先是母亲的乳房，是婴儿内摄和投射过程的原始客体。爱和恨从一开始就被投射到她身上，同时她也内化并带着这两种截然不同的原始情感，这也是婴儿感觉到好的和坏的母亲（乳房）存在的基础。母亲和她的乳房被投注的强度越高——内化的程度取决于内部和外部因素的组合，其中最重要的是内在的爱的能力——内化的好的乳房（即好的内在客体的原型）就会在婴儿的头脑中建立得越稳固。这反过来又会影响投射的强度和性质；特别是，它决定了投射是以爱的感觉为主，还是以破坏性冲动为主。❹

　　我曾在不同场合描述过婴儿对母亲的施虐幻想。我发现，婴儿在最早接触母亲乳房时产生的攻击冲动和幻想，如吸干乳房和挖出乳汁，很快就会导致进一步的幻想，即进入母亲体内并夺走她体内的东西。与此同时，婴儿还会产生把排泄物排入母亲体内以攻击母亲的冲动和幻想。在这种幻想中，婴儿感到身体的产物

---

❶ 亚伯拉罕早在《躁郁症及相关病症的精神分析研究和治疗笔记》（Notes on the Psycho-Analytical investigation and Treatment of Manic-Depressive Insanity and Allied Conditions，1911）和《从精神障碍看力比多发展的简史》（1924）就开始研究忧郁症，他的著作在这方面也具有重要意义。

❷《自我与本我》（1923）。

❸ 其中，从生命之初，母亲的态度就至关重要，并一直是影响儿童成长的主要因素。参见《精神分析的发展》（1952）。

❹ 就两种本能而言，关键在于在生死本能的斗争中，生本能是否占了上风。

和自身的一部分被分裂出去，投射到母亲体内，并在母亲体内继续存在。这些幻想很快就会延伸到父亲和其他人身上。我还认为，由口腔、尿道和肛门施虐冲动产生的受迫害焦虑和报复恐惧，是偏执和精神分裂症发展的基础。

不仅自我中被认为具有破坏性和"坏"的部分会被分裂出去并投射到他人身上，自我中被认为是好的和有价值的部分也会被分离出来并投射到他人身上。我在前面已经指出，从婴儿出生开始，他的第一个客体——母亲的乳房（和母亲）——就被投注了力比多，这对母亲被内化的方式产生了至关重要的影响。这反过来又对婴儿与作为外部和内部客体的母亲之间的关系具有重要意义。母亲被投注力比多的过程，与向母亲投射好的感觉和好的自我部分的机制息息相关。

在进一步的工作过程中，我还认识到某些投射机制对认同的重要性，这些机制是对内摄机制的补充。甚至在相应的概念被纳入精神分析理论之前，人们普遍认为与他人产生认同感的过程是理所当然的，因为人们把自己的品质或态度归因于他人。例如，共情的投射机制在日常生活中并不陌生。精神病学中众所周知的现象，如病人觉得自己就是基督、上帝、国王、名人等，都与投射有关。然而，当我在《关于一些分裂机制的说明》（1946）中提出用"投射性认同"❶来描述那些构成偏执-分裂心位的过程时，人们还没有对这些现象的内在机制进行深入研究。不过，我在那篇论文中得出的结论是基于我早先的一些发现❷，特别是关于婴儿口腔、尿道和肛门的施虐幻想，以及以多种方式攻击母亲身体的冲动，包括将排泄物和自我的一部分投射到母亲身上。

投射性认同与婴儿出生后头三四个月（偏执-分裂心位）的发展过程有关，此时分裂达到顶峰，受迫害焦虑占主导地位。自我在很大程度上仍未整合，因此很容易将自己、自己的情绪、自己的内外客体分裂开来，但分裂也是抵御受迫害焦虑的基本防御手段之一。在这一阶段出现了其他防御，包括理想化、否认和对内外客体的全能控制。通过投射进行认同意味着将自我的一部分分裂出来，并将其投射到（to）[或者说投射进（into）]另一个人身上。这些过程会产生许多影响，并从根本上影响客体关系。

在婴儿正常发展过程中，到了第一年的第二个季度，受迫害焦虑会减弱，而抑郁性焦虑则会凸显，这是因为自我整合自身和客体的能力增强了。这就引发了悲伤和内疚，因为婴儿（在全能幻想中）感觉自己对现在既爱又恨的客体造成了伤害；这些焦虑和对焦虑的防御代表了抑郁心位。在这个时刻，为了摆脱抑郁，

---

❶ 在这方面，我参考了赫伯特·罗森菲尔德的论文《精神分裂症伴人格解体状态分析》（1947）、《关于男性同性恋与偏执、偏执焦虑和自恋之间关系的评论》（1949）以及《关于慢性精神分裂症中混乱状态的精神病理学说明》（1950），这些论文都与这些问题有关。

❷ 参见《儿童精神分析》，p.128及之后各页。

婴儿可能会倒退到偏执-分裂心位。

我还提出，内化对于投射过程非常重要，特别是内化的好乳房在自我中起着关键的作用，好的感觉可以从这里投射到外部客体。它强化了自我，抵消了分裂和分散的过程，增强了整合的能力。因此，内化的好客体是整合、稳定的自我和良好客体关系的先决条件之一。我认为，从婴儿期开始，与分裂同时发生的融合趋势，就是精神生活的一个主要特征。需要整合的一个主要因素是，个体觉得整合意味着活着、爱和被内外的好客体所爱；也就是说，整合与客体关系之间存在着密切联系。相反，我认为分裂导致的混乱感、解体感、情感缺失，与对死亡的恐惧密切相关。我一直认为[见《分裂机制》（Schizoid Mechanisms）]，害怕被内心的毁灭力量消灭是最深的恐惧。分裂作为抵御这种恐惧的最原始的方法是有效的，因为它可以分散焦虑，切断情感。但从另一个意义上说，它是失败的，因为它导致了一种类似于死亡的感觉，即随之而来的解体和混乱感。我认为，精神分裂症病人的痛苦没有得到充分的理解，他们似乎只是失去了感觉。

在这里，我想在我的论文《分裂机制》的基础上进一步探讨。我想说的是，一个牢固确立的好客体，意味着对它稳固的爱，会给自我带来一种富足和充实的感觉，这种感觉会让自我的力比多得到释放，并将好的自我部分投射到外部世界，而不会产生枯竭感。这样，自我也会觉得它能够重新投射出它所付出的爱，并从其他来源摄取好的东西，从而在整个过程中获得富足。换句话说，在这种情况下，输出和吸收之间、投射与内摄之间达到了一种平衡。

此外，在满足和爱的状态下，每当吸收一个未受伤害的乳房时，都会影响自我分裂和投射的方式。正如我所说的，分裂过程有很多种（关于这些过程，我们还有很多东西需要探索），它们的性质对自我的发展极为重要。拥有未受伤害的乳头和乳房的感觉——虽然与乳房被吞食因而变成碎片的幻想同时存在——会产生这样的效果，即分裂和投射并不**主要**与人格中支离破碎的部分有关，而是与自我中更加连贯的部分有关。这意味着自我不会因分散而受到致命的削弱，因此更有能力在与客体的关系中一次又一次地消除分裂，并实现整合。

相反的一面是，乳房被带着恨内化，因此被认为具有破坏性，成为所有坏的内在客体的原型，它促使自我进一步分裂，也是内在死本能的代表。我已经提到过，在好的乳房被内化的同时，外在的母亲也被投注了力比多。弗洛伊德曾在不同场合描述过这一过程及其某些影响，例如，在谈到爱情关系中的理想化时，他说❶："客体被我们以对待自我的方式对待，所以当我们恋爱时，相当多的自恋力比多会投注到客体身上……我们爱他（她），是因为我们想努力达到完美，这种完美

---

❶《群体心理学与自我的分析》（*Group Psychology and the Analysis of the Ego*，1921，*S.E.* 18，p.112）。

是我们自己所追求的……"❶

在我看来，弗洛伊德所描述的过程意味着，这个被爱的客体被认为包含了自我中被分裂出来、被爱和被看重的部分，它以这种方式在客体中继续存在。因此，客体成为自我的延伸。❷

以上是我在《关于一些分裂机制的说明》中的研究成果的简要总结。❸ 不过，我并没有局限于该文所讨论的观点，而是进一步补充了一些建议，并扩充了一些在该文中隐含但未明确阐述的观点。现在，我想通过分析法国小说家朱利安·格林（Julian Green）的一个故事来举例说明其中的一些发现。❹

一部说明投射性认同的小说

小说的主人公是一个名叫法比安·埃斯佩塞尔（Fabian Especel）的年轻职员，他对自己很不满意，尤其是对自己的外貌、与女性交往缺乏成就感、贫穷以及他觉得自己注定要从事的低级工作。他认为自己的宗教信仰是一种负担，这是他母亲的要求，但他又无法摆脱这种负担。他的父亲在法比安还在上学的时候就去世了，他把所有的钱都挥霍在赌博上，与女人过着"放荡"的生活，最后死于心力衰竭，人们认为这是他放荡生活的结果。法比安对命运的不满和反抗与他对父亲的怨恨是分不开的，父亲的不负责任剥夺了他继续深造的机会和前途。这些情绪似乎促成了法比安对财富和成功的无限渴望，以及对那些拥有更多财富的人的强烈嫉妒和憎恨。

故事的精髓在于法比安通过与魔鬼签订契约获得了将自己变为他人的魔力，魔鬼通过虚假的幸福承诺诱惑法比安接受这一邪恶的天赋；他教了法比安一个咒语，通过这个咒语，法比安可以变成另一个人。这个咒语包括他自己的名字——法比安，无论发生什么，他都必须记住这个咒语和自己的名字。

法比安的第一选择是给他端来一杯咖啡的服务员，他早餐只能负担得起一杯咖啡。这种投射的尝试毫无结果，因为此时他仍在考虑潜在受害者的感受，当法

---

❶ 安娜·弗洛伊德在她的"利他主义屈服"概念中描述了对所爱客体的投射和认同的另一个方面[《自我与防御机制》(*The Ego and the Mechanisms of Defence*，1937) 第10章]。

❷ 最近重读弗洛伊德的《群体心理学与自我的分析》一书时，我发现他似乎意识到了投射性认同过程，尽管他没有用一个专门的术语将其与他主要关注的内摄性认同过程区分开来。埃利奥特·雅克（Elliott Jaques，1955）引用了《群体心理学与自我的分析》中的一些段落，暗指经由投射的认同。

❸ 另见《关于婴儿情感生活的一些理论结论》(Some Theoretical Conclusions Regarding the Emotional Life of the Infant，1952c)。

❹ 《如果我是你》(*If I Were You*)，麦克尤恩（J. H. F. McEwen，1950）译自法文。

比安问服务员是否愿意与他交换身份时，服务员拒绝了。法比安的下一个选择是他的雇主普亚斯（Poujars）。他非常羡慕这个人，因为他很富有，可以像法比安所想的那样尽情享受生活，而且对其他人，尤其是对法比安拥有权力。作者是这样描述法比安对普亚斯的嫉羡的："啊！太阳！他常常觉得普亚斯先生把太阳藏在口袋里。"法比安也非常怨恨他的雇主，因为他觉得自己受到了雇主的羞辱，被囚禁在他的办公室里。

在对普亚斯耳边默念咒语之前，法比安以同样轻蔑和羞辱的方式对普亚斯说话，一如之前普亚斯对他的态度。这种转换的效果是让受害者进入法比安的身体并崩溃；法比安（现在在普亚斯的身体里）开出了一张大额支票给法比安。他在法比安的口袋里找到了他的地址，并仔细地写了下来（这张写有法比安姓名和地址的纸条，他在接下来的两次变身中都会随身携带）。他还把口袋里带着支票的法比安带回家，由他的母亲照顾。法比安（普亚斯）非常关心法比安的身体，因为他觉得自己有一天可能希望恢复原来的样子，因此他不想看到法比安恢复知觉，因为他害怕普亚斯（与他互换了位置）从自己原来的面孔中露出惊恐的眼神。看着仍然昏迷不醒的法比安，他不禁怀疑是否有人爱过他，并庆幸自己摆脱了那副丑陋的外表和那身难看的衣服。

法比安（普亚斯）很快就发现了这种变身的一些弊端；他感到新的肥胖给他带来了压迫感；他失去了食欲，并意识到普亚斯患有肾病。他厌恶地发现，自己不仅拥有了普亚斯的外貌，还拥有了他的性格。他已经与过去的自己疏远了，对法比安的生活和环境也记得不多。法比安决定，他要马上离开普亚斯的皮囊。

带着普亚斯的钱包离开办公室后，他逐渐意识到自己陷入了极其严重的困境。因为他不仅不喜欢自己的性格、面貌和不愉快的回忆，而且还非常担心自己缺乏与普亚斯的年龄相符的意志力和主动性。一想到自己可能无法集中精力把自己变成另一个人，他就感到恐惧。他决定下一个对象必须是年轻健康的人。他在咖啡馆里看到一个体格健壮、相貌丑陋的年轻人，看上去傲慢而爱争吵，但他的整个举止却显示出自信、活力和健康，法比安（普亚斯）越来越担心自己可能永远摆脱不了普亚斯，于是他决定接近这个年轻人，尽管他非常害怕他。他给了年轻人一包钞票，这是法比安（普亚斯）想在变身之后得到的，这样就分散了这个人的注意力，他设法在他耳边低声说了咒语，并把写有法比安的名字和地址的纸条放进了他的口袋。片刻之间，法比安刚刚离开的普亚斯就倒下了，而法比安也变成了年轻人保罗·埃斯梅纳尔（Paul Esménard）。他充满了年轻、健康和强壮的喜悦。他比第一次变身时更多地失去了原来的自我，变成了新的人格；他惊奇地发现自己手里拿着一包钞票，口袋里有一张纸条，上面写着法比安的名字和地址。很快，他想到了贝尔蒂（Berthe），保罗·埃斯梅纳尔一直想赢得她的芳心，但至今未果。贝尔蒂告诉他，他长着一张杀人犯的脸，她很怕他。口袋里的钱给了他信心，他直奔她家，决心让她顺从他的欲望。

尽管法比安已经沉浸在保罗·埃斯梅纳尔的世界里，但他对纸条上的法比安这个名字越来越感到困惑。"这个名字在某种程度上仍然是他生命的核心。"他感到自己被囚禁在一个不知名的躯体里，被一双巨大的手和一个运转缓慢的大脑所拖累。他无法解释这一切，只能徒劳地与自己的愚蠢作着斗争；他想知道自己希望获得自由是什么意思。这一切都在他去找贝尔蒂的时候在他脑海中闪过。尽管她试图把门锁上，他还是强行进入了她的房间。贝尔蒂尖叫起来，他用手捂住她的嘴让她安静下来，并在随后的挣扎中掐死了她。直到渐渐地，他才意识到自己做了什么；他吓坏了，不敢离开贝尔蒂的公寓，因为他听到房子里有人在走动。突然，他听到敲门声，打开门，发现是他不认识的魔鬼。魔鬼带他离开，再次教法比安（埃斯梅纳尔）已经忘记的公式，并帮助他回忆起一些关于最初的自己的事情。他还警告他，以后不要再进入一个愚蠢到无法使用咒语的人体内，因为这样就无法实现进一步的变身。

魔鬼把他带到一间阅览室，寻找一个可以让法比安（埃斯梅纳尔）变身的人，并选中了埃马纽埃尔·弗鲁兹（Emmanuel Fruges）；弗鲁兹和魔鬼一眼就认出了对方，因为弗鲁兹一直在与魔鬼作斗争，魔鬼"经常耐心地纠缠着那个不安的灵魂"。魔鬼指使法比安（埃斯梅纳尔）在弗鲁兹耳边低声说了那句咒语，于是转变就发生了。法比安进入弗鲁兹的身体和人格后，便失去了思考能力。他想知道最后一个受害者的命运，并对弗鲁兹（现在在埃斯梅纳尔的身体里）感到担忧，因为法比安（埃斯梅纳尔）的罪行将使他受到谴责。他觉得自己对这起罪行负有部分责任，因为正如魔鬼向他指出的那样，几分钟前犯下谋杀罪的那双手还属于他。在与魔鬼分别之前，他还询问了原来的法比安和普亚斯的情况。在恢复一些以前的记忆时，他发现自己越来越像弗鲁兹，也越来越具有他的人格。同时，他意识到自己的经历增加了他对其他人的理解，因为他现在可以更好地理解普亚斯、保罗·埃斯梅纳尔和弗鲁兹的想法。他还感受到了从未有过的同情，并再次回到保罗·埃斯梅纳尔的身体里，看看弗鲁兹在做什么。然而，他不仅渴望自己逃脱，也渴望那些受害者将代替他遭受痛苦。

作者告诉我们，与前两次变身相比，这次转变中更多地融入了法比安原本性格中的某些元素。特别是法比安性格中好奇的一面影响了法比安（弗鲁兹），越来越多地发现弗鲁兹的人格。他发现弗鲁兹喜欢看淫秽的明信片，这些明信片是他在一家小文具店从一位老妇人那里买来的，明信片藏在其他物品后面。法比安对自己新的人格中的这一面感到厌恶；他讨厌摆放明信片的旋转架发出的噪音，觉得这种噪音将永远困扰着他。他决定摆脱弗鲁兹，因为他现在在某种程度上可以用法比安的眼光来评判弗鲁兹了。

不久，店里来了一个六岁左右的小男孩乔治（George），他就像一幅"苹果般红润的天真无邪"的画，法比安（弗鲁兹）一下子就被他吸引住了。法比安（弗鲁兹）跟着乔治走出商店，饶有兴趣地观察着他。突然，他想把自己变成那个男孩。他抗拒着这种诱惑（以前他从未抗拒过），因为他知道，偷走这个孩子的人格和生命是一种犯罪。尽管如此，他还是决定把自己变成乔治，跪在他身边，在他耳边低声念叨着咒语，情绪激动，悔恨不已。但什么也没发生，法比安（弗鲁兹）意识到，魔法对这个孩子不起作用，因为魔鬼对他没有权力。

法比安（弗鲁兹）一想到自己可能无法摆脱弗鲁兹就感到恐惧，因为他越来越讨厌弗鲁兹。他觉得自己是弗鲁兹的俘虏，并努力保持自己的法比安一面，因为他意识到弗鲁兹缺乏帮助他逃脱的主动性。他曾多次试图接近别人，但都失败了，很快他就陷入了绝望，害怕弗鲁兹的躯体会成为他的坟墓，他将不得不一直待在里面直到死去。一直以来，他都觉得自己正被缓慢而坚定地关在里面；一扇原本敞开的门现在正逐渐向他关闭。最终，他成功地将自己变成了一个二十岁的英俊健康的年轻人，名叫卡米尔（Camille）。此时，作者首次向我们介绍了一个家庭圈子，包括卡米尔的妻子斯蒂芬妮（Stéphanie）、她的表妹伊莉斯（Elise）、卡米尔本人、他年幼的弟弟以及在他们小时候收养他们的老舅舅。

进屋后，法比安（卡米尔）似乎在找什么东西。他上楼查看不同的房间，直到来到伊莉斯的房间。当他在镜子里看到自己的倒影时，他欣喜若狂，发现自己英俊强壮，但片刻之后，他发现自己实际上变成了一个不快乐、软弱、无用的人，于是他决定摆脱卡米尔。与此同时，他也意识到伊莉斯对卡米尔的热恋和单相思。伊莉斯走了进来，他告诉她，他爱她，应该娶她而不是她的表姐斯蒂芬妮。伊莉斯又惊又怕，因为卡米尔从未回应过她的爱意，于是她跑开了。法比安（卡米尔）一个人待在伊莉斯的房间里，他同情地想着这个女孩的痛苦，他可以通过爱她来让她幸福。然后他突然想到，如果这样的话，他就可以把自己变成伊莉斯，从而获得幸福。然而，他否定了这种可能性，因为他无法确定，如果法比安把自己变成伊莉斯，卡米尔是否会爱上她。他甚至不确定他自己（法比安）是否爱伊莉斯。当他在想这个问题时，他突然想到，他爱伊莉斯的是她的眼睛，那双眼睛让他感到莫名的熟悉。

在离开家之前，法比安（卡米尔）向虚伪专横的舅舅复仇，因为他对这个家庭造成了伤害。他还特别为伊莉斯报仇，惩罚并羞辱了她的情敌斯蒂芬妮。法比安（卡米尔）在侮辱了老人之后，愤怒地离开了他，他知道自己再也不可能以卡米尔的身份回到这个家了。但在离开之前，他坚持让仍然害怕他的伊莉斯再听他说一次。他告诉她，他并不真的爱她，她必须放弃对卡米尔不幸的激情，否则她将永远不快乐。

和以前一样，法比安对自己变成的这个人感到怨恨，因为他发现他一文不值；

因此，他兴高采烈地想象着，当法比安离开卡米尔后，他的舅舅和他的妻子会怎样收留他。他唯一后悔离开的人是伊莉斯；他突然想到她像谁。她的眼睛"充满了一种永远无法满足渴望的悲剧色彩"；他一下子明白了，那是法比安的眼睛。当这个已经被他完全遗忘的名字再次出现在他眼前并被他大声念出时，这个声音让他朦胧地想起了"一个遥远的国度"，只有在过去的梦中才知道。因为他对法比安的真实记忆已经完全消失了，而且在他匆忙逃离弗鲁兹并将自己变成卡米尔的过程中，他既没有带走写有法比安的名字和地址的纸条，也没有带走钱。从这一刻起，他对法比安的思念之情就占据了他的心，他竭力想找回以前的记忆。是一个孩子帮助他认识到自己就是法比安，因为当孩子问他叫什么名字时，他直接回答"法比安"。现在，法比安（卡米尔）的身体和精神都越来越向着可以找到法比安的方向发展，因为正如他所说，"我想做回我自己"。走在大街上，他呼唤着这个体现了他最大渴望的名字，等待着回应。他想起了自己忘记的咒语，希望自己也能记住法比安的姓氏。在回家的路上，每一栋建筑、每一块石头、每一棵树都有其特殊的含义；他觉得这些建筑、石头和树木都"为他带来了某种信息"，于是他在冲动的驱使下继续前行。就这样，他走进了老妇人的小店，这家店对弗鲁兹来说是如此熟悉。他觉得，在这个黑暗的小店里四处张望，他也是在"探索自己记忆中的一个秘密角落，环顾自己的心灵"，他的内心充满了"极度的压抑"。当他推着装有明信片的旋转架时，"吱吱"的响声让他感到奇怪。他匆匆离开了商店。下一个地标是阅览室，在魔鬼的帮助下，法比安（埃斯梅纳尔）变成了弗鲁兹。他叫了一声"法比安"，但没有人回答。接下来，他经过了法比安（埃斯梅纳尔）杀害贝尔蒂的那所房子，他觉得自己有必要进去看看，看看有人指着的那扇窗户后面到底发生了什么；他想，也许这就是法比安住的房间，但当他听到人们谈论三天前发生的谋杀案时，他充满了恐惧，赶紧溜走了；凶手还没有找到。他继续往前走，房屋和商店对他来说越来越熟悉，当他走到魔鬼第一次试图赢得法比安的地方时，他深受触动。最后，他来到了法比安居住的房子，门房让法比安（卡米尔）进去。当他开始爬楼梯时，一种突如其来的疼痛抓住了他的心。

在所有这些事件发生的三天里，法比安一直躺在床上昏迷不醒，由母亲照顾。当法比安（卡米尔）走近他的房子并上楼时，他开始醒过来并变得焦躁不安。法比安听到法比安（卡米尔）在门后呼唤他的名字，他下床走到门前，却无法打开门。透过钥匙孔，法比安（卡米尔）说出了咒语，然后离开了。母亲发现法比安躺在门边昏迷不醒，但他很快醒了过来，并恢复了一些体力。他急切地想知道自己昏迷的这几天发生了什么，尤其是与法比安（卡米尔）的相遇，但被告知没有人来过，自从他在办公室昏倒后，已经昏迷了三天。母亲坐在床边，他渴望得到母亲的爱，渴望向母亲表达自己的爱。他想抚摸她的手，想投入她的怀抱，但又觉得她不会回应。尽管如此，他还是意识到，如果他对她的爱更加强烈，她会爱他更多。他对她的浓浓爱意突然扩展到整个人类，他感到一种莫名的幸福。母亲建议他祈祷，但他只能回忆起"我们的父亲"这几个字。然后，他再次被这种神秘的幸福所征服，最后死去。

诠　释

I

这个故事的作者对无意识的心灵有着深刻的洞察力；这既体现在他描写事件和人物的方式上，也体现在他选择了哪些人作为法比安的投射对象上——这一点在这里尤其引人关注。我对法比安的人格和冒险故事很感兴趣，因为这些故事说明了投射性认同的一些复杂而又模糊的问题，这促使我尝试对这些丰富的材料进行分析，就好像把他当作一个病人一样。

在讨论投射性认同（对我而言，这是本书的主题）之前，我将考虑内摄过程和投射过程之间的相互作用，我认为这在小说中也有所体现。例如，作者描述了不快乐的法比安凝视星空的冲动。"每当他这样凝视着无边无际的夜空时，他就有一种被轻轻托起的感觉……"这几乎就像是通过凝视太空的努力，他内心的一个深渊被打开了，与他的想象力所凝视的令人眩晕的深渊相对应。我认为，这意味着法比安同时在凝视远方和自己，在欣赏天空和星空的同时，也在向天空和星空投射他所爱的内在客体和他自身的好的部分。我还将他凝视星空的意图诠释为试图重新找回他认为已经失去或远离的好客体。

法比安的其他方面的内摄性认同（introjective identification）也有助于说明他的投射过程。有一次，夜深人静时，他在房间里感到孤独，就像经常发生的那样，他渴望"听到周围楼房里其他居民发出的生命迹象"。法比安把父亲的金表放在桌子上；他对这只表情有独钟，尤其喜欢"它的华丽和光泽，以及表盘上清晰的数字"。隐约中，这块表也给了他一种自信的感觉。当这只表被放在桌子上，和他的文件放在一起时，他觉得整个房间都变得更加有序和严肃，这也许是由于"这只表的嘀嗒声既烦琐又舒缓，在寂静中给人安慰"。看着这只表，听着它的嘀嗒声，他思索着这只表嘀嗒走过的父亲生命中欢乐和痛苦的时光，在他看来，这只表是有生命的，是独立于死去的前主人的。作者在前面的一段话中说，从童年开始，法比安"就一直被一种内在的存在感觉所困扰，这种感觉以某种他无法形容的方式，超越了他自己的意识……"。我的结论是，这块表具有一些父亲的特质，如秩序和严肃，它给房间带来了这些特质，更深层次地传递给了法比安自己，换句话说，这块表代表了他希望永远在场的好父亲。超我的这一面与他母亲高度道德和有序的态度相联系，与他父亲的激情和他的"放荡"生活形成鲜明对比，手表的嘀嗒声也提醒着法比安。他也认同这种轻浮的一面，这体现在他对征服女人的热衷上——尽管这种成功并没有给他带来多少满足感。

内化父亲的另一个方面以魔鬼的形式出现。因为我们读到，当魔鬼向他走来时，法比安听到楼梯上响起的脚步声，"他开始觉得那些咚咚的脚步声就像自己太阳穴里跳动的脉搏"。稍后，当他与魔鬼面对面时，他觉得"眼前的身影似乎在不断上升，直到像黑暗一样弥漫整个房间"。我认为，这表达了对魔鬼（坏父亲）的内化，黑暗也表明了他对接纳这样一个邪恶客体的恐惧。后来，当法比安与魔鬼同坐一辆马车时，他睡着了，梦见"他的同伴沿着座位向他走来"，他的声音"似乎缠绕着他，绑住他的手臂，油乎乎的声音让他窒息"。我从中看到了法比安对侵入他体内的坏客体的恐惧。在我的《关于一些分裂机制的说明》中，我将这些恐惧描述为侵入他人体内的冲动，即投射性认同的结果。侵入自我的外部客体和被投射的坏客体有很多共同点；这两种焦虑密切相关，而且容易相互强化。我认为，这种与魔鬼的关系重复了法比安早期对父亲某一方面的感受——他觉得父亲是坏的，具有诱惑力。另一方面，从魔鬼"对性欲的禁欲主义"蔑视中，可以看出他内化客体的道德成分。❶这一方面受到法比安对道德和禁欲主义母亲的认同的影响，因此魔鬼同时代表了父母双方。

我已经指出了法比安内化了的父亲的某些方面。这些方面之间的不相容是他内心永无休止的冲突的根源，这种冲突因父母之间的实际冲突而加剧，又因他将父母之间不愉快的关系内化而延续。正如我希望说明的那样，他认同母亲的各种方式也同样复杂。这些内在关系所产生的迫害和压抑在很大程度上造成了法比安的孤独、烦躁不安的情绪和逃离他所憎恨的自我的冲动。❷作者在序言中引用了弥尔顿（Milton）的诗句"你变成了（最可怕的囚禁）你自己的地牢"。

一天傍晚，当法比安漫无目的地在街上游荡时，回到自己住处的念头让他感到恐惧。他知道那里只有他自己，他也不能逃避到一段新的恋情中去，因为他意识到他又会像往常一样很快厌倦这段恋情。他不明白自己为何如此难以取悦，还记得有人告诉过他，他想要的是一尊"象牙和黄金雕像"；他认为这种过于急躁的性格可能是遗传自他的父亲（唐璜的主题性特征）。他渴望逃离自己，哪怕只有一

---

❶ 常见的一点是，在儿童的客体关系发展过程中，父亲和母亲都被赋予了各种矛盾的特征，包括理想的和坏的。同样，这种相互矛盾的态度也被赋予内化的人物，其中一些形成了超我。

❷ 我曾在《关于一些分裂机制的说明》中提出，投射性认同产生于以分裂过程为特征的偏执-分裂心位。我在上文已经指出，法比安的抑郁和他的无价值感进一步推动了他逃避自我的需要。强烈的贪婪和否认是用躁狂防御抑郁的一个特征，这与嫉羡一起，也是投射性认同的一个重要因素。

个小时，摆脱内心"永无休止的争论"。看来，他的内化客体对他提出了不相容的要求，而这些要求就是"永无休止的争论"，他因此感到如此受迫害。❶他不仅憎恨他的内在迫害者，而且还因为他包含着如此糟糕的客体而感到自己毫无价值；因为他觉得自己的攻击性冲动和幻想把父母变成了报复性的迫害者，或者摧毁了他们。因此，自我憎恨虽然针对的是内化的坏客体，但最终还是集中在个人自身的冲动上，因为这些冲动被认为对自我及其好客体具有破坏性和危险性。

贪婪、嫉羡和憎恨是法比安性格中的主要特征，也是攻击性幻想的主要推动因素，作者向我们展示了这些情感促使法比安去占有他人的财产，包括物质和精神的；这些情感不可抗拒地驱使他走向我所描述的投射性认同。有一次，当法比安已经与魔鬼签订了契约，正准备尝试他的新力量时，他喊道："人类，我即将畅饮的伟大杯子！"这表明他贪婪地希望从无穷无尽的乳房中畅饮。我们可以假定，这些情感以及通过内射和投射产生的贪婪认同，最初是在法比安与他的原始客体（母亲和父亲）的关系中体验到的。我的分析经验告诉我，后来的内摄和投射过程在某种程度上重复了最初的内摄和投射模式；外部世界一次又一次地吸收和输出——再内摄和再投射。从故事中可以看出，法比安的贪婪被他的自我憎恨和逃避自身人格的冲动所强化了。

Ⅱ

我对这部小说的解读是，作者从两个层面展示了情感生活的基本方面：婴儿的体验及其对成人生活的影响。在最后几页中，我谈到了一些婴儿期的情感、焦虑、内摄和投射，我认为这些是法比安成人性格和经历的基础。我将通过讨论一些我在小说叙述中未提及的其他情节来证实这些假设。

在从这一特定角度对各种事件进行整理时，我将不会遵循书中的时间顺序或法比安的成长顺序。我更倾向于将它们视为婴儿成长过程中某些方面的表现，而且我们必须记住，尤其是在婴儿时期，情感体验不仅是连续的，而且在很大程度上是同时发生的。

在我看来，小说中的一个插曲对于理解法比安的早期成长具有根本性的重要意义。法比安（弗鲁兹）入睡前对自己的贫穷和匮乏感到非常沮丧，并对自己可能无法变成另一个人充满了恐惧。醒来后，他发现这是一个阳光明媚的早晨。他比平时更精心地打扮了一番，走了出去，坐在阳光下，他变得兴高采烈。他还认

---

❶ 弗洛伊德在《自我与本我》中写道（S.E. 19, pp.30-31）："如果它们（客体认同）占了上风，变得过多、过于强大且互不相容，那么离病理性的结果就不远了。它可能会导致自我的瓦解，因为不同的认同之间会产生抵触；被称为'多重人格'的病例的秘密或许就在于不同的认同依次掌控了意识。即使事情没有发展到这种地步，在自我分裂成的各种认同之间仍然存在冲突的问题，这些冲突不能说是完全病理性的。"

为，在这种对美的欣赏中，没有"任何欲望的贪婪，这种欲望甚至会污染他真正认真思考的时光；相反，他只是欣赏，而且带着一种近乎虔诚的敬意"。然而，由于没有吃早餐，他很快就感到饥饿，并因此产生了轻微的眩晕感，同时还伴有希望和欣喜。但他意识到，这种幸福的状态也是危险的，因为他必须鞭策自己采取行动，把自己变成另一个人；但首先，饥饿驱使他去寻找食物。❶他走进一家面包店买面包卷。面粉和热面包的香味总是让弗鲁兹想起儿时在乡下度假时在满是孩子的房子里的情景。我相信，在他的脑海中，整个商店都变成了可以喂养孩子的母亲。他正全神贯注地看着一大篮子新鲜面包，然后伸手去拿，听到一个女人的声音问他想要什么。听到这个声音，他"像突然被惊醒的梦游者"一样跳了起来。她的气味也很好闻——"像麦田一样"，他渴望触摸她，却又惊讶于自己不敢这样做。他被她的美貌迷住了，觉得为了她可以放弃自己所有的信仰和希望。当她递给他面包卷时，他欣喜地注视着她的一举一动，他可以看到她衣服下的乳房轮廓。她洁白的肌肤让他陶醉，他心中充满了不可抗拒的欲望，想用手搂住她的腰。他一离开商店就感到痛苦不堪。他突然有一种强烈的冲动，想把面包卷扔到地上，用"他那双闪亮的黑皮鞋践踏它……以此来侮辱面包本身的神圣"。然后他想起那个女人碰过面包，"在欲望受挫的激情下，他狂咬面包卷最厚的部分"。他甚至通过在口袋里捏碎面包来攻击它，同时他觉得好像有一块面包屑像石头一样卡在喉咙里。有什么东西在跳动，就像他胃部上方的第二颗心脏，但又大又重。再次想起那个女人，他痛苦地得出结论：他从未被爱过。他与女孩的所有交往都是龃龉的，他以前从未在一个女人身上遇到过"那种丰满的乳房，现在一想到它，他就会持续地被它的形象折磨"。他决定回到店里，至少再看她一眼，因为他的欲望似乎在"燃烧着他"。他发现她更加迷人了，他觉得他对她的注视几乎等同于对她的抚摸。这时，他看到一个男人在和她说话，他的手深情地搭在她"牛奶般洁白"的手臂上。法比安（弗鲁兹）确信自己永远不会忘记这一幕，"每一个细节都充满了悲剧性的意义"。那个男人对她说过的话仍在他耳边回响。他无法"扼杀那从内心深处不断发出的声音"。绝望中，他用手捂住眼睛。在他的记忆中，他从来没有因为欲望而遭受过如此剧烈的痛苦。

从这一情节的细节中，我看到了法比安对母亲乳房的强烈渴望，以及随之而来的挫败感和仇恨；他想用黑皮鞋践踏面包，这表达了他的肛门施虐攻击；他狂咬面包卷，这表达了他的食人和口腔施虐冲动。整个情境似乎被他内化了，他的所有情绪，以及随之而来的失望和攻击，也指向了内化的母亲。这表现在法比安（弗鲁兹）愤怒地捏碎了口袋里的面包屑，他感觉到有一块面包屑像石头一样卡在

---

❶ 我认为，这种欣喜若狂的状态类似于愿望实现的幻觉（弗洛伊德），在现实的压力下，特别是饥饿的压力下，婴儿无法长时间保持这种幻觉。

喉咙里，（紧接着）他的胃部上方又有一颗更大的心在跳动。在同一情节中，在吃奶和与母亲的最初关系中经历的挫折似乎跟与父亲的竞争密切相关。这代表了一种非常早期的情境，当婴儿被剥夺了母亲的乳房时，他觉得别人夺走了他的乳房，并且正在享受它，这个人首先是父亲。在我看来，这种嫉羡和嫉妒的情境是俄狄浦斯情结早期阶段的一部分。法比安（弗鲁兹）对他认为在夜里占有女面包师的男人的强烈嫉妒，也涉及一种内在情境，因为他觉得他能听到那个男人对那个女人说话的声音。我的结论是，他带着如此强烈的情绪观看的事件代表了他过去内化的原初场景。我认为，当他在这种情绪状态下用手捂住眼睛时，他是在唤醒婴儿的愿望，那就是永远不要看到和吸收原初场景。

本章的下一部分讲述了法比安（弗鲁兹）对自己欲望的罪疚感，他认为自己必须"像垃圾被火烧毁一样"摧毁自己的欲望。他走进教堂，却发现水池里没有圣水，已经"干透了"，他对这种漠视宗教义务的行为感到非常愤慨。他情绪低落地跪在地上，认为需要一个奇迹来缓解他的罪疚感和悲伤，解决他此时再次出现的宗教冲突。很快，他的抱怨和控诉转向了上帝。为什么上帝创造了他，让他"像中毒的老鼠一样病恹恹的"？这时，他想起了一本古书，书中记载了许多本可以活过来却未出生的灵魂。因此，这是一个上帝选择的问题，这个想法让他感到欣慰。他甚至因为自己还活着而欣喜若狂，"他用双手紧紧抱住自己的身体，仿佛要让自己确信自己的心脏还在跳动"。然后他反思说，这些都是幼稚的想法，但他得出结论说，"真理本身"就是"孩子的孕育"。紧接着，他在台子上所有的空位上都插上了蜡烛。内心的声音再次诱惑着他，说在这些小蜡烛的照耀下看到女面包师是多么美好。

我的结论是，他的罪疚感和绝望与他幻想中对内外母亲及其乳房的破坏有关，也与他与父亲之间的谋杀性竞争有关，也就是说，他觉得他的内外好客体都被他破坏了。这种抑郁性焦虑与受迫害焦虑联系在一起。因为他指控上帝（代表了父亲）把他变成了一个坏蛋和有毒的东西。他徘徊于这种指责和一种满足感之间，因为他比未出生的灵魂更优先被创造出来，而且还活着。我认为，那些从未复活的灵魂代表了法比安未出生的兄弟姐妹。他是独生子这一事实既让他感到愧疚，又让他感到满足，并对父亲心存感激——因为他被选中出生，而他们却没有。因此，"真理是孩子的孕育"这一宗教思想具有另一种意义。最伟大的创造活动就是创造一个孩子，因为这意味着生命的延续。我认为，当法比安（弗鲁兹）在台子的所有空位上插上蜡烛并点燃它们时，这意味着让母亲怀孕，并让未出生的婴儿存活下来。因此，希望在烛光中看到女面包师的愿望表达了希望看到她怀上他要给她的所有孩子的愿望。在这里，我们发现了对母亲的"罪恶"的乱伦欲望，以及通过给她所有被他毁掉的孩子来修复的倾向。在这方面，他对"干透了"的圣水池的愤怒不仅仅是基于宗教的。我从中看到了孩子对母亲的焦虑，因为母亲没有得到父亲的爱，也没有怀孕，而是受到了父亲带来的挫折和忽视。这种焦虑在最小的孩子和独生子女中尤为强烈，因为没有其他孩子出生的现实似乎证实了他们的罪疚感，即他们通过仇恨、嫉妒和对母亲身体的攻击，阻止了父母的性交、母亲的怀孕和其他婴儿的到来。❶ 我认为，法比安（弗鲁兹）在攻击女面包师给他的面包卷时，表达了他对母亲乳房的破坏，因此我得出结论，"干透了"也代表了被他在婴儿期贪婪吸干和破坏的乳房。

III

重要的是，法比安与魔鬼的第一次见面发生在他感到非常沮丧的时候，因为他的母亲坚持让他第二天去参加圣餐礼，从而阻止了他当晚开始一段新的恋情；当法比安反抗并真的去见那个女孩时，她却没有出现。这时，魔鬼出现了；我认为，在这个语境下，他代表了小婴儿在遭到母亲挫败时被激起的危险冲动。从这个意义上说，魔鬼就是婴儿破坏性冲动的化身。

然而，这只触及了婴儿与母亲复杂关系的一个方面，即法比安试图将自己投射到为他送早餐的服务员身上（在小说中，这是他第一次尝试扮演他人的角色）。我曾多次指出，贪婪主导的投射过程是婴儿与母亲关系的一部分，但在经常遇到挫折时，这种投射过程尤为强烈。❷ 挫折既强化了无限满足的贪婪愿望，也强化了挖出乳汁和进入母亲身体的欲望，以便强行获得母亲拒绝给予的满足。在与女面包师的关系中，我们看到了法比安（弗鲁兹）对乳房的急切渴望，以及挫折在他心中激起的仇恨。法比安的整个性格以及他强烈的怨恨和被剥夺感支持了这样的假设，即他在最早的喂养关系中感到非常沮丧。如果服务员代表了母亲的一个方面——喂养他但并没有真正满足他的母亲，那么这种感觉在与服务员的关系中就被重新唤起。因此，法比安试图把自己变成服务员，这代表着他再次渴望闯入母亲的身体，以抢夺她，从而获得更多的食物和满足感。同样重要的是，服务员——法比安打算将自己变成的第一个对象——是他唯一请求允许的人（服务员拒绝了他的请求）。这就意味着，在与女面包师的关系中如此清晰地表达出来的罪疚感，甚至也存在于与服务员的关系中。❸

在与女面包师的对话中，法比安（弗鲁兹）体验到了与母亲有关的所有情感，

---

❶ 在这里，我触及了造成幼儿罪疚感和不快乐的一个重要原因。年幼的孩子觉得他的施虐冲动和幻想是全能的，因此已经、正在和将要产生作用。他对自己的修复欲望和幻想也有类似的感觉，但似乎他对自己破坏能力的信念常常远远超过他对自己建设能力的信心。

❷ 正如我在不同场合所指出的，投射性认同的冲动不仅来自贪婪，还有各种原因。

❸ 在提出这一诠释时，我意识到这并不是解释这一情节的唯一思路。服务员也可以被视为没有满足其口腔愿望的父亲；因此，女面包师的情节意味着进一步回到与母亲的关系里，带着所有愿望和失望。

即口腔欲望、挫折、焦虑、罪疚感和修复的冲动；他还重新体验了俄狄浦斯情结的发展过程。炽热的肉体欲望、亲情和爱慕的结合表明，曾几何时，法比安心目中的母亲既是他口腔欲望和生殖器欲望所指向的母亲，也是他理想中的母亲，是应该在烛光下被看到的女人，即应该被崇拜的女人。的确，他在教会里不能成功地敬拜，因为他觉得自己无法克制自己的欲望。然而，有时她代表了那个应该没有性生活的理想母亲。

与应该像圣母一样被崇拜的母亲形成鲜明对比的，是母亲的另一面。母亲与父亲的性关系不仅被认为是对婴儿给予母亲的爱的背叛，而且被认为是坏的和无价值的。这种感觉在无意识中将母亲与妓女等同起来，这是青春期的特征。在法比安（埃斯梅纳尔）的心目中，贝尔蒂显然是一个淫乱的女人，她与妓女的形象十分接近。母亲作为坏的性形象的另一个例子是黑店里的老妇人，她出售藏在其他物品后面的淫秽明信片。法比安（弗鲁兹）在观看淫秽图片时既感到厌恶又感到愉悦，同时还被旋转支架的噪音所困扰。我认为，这表达了婴儿对观看和聆听原初场景的渴望，以及对这些欲望的反感。在这种实际或幻想的观察中，偷听到的声音经常起作用，这种罪疚感来自在这种情境中对父母的施虐冲动，也与经常伴随这种施虐幻想的手淫有关。

另一个代表坏母亲的形象是卡米尔家的女仆，她是一个虚伪的老妇人，与坏舅舅一起密谋对付年轻人。法比安的母亲在坚持要他去忏悔时也以类似的形象出现。因为法比安敌视神父，讨厌向他忏悔。因此，母亲的要求对他来说必然代表着父母之间的阴谋，他们结成联盟，共同反对孩子的攻击性和性欲望。法比安与母亲的关系通过这些不同的人物形象表现出来，既有贬低和憎恨，也有理想化。

IV

关于法比安早期与父亲的关系，只有一些提示，但意义重大。在谈到法比安的内摄性认同时，我曾指出，他对父亲手表的强烈依恋，以及手表引起的他对父亲在世时和过早离世的回忆，表现了他对父亲的爱和怜悯，以及对父亲去世的悲伤。作者说，法比安从小就"被一种内在存在的感觉所困扰……"，我认为这种内在存在代表了内化的父亲。

我认为，弥补父亲早逝的遗憾，并在某种意义上延续父亲生命的冲动，在很大程度上助长了法比安急躁而贪婪的生活欲望。我想说，他也是为了父亲而贪婪。另一方面，在他对女人的无休止的追求和对健康的漠视中，法比安也重演了他父亲的命运，他的父亲被认为是由于他放荡的生活而过早死亡的。法比安的健康状况不佳更加剧了这种认同，因为他患有和他父亲一样的心脏病，而且他经常被告诚不要过度劳累。❶由此看来，在法比安的内心深处，使自己死亡的动力与通过进入他人体内并实际窃取他人生命来延长自己的生命，进而延长其内化了的父亲的生命的贪婪需求是相互冲突的。这种寻求死亡和对抗死亡之间的内心挣扎是他不稳定和不安的精神状态的一部分。

正如我们刚才所看到的，法比安与他内化的父亲之间的关系主要集中在延长父亲的生命或让他复活的需要上。我想提及内化父亲死亡的另一个方面。与父亲的死亡有关的罪疚感——让父亲死亡的愿望——往往会使死去的内化父亲变成一个迫害者。格林的小说中有一个情节表明了法比安与死亡和死者的关系。在法比安签订契约之前，魔鬼在夜里把他带到一个阴森的房子里，那里聚集了一群奇怪的人。法比安发现自己成了众人关注和嫉羡的焦点。他们的喃喃自语"是为了礼物……"表明了他们嫉羡他的原因。我们知道，这份"礼物"是指魔鬼的神奇咒语，它能让法比安把自己变成其他人，而且在他看来，还能无限延长他的寿命。法比安受到了魔鬼"手下"的欢迎，魔鬼极具诱惑力，法比安屈服于他的魅力，并被说服接受了这份"礼物"。聚集在一起的人们似乎代表着那些没有接受"礼物"或没有好好使用礼物的亡灵。魔鬼的"手下"对他们嗤之以鼻，给人的印象是他们没有能力过上充实的生活；也许他看不起他们，因为他们把自己出卖给了魔鬼，却什么也没得到。一个可能的结论是，这些不满和嫉羡的人也代表了法比安死去的父亲，因为法比安会把这种嫉羡和贪婪归于他的父亲——事实上他的父亲的确浪费了自己的生命。与此相对应的是，法比安担心内化的父亲会吸走他的生命，这既增加了法比安逃避自我的需要，也增加了他掠夺他人生命的贪婪愿望（通过与父亲的认同）。

幼年丧父在很大程度上导致了法比安的抑郁，但这些焦虑的根源还是可以追溯到他的婴儿期。如果我们假定法比安对女面包师的情人的强烈情感是他早年俄狄浦斯情感的重复，我们就会得出结论，他曾体验过让父亲死的强烈愿望。我们知道，对作为对手的父亲的死亡愿望和憎恨不仅会导致受迫害焦虑，而且会导致幼儿产生严重的罪疚感和抑郁感，因为它们与爱和怜悯相冲突。值得注意的是，拥有随心所欲变身能力的法比安，甚至从未想过将自己变为受人艳羡的情人。似乎如果他实现了这种变身，他会觉得自己篡夺了父亲的位置，并将对父亲的杀戮仇恨发泄出来。对父亲的恐惧以及爱与恨之间的冲突，即受迫害焦虑和抑郁性焦虑，都会使他退缩，不敢毫不掩饰地表达他的俄狄浦斯愿望。我已经描述过，他对母亲的矛盾态度——也是爱与恨的冲突——导致了他对作为爱的对象的母亲的疏远，以及对俄狄浦斯情感的压抑。

法比安在与父亲相处时遇到的困难，必须与他的贪婪、嫉羡和嫉妒联系起来

---

❶ 这是生理因素（可能是遗传因素）和情感因素相互影响的一个例子。

考虑。他把自己变成普亚斯的动机是剧烈的贪婪、嫉羡和仇恨，就像婴儿对父亲的体验一样，父亲是成年人，有权势，在儿童的幻想中，父亲拥有一切，因为他拥有母亲。我曾提到作者在描述法比安对普亚斯的嫉羡时说："啊！太阳！他常常觉得普亚斯先生把太阳藏在口袋里。"❶

嫉羡和嫉妒在挫折感的刺激下，加剧了婴儿对父母的不满和怨恨，并激发了他反转角色、剥夺父母的愿望。从法比安的态度中，我们可以看出，当他与普亚斯交换身份后，他用一种既鄙视又怜悯的眼光看着自己以前的邋遢模样时，他是多么享受角色转换的过程。法比安惩罚坏父亲形象的另一种情况，出现在他扮演卡米尔的时候：他在离开卡米尔家之前侮辱并激怒了卡米尔的老舅舅。

在法比安与父亲的关系中，就像在与母亲的关系中一样，我们可以发现理想化的过程及其必然结果，即对迫害性客体的恐惧。当法比安把自己变成弗鲁兹时，这一点就变得很明显了，他内心对上帝的爱和受魔鬼诱惑之间的斗争非常尖锐；上帝和魔鬼分别代表了理想的父亲和全坏的父亲。法比安对父亲的矛盾态度还表现在弗鲁兹指责上帝（父亲）把他造得如此可怜的同时又感谢上帝给了他生命。从这些迹象中，我得出结论，法比安一直在寻找他理想中的父亲，这对他的投射性认同是一个强烈的刺激。但在寻找理想父亲的过程中，他失败了：他注定要失败，因为他被贪婪和嫉羡所驱使。所有他将自己转变成的人都是可鄙和软弱的。法比安因他们让他失望而憎恨他们，他为受害者的命运感到高兴。

V

我曾提出，法比安变身过程中的一些情感体验可以揭示他最初的成长历程。我们可以从他与魔鬼相遇之前的那段时期，也就是当他还是最初的法比安时，了解到他成年后的性生活画面。我已经提到过，法比安的性关系是短暂并以失望告终的。他似乎无法真正爱上一个女人。我将他与女面包师的插曲诠释为他早期俄狄浦斯情感的复苏。他未能成功地处理这些情感和焦虑，这导致了他后来的性发展问题。他并没有发展出阳痿，但他发展出了弗洛伊德（1912）所描述的"天堂之爱和亵渎之爱（或动物之爱）"两种趋势的分裂的爱。

即使是这种分裂过程也未能达到目的，因为他从未真正找到一个他可以理想化的女人；但是，这样一个人存在于他的脑海中，从他想知道那个能完全满足他的老妇人是否会是"象牙和黄金雕像"中就可以看出。正如我们所见，在扮演法比安（弗鲁兹）这个角色时，他对女面包师产生了强烈的爱慕之情，甚至达到了理想化的程度。可以说，他一生都在无意识地寻找他失去的那个理想母亲。

---

❶ "口袋里的太阳"的含义之一，可能是父亲把婴儿的好母亲抱在怀里。因为，正如我在前面指出的那样，小婴儿觉得，当他被剥夺了母亲的乳房时，占有乳房的是父亲。认为父亲占有了好母亲，从而夺走了婴儿的母亲，这种感觉激起了嫉羡和贪婪，也是同性恋的重要诱因。

在这些情节中，法比安把自己变成了富有的普亚斯或身体强壮的埃斯梅纳尔，最后又变成了一个已婚男人（卡米尔有一个漂亮的妻子），这表明他对父亲的认同，因为他希望成为父亲那样的人，并作为一个男人取代父亲。小说中没有任何迹象表明法比安是同性恋者。然而，在他被魔鬼的"手下"（一个年轻英俊的男子）的身体强烈吸引时，可以发现他的同性恋迹象，这位年轻英俊的男子的劝说打消了法比安对与魔鬼签订契约的疑虑和不安。我已经提到过法比安对他想象中魔鬼对他的性挑逗的恐惧。但他想成为父亲情人的同性恋欲望在与伊莉斯的关系中表现得更为直接。正如作者所说，他被伊莉斯——她渴望的眼神——所吸引，是由于对她的认同。有一瞬间，他很想把自己变成她，只要他能确定英俊的卡米尔会爱她。但他意识到这是不可能的，于是决定不变成伊莉斯。

在这个语境下，伊莉斯的单相思似乎表达了法比安的反向俄狄浦斯情境。将自己置于父亲所爱的女人的角色中，意味着取代或摧毁母亲，会引起强烈的罪疚感，事实上，在故事中，伊莉斯有一个她憎恨的情敌，即令人讨厌但美丽的卡米尔的妻子，我想这是另一个母亲的形象。有趣的是，直到接近结尾时，法比安才有了变成女人的愿望。这可能与被压抑的欲望和冲动的出现有关，也可能与他早期对女性化和被动同性恋冲动的强烈防御有所减弱有关。

从这些材料中可以得出一些关于法比安患有严重障碍的结论。他与母亲的关系从根本上受到了干扰。正如我们所知，他的母亲是一位尽职尽责的母亲，她首先关心的是儿子的身体和精神健康，但却不懂得爱和温柔。看来，在他还是婴儿时，她对他的态度也是如此。我已经提到过法比安的性格，他的贪婪、嫉羡和怨恨的性质表明，他在口欲上的不满足非常强烈，而且从未消除过。我们可以假定，这些挫折感延伸到了他的父亲身上，因为在小婴儿的幻想中，父亲是他期待得到口欲满足的第二个客体。换句话说，法比安同性恋的积极一面也从根本上受到了干扰。

如果基本的口腔欲望和焦虑不能得到调节，就会产生许多后果。归根结底，这意味着偏执 - 分裂心位没有得到成功的修通。我认为法比安的情况就是如此，因此他也没有充分处理好抑郁心位。由于这些原因，他的修复能力受到了损害，他后来无法应对他的受迫害感和抑郁感。因此，他与父母和一般人的关系都非常有问题。正如我的经验所表明的那样，这一切都意味着他无法在内心世界中牢固地建立起好的乳房、好的母亲，❶最初的失败反过来又阻碍了他对一个好父亲的强烈认同。法比安的过度贪婪，在某种程度上源于他对自己内在好客体的不安全感，这种贪婪既影响了他的内摄过程，也影响了他的投射过程——既然我们也在讨论成年后的法比安——还影响了他的再内摄和再投射过程。所有这些困难都导致他

---

❶ 每个人对好母亲的安全内化（一个至关重要的过程）在程度上各不相同，而且永远不会到完全无法被来自内部或外部的焦虑所动摇的地步。

无法与女性建立爱情关系，也就是说，他的性发展受到了干扰。在我看来，他在强烈压抑的同性恋和不稳定的异性恋之间徘徊。

我已经提到了一些外部因素，这些因素在法比安不幸的成长过程中发挥了重要作用，如他父亲早逝、母亲缺乏关爱、他的贫穷、他的工作不尽如人意、他与母亲在宗教问题上的冲突，以及非常重要的一点——他的身体疾病。从这些事实中，我们可以得出一些进一步的结论。法比安父母的婚姻显然是不幸福的，这一点从他父亲在别处寻欢作乐可以看出。母亲不仅没有温情，而且，我们可以认为，她是一个在宗教中寻求慰藉的不幸女人。法比安是独生子，无疑是孤独的。他的父亲在法比安还在上学的时候就去世了，这使他无法继续接受教育，也失去了成功事业的前景；这也激起了他的受迫害感和抑郁感。

我们知道，从他第一次变身到回家，所有事件都应该发生在三天之内。在这三天里，正如我们在书的最后看到的，当法比安（卡米尔）重新回到原来的自己身边时，法比安一直躺在床上昏迷不醒，由他的母亲照顾着。母亲告诉他，他在雇主的办公室里行为不端后昏倒在地，被带回家后一直昏迷不醒。当他提到卡米尔来访时，她认为他已经神志不清了。也许作者是想让我们把整个故事看作法比安在病逝前的幻想？这将意味着所有人物都是他内心世界的形象，并再次说明了他内心的内摄和投射是在密切的相互作用中运作的。

VI

作者非常具体地描绘了投射性认同的基本过程。法比安的一部分确实离开了他自己，进入了他的受害者体内，双方都伴随着强烈的身体感觉。我们得知，法比安的分裂部分在不同程度上淹没在他的客体中，并失去了与原来的法比安有关的记忆和特征。因此，我们应该得出这样的结论（与作者对投射过程的非常具体的概念相一致）：法比安的记忆和他人格的其他方面留在了被抛弃的法比安身上，而法比安在分裂时一定保留了大量的自我。在我看来，这部分处于休眠状态的法比安，直到他人格分裂的部分回归，代表了病人无意识中认为由自己保留的自我部分，而其他部分则被投射到外部世界并丢失了。

作者在描述这些事件时使用的空间和时间术语，实际上就是我们的病人在体验这些过程时使用的术语。病人感到自我的一部分不再存在、离他很远或已经完全消失，这当然是一种幻想，它是分裂过程的基础。但这种幻想会产生深远的影响，并对自我的结构产生至关重要的影响。这些幻想导致的后果是，分析师和病人都无法接触到那些他感到疏远的自我部分，通常包括他的情感。❶他不知道自

---

❶ 这种体验还有另一面。正如葆拉·海曼在她的论文（1955）中所描述的，病人的意识感受也可以表达他的分裂过程。

己分散到外部世界的那部分自我去了哪里，这种感觉是巨大焦虑和不安全感的来源。❶

接下来，我将从三个角度探讨法比安的投射性认同：（1）他人格中被分裂和投射出去的部分，与他所留下的部分的关系；（2）他选择投射对象的动机；（3）在这些过程中，他的投射部分在多大程度上被客体所淹没，或获得对客体的控制。

（1）在开始变身之前，法比安看着自己凌乱地堆在椅子上的衣服，表达了他的焦虑，他担心自己会通过分裂自我的一部分并将其投射到其他人身上而耗尽自我："他看着这些衣服，有一种可怕的感觉，他仿佛看到了自己，但却是一个被暗杀或以某种方式被毁灭的自己。他空空的衣袖软弱无力地垂到地上，凄凉地暗示着悲剧的发生。"

我们还了解到，当法比安把自己变成普亚斯时（也就是说，当分裂和投射过程刚刚发生时），他非常关心原来的自己。他认为自己可能希望回到原来的自己中，因此非常希望能把法比安带回家，并为他开了一张支票。

对法比安名字的重视也表明，他的身份与他自己被留下的那些部分紧密相连，这些部分代表了他人格的核心；名字是魔法咒语的重要组成部分，当他在伊莉斯的影响下产生恢复自我的冲动时，首先想到的就是"法比安"这个名字，这一点很重要。我认为，对忽视和遗弃了他人格中宝贵的组成部分而产生的罪疚感，促使法比安渴望做回自己——在小说结尾，这种渴望不可抗拒地驱使他回家。

（2）如果我们如上文所述，假定服务员代表法比安的母亲，那么他选择的第一个目标受害者是服务员，就很容易理解了；因为母亲是婴儿通过内摄和投射认同的第一个客体。我们已经讨论过促使法比安把自己投射到普亚斯身上的一些动机；我曾说过，他希望把自己变成有钱有势的父亲，从而夺走他所有的财产并惩罚他。我想强调的是，他这样做还有一个动机。我认为，法比安的施虐冲动和幻想（表现为控制和惩罚父亲的欲望）是他认为自己与普亚斯的共同之处。在法比安看来，普亚斯的残忍也代表了法比安自己的残忍和权力欲望。

普亚斯（其实是一个病弱而悲惨的人）和年轻阳刚的埃斯梅纳尔之间的对比，只是法比安选择后者作为认同对象的一个促成因素。我认为，尽管埃斯梅纳尔貌不惊人，令人生厌，但法比安还是决定把自己变成埃斯梅纳尔，其主要原因是埃

---

❶ 我在《分裂机制》一文中提出，投射性认同导致的被囚禁在母亲体内的恐惧凸显了各种焦虑情境，其中就包括幽闭恐惧症。我现在要补充的是，投射性认同可能会导致一种恐惧，即失去的那部分自我将永远无法被找回，因为它被埋葬在客体之中。在故事中，法比安在变成普亚斯和弗鲁兹之后都感到自己被埋葬了，再也无法逃脱。这意味着他将死在他的客体中。在这里我还想提到另一点：除了对被囚禁在母亲体内的恐惧之外，我还发现导致幽闭恐惧症的另一个因素是对自己身体内部的恐惧，以及来自那里的危险的威胁。再次引用弥尔顿的诗句："你变成了（最可怕的囚禁）你自己的地牢。"

斯梅纳尔代表了法比安自我的一部分。而促使法比安（埃斯梅纳尔）杀死贝尔蒂的仇恨，是法比安对母亲的婴儿期情感的复苏，当时母亲在口腔和生殖器方面都令他感到沮丧。埃斯梅纳尔对贝尔蒂喜欢的男人的嫉妒，以一种极端的形式重现了法比安的俄狄浦斯情结和与父亲的激烈竞争。他身上潜在的杀人倾向被埃斯梅纳尔体现了出来。法比安（通过成为埃斯梅纳尔）因此被投射到另一个人身上，并实现了自己的某些破坏性倾向。魔鬼指出了法比安在谋杀中的同谋身份，并在他变成弗鲁兹后提醒他，几分钟前勒死贝尔蒂的那双手正是他自己的。

现在我们来看看弗鲁兹的选择。法比安与弗鲁兹有很多共同之处，但这些特点在弗鲁兹身上更为明显。法比安倾向于否认宗教（也指上帝——父亲）对他的影响，并将他与宗教的冲突归咎于母亲的影响。弗鲁兹与宗教的冲突非常尖锐，正如作者所描述的，他完全意识到上帝和魔鬼之间的斗争主宰着他的生活。弗鲁兹不断与自己对奢侈和财富的欲望作斗争；他的良知驱使他极端节俭。在法比安这里，他也非常渴望像他所羡慕的人一样富有，但他并没有试图克制这种欲望。两人的共同之处还在于他们对知识的追求和强烈的求知欲。

这些共同的特点使法比安倾向于选择弗鲁兹进行投射性认同。然而，我认为这一选择还有另一个动机。魔鬼在这里扮演着指导性超我的角色，它帮助法比安离开埃斯梅纳尔，并警告他要小心进入一个人的内心，因为他将沉浸其中，再也无法自拔。法比安害怕自己变成杀人犯，我认为这意味着他屈服于自己最危险的部分——他的破坏性冲动；因此，他选择了一个与他之前的选择完全不同的人，通过更换角色来逃避。我的经验告诉我，与淹没性的认同（无论是通过内摄还是投射）的斗争，往往会驱使人们去认同那些表现出相反特征的客体。（这种斗争的另一个后果是使人不加区分地陷入更多的认同，并在这些认同之间摇摆不定。这种冲突和焦虑往往会持续下去，并进一步削弱自我。）

法比安的下一个选择，卡米尔，与他几乎没有任何共同之处。但似乎通过卡米尔，法比安将自己与伊莉斯——那个与卡米尔相爱却不幸福的女孩——联系在了一起。正如我们所看到的，伊莉斯代表了法比安女性化的一面，她对卡米尔的感情代表了他对父亲未实现的同性之爱。同时，伊莉斯也代表了他内心深处美好的一面，那就是渴望和爱。在我看来，法比安对父亲的婴儿期之爱，与他的同性恋欲望和女性位置紧密相连，已经从根本上受到了干扰。我还指出，他无法将自己变成女人，因为这将代表着在与父亲的反向俄狄浦斯关系中被深深压抑的女性欲望的实现。（在这里，我不涉及阻碍女性认同的其他因素，尤其是阉割恐惧。）随着爱的能力的觉醒，法比安能够认同伊莉斯对卡米尔的不幸的迷恋；在我看来，他也能体验到自己对父亲的爱和渴望。我的结论是，伊莉斯代表了他自我的一个重要部分。

我还想说，伊莉斯也代表一个想象中的妹妹。众所周知，儿童都有想象中的伙伴。特别是在独生子女的幻想生活中，他们代表着从未出生过的哥哥、弟弟、妹妹或双胞胎。我们可以推测，作为独生子的法比安会从妹妹的陪伴中受益匪浅。这样的关系也有助于他更好地处理俄狄浦斯情结，并从母亲那里获得更多的独立。在卡米尔的家庭中，伊莉斯和卡米尔的学弟之间确实存在着这样的关系。

在这里，我们要记住，法比安（弗鲁兹）在教堂里强烈的罪疚感似乎也与他被选中有关，而其他灵魂却从未来到世上。他点燃蜡烛并想象女面包师被蜡烛包围的情景，代表着他对母亲（作为圣人的母亲）的理想化，同时也表达了他希望通过让未出生的兄弟姐妹复活，来修复自己的愿望。尤其是年幼的独生子女，常常会有一种强烈的罪疚感，因为他们觉得是自己的嫉妒和攻击冲动阻碍了母亲生下更多的孩子。这种感觉还与害怕报复和迫害联系在一起。我曾多次发现，对同学或其他孩子的恐惧和怀疑与一种幻想有关，即未出生的兄弟姐妹终究还是活了过来，而且任何看起来有敌意的孩子都是他们的代表。这种焦虑强烈地影响了对友好的兄弟姐妹的渴望。

到目前为止，我还没有讨论为什么法比安首先选择认同魔鬼——这是情节发展的基础。我在前面已经指出，魔鬼代表着诱惑的和危险的父亲；他还代表了法比安心灵的一部分，即超我和本我。在小说中，魔鬼对他的受害者毫不关心；他极其贪婪和无情，是敌对和邪恶的投射性认同的原型，在小说中被描述为对他人的暴力入侵。我想说的是，他以一种极端的形式展示了婴儿情感生活中被全能、贪婪和施虐支配的部分，而这些特征正是法比安和魔鬼的共同之处。因此，法比安认同了魔鬼，并执行他的所有命令。

重要的是——我认为这表达了认同的一个重要方面——当法比安把自己变成一个新的人时，在某种程度上保留了他以前的投射性认同。这表现在法比安（弗鲁兹）对他以前的受害者的命运有着强烈的兴趣——一种掺杂着蔑视的兴趣——以及他觉得他毕竟要对他作为埃斯梅纳尔犯下的谋杀案负责。这一点在故事的结尾处表现得最为明显，因为在他临死之前，他所变成的人物的经历都浮现在他的脑海中，他对他们的命运感到担忧。这意味着他在将自己投射到客体身上的同时，自己也内摄了客体——这一结论与我在本文引言中强调的观点一致，即投射与内摄从生命之初就相互作用。

为了便于介绍，我在指出选择客体进行认同的重要动机时，将其描述为两个阶段：（a）有一些共同点；（b）能够发生认同。但我们在分析工作中观察到的过程并非如此。如果一个人觉得他与另一个人有很多共同点，他就会同时把自己投射到那个人身上（同样的道理也适用于对他的内摄）。这些过程的强度和持续时间各不相同，而这些变化取决于这种认同的强度和重要性及其变迁。在这方面，我想提请大家注意这样一个事实，虽然我所描述的这些过程似乎经常是同时发生的，但我们必须仔细考虑在每一种状态或情况下，例如，投射性认同是否比内摄性过

程占优势，或者反之亦然。❶

　　我曾在《关于一些分裂机制的说明》中提出，对自我所投射出去的部分进行重新内摄的过程，包括将投射客体的一部分内化，病人可能会觉得这一部分是敌对的、危险的，是最不希望重新内摄的。此外，由于部分自我的投射包括将内部客体也投射出去，所以这些客体也会被重新内摄。所有这一切都关系到，在个体的心智中，自我被投射出去的部分能够在多大程度上在它们侵入的客体中保持它们的力量。现在，我将就这个问题的这个方面提出一些建议，也就是我的第三点。

　　（3）正如我在前面所指出的，在故事中，法比安屈服于魔鬼，并与之认同。虽然在此之前，法比安似乎就缺乏爱与关怀的能力，但一旦他跟随魔鬼的脚步，他就完全被无情所支配。这意味着，通过与魔鬼的认同，法比安完全屈服于自我中贪婪、全能和破坏性的部分。当法比安把自己变成普亚斯时，他还保留着自己的一些态度，尤其是对他进入的那个人的批判性看法。他害怕在"普亚斯"里完全失去自我，只是因为他保留了一些法比安的主动性，才得以实现下一次变身。然而，当他把自己变成杀人犯埃斯梅纳尔时，他几乎完全失去了原来的自己。然而，我们假定魔鬼也是法比安的一部分——在这里是他的超我，警告他并帮助他逃离谋杀现场，因此我们应该得出结论：法比安并没有完全被埃斯梅纳尔淹没。❷

　　弗鲁兹的情况则不同：在这一变身过程中，原来的法比安保持了更大的活力。法比安对弗鲁兹非常挑剔，而正是这种在弗鲁兹体内保持原有自我的更大能力，使他有可能逐渐与耗尽的自我重新聚合，重新成为他自己。一般来说，我认为个体感觉自我被淹没在客体中（通过投射或内摄与之认同的客体）的程度，对客体关系的发展最为重要，同时也决定了自我的强弱。

　　法比安在变成弗鲁兹之后恢复了部分人格，同时也发生了一些非常重要的事情。法比安（弗鲁兹）注意到，他的经历让他对普亚斯、埃斯梅纳尔甚至弗鲁兹有了更好的理解，他现在能够同情受害者了。此外，通过喜欢孩子的弗鲁兹，法比安对小乔治的感情也被唤醒了。在作者的笔下，乔治是一个天真无邪的孩子，他喜欢自己的母亲，渴望回到母亲身边。他唤醒了法比安（弗鲁兹）对自己童年的回忆，于是他产生了把自己变成乔治的冲动。我认为他渴望找回爱的能力，换

---

❶ 这一点在技术方面非常重要，因为我们总是要选择当下最紧迫的材料进行诠释，在这方面，我想说的是，在一些分析过程中，有些病人似乎完全被投射或内摄所支配。另一方面，必须记住，相反的过程在某种程度上始终起作用，因此迟早会再次成为主要因素。

❷ 我想说的是，无论分裂和投射的作用多么强烈，只要生命存在，自我就永远不会完全解体。因为我相信，无论如何受到干扰（即使在根本上），整合的冲动在某种程度上是自我所固有的。这与我的观点是一致的，即任何婴儿如果不是在某种程度上拥有一个好的客体，就不可能存活下来。正是这些事实使得分析能够带来某种程度的整合，即使在非常严重的案例中。

句话说，找回理想中的童年自我。

他对女面包师产生了热烈的感情，在我看来，这意味着他早年爱情生活的复苏。在这方面迈出的另一步是他变成了一个已婚男人，从而进入了一个家庭圈子。但是，让法比安觉得很讨人喜欢，并产生好感的人是伊莉斯。我已经描述了伊莉斯对他的各种意义。特别是他在伊莉斯身上发现了自己能够爱的那一部分，他被自己人格的这一面深深吸引；也就是说，他也发现了一些对自己的爱。在身体上和精神上，通过追溯他在变身过程中走过的每一步，他越来越迫切地想要赶回家，越来越接近他抛弃了的、生病的法比安，而法比安现在已成为他人格中好的部分的代表。我们已经看到，他对受害者的同情、对乔治的温柔、对伊莉斯的关心、对她与卡米尔的不幸爱情的认同，以及对妹妹的渴望——所有这些方面都是他爱的能力的展现。我认为，这种发展是法比安迫切希望重新找回原来的自己，也就是整合的先决条件。甚至在他发生变身之前，他就渴望找回他人格中最美好的部分（因为这部分已经失去了，所以看起来是理想的）。正如我所说的那样，这种渴望导致了他的孤独和不安；推动了他的投射性认同❶，并与他的自我憎恨相辅相成，后者是促使他强迫自己侵入他人的另一个因素。寻找失落的理想自我❷是精神生活的一个重要特征，其中不可避免地包括寻找失落的理想客体；因为好的自我是人格中与好的客体处于爱的关系中的那一部分。这种关系的原型就是婴儿与母亲之间的纽带。事实上，当法比安重新找回失去的自我时，他也找回了对母亲的爱。

对于法比安，我们注意到他似乎无法认同一个好的或令人欣赏的客体。在这方面，我们必须讨论各种原因，但我想单独提出一种可能的解释。我已经指出，要想强烈地认同他人，就必须感到自己与该客体有足够的共同点。由于法比安已经失去了（似乎是失去了）好的自我，所以他觉得自己内心没有足够的好来认同一个非常好的客体。在这种心理状态下，他可能还会产生一种焦虑，生怕欣赏的客体被吸收进一个不好的内在世界。于是，好的客体就被留在了外面（对法比安来说，我认为是遥远的星空）。但当他重新发现了好的自我，他也就找到了好的客体，并能与之认同。

在故事中，正如我们所看到的，法比安枯竭的部分也渴望与被投射出去的自我部分重新结合。法比安（卡米尔）离房子越近，躺在病床上的法比安就越焦躁不安。他恢复了意识，走到门前，他的另一半法比安（卡米尔）通过这扇门说出

---

❶ 自我中好的特质和好的部分分散到了外部世界的感觉，会加剧个体对他人的不满和嫉羡，因为他觉得他人拥有了自己失去的这些好东西。

❷ 我们知道，弗洛伊德的自我理想概念是他的超我概念的前身。但自我理想的某些特征并没有完全被他的超我概念所继承。我认为，我对法比安试图恢复的理想自我的描述，更接近弗洛伊德最初关于自我理想的观点，而不是他关于超我的观点。

了咒语。根据作者的描述，法比安的两半渴望重新团聚。这意味着法比安渴望整合自我。正如我们所看到的，这种渴望与日益增长的爱的能力紧密相连。这与弗洛伊德的理论是一致的，即整合是力比多的一种功能，最终是生本能的一种功能。

我在前面已经提出，尽管法比安一直在寻找一个好父亲，但他无法找到，因为嫉羡和贪婪，再加上怨恨和仇恨，决定了他对父亲的选择。当他变得不那么怨恨、更加宽容时，他的客体在他眼中就会变得更好；但此时他的要求也没有过去那么高了。他似乎不再认为自己的父母应该是理想的，因此他可以原谅他们的缺点。爱的能力增强了，仇恨也随之减少，这反过来又导致迫害感减弱，所有这些都与贪婪和嫉羡的减少有关。自我憎恨是他性格中的一个突出特点；在对他人有更大的爱和宽容能力的同时，他对自己也有了更大的宽容和爱。

最后，法比安恢复了对母亲的爱，与母亲和解。重要的是，他认识到母亲缺乏温柔，但他觉得如果自己是个更好的儿子，母亲可能会更好。他遵从母亲的嘱咐去祈祷，似乎在经历了种种挣扎之后恢复了对上帝的信仰和信任。法比安的最后一句话是"我们的父亲"，似乎在那一刻，当他对人类充满爱时，对父亲的爱又回来了。死亡的临近必然会激起那些受迫害焦虑和抑郁性焦虑，而这种焦虑在一定程度上会被理想化和欣喜所抵消。

正如我们所见，法比安（卡米尔）是被一种不可抗拒的冲动驱赶回家的。他对即将到来的死亡的感知，很可能推动了他重新回到被遗弃的那部分自我的冲动。因为我相信，尽管他知道自己身患重病，但他一直否认的对死亡的恐惧已经完全爆发出来。也许他之所以否认这种恐惧，是因为它的本质是如此强烈的迫害。我们知道他对命运和父母充满了怨恨；他自己不满意的人格让他备受折磨。根据我的经验，如果觉得死亡是内外敌对客体的攻击，或者如果死亡会引起抑郁性焦虑，即担心好的客体被这些敌对的人物摧毁，那么对死亡的恐惧就会大大加剧。（当然，这些迫害性幻想和抑郁性幻想可能同时存在。）精神病性质的焦虑是过度恐惧死亡的原因，许多人终其一生都在遭受这种恐惧；通过一些观察，我发现有些人在临终前会经历强烈的精神痛苦，我认为这是婴儿期精神病性焦虑的复发造成的。

考虑到作者将法比安描述为一个不安分、不快乐、充满怨恨的人，人们会认为他的死应该是痛苦的，会引起我刚才提到的受迫害焦虑。然而，故事的结局并非如此，法比安死得幸福而安详。对于这种出人意料的结局，任何解释都只能是试探性的。从艺术角度来看，这可能是作者的最佳解决方案。不过，根据我在本文中提出的关于法比安经历的观念，我倾向于通过故事向我们展示的法比安的两面性来解释这个出人意料的结局。在变身开始之前，我们遇到的是成年的法比安。在他的变身过程中，我们看到了他的情绪、受迫害焦虑和抑郁性焦虑，我认为这正是他早期成长的特点。童年时，他无法克服这些焦虑，也无法实现整合，而在小说所涵盖的三天时间里，他成功地穿越了一个情感体验的世界，在我看来，这意味着他修通了偏执－分裂心位以及抑郁心位的转变。由于克服了婴儿时期的基本精神焦虑，他对整合的内在需求得到了充分的体现。他在实现整合的同时，还建立了良好的客体关系，从而修复了他生活中出现的错误。

10

嫉羡与感恩 ❶

Envy and Gratitude

（1957）

❶ 我要向我的朋友洛拉·布鲁克表示深深的谢意，她在本书《嫉羡与感恩》的整个编写过程中与我一起工作，就像在我的许多其他著作的创作中一样。她对我的工作有着难得的理解，在每个阶段都帮助我对内容进行提炼和评论。我还要感谢埃利奥特·雅克博士，他对本书手稿提出了许多宝贵的建议，并帮助我完成了校对工作。我还要感谢朱迪斯·费伊（Judith Fay）小姐，她为编制索引费了不少心血。

多年来，我一直对人们所熟悉的两种态度——嫉羡和感恩——的最早来源很感兴趣。我得出的结论是，嫉羡是从根本上破坏爱和感激之情的一个最有力的因素，因为它影响到最早的关系，即与母亲的关系。这种关系对一个人的整体情感生活的根本重要性已在许多精神分析著作中得到证实，而我认为，通过进一步探讨在该早期阶段可能非常有害的一个特殊因素，我得以丰富我关于婴儿发展和人格形成的研究成果。

我认为，嫉羡是破坏性冲动通过口腔施虐和肛门施虐的表达，从生命之初就开始起作用，而且有其先天体质基础。这些结论与卡尔·亚伯拉罕的研究有一些重要的共同点，但也有一些不同之处。亚伯拉罕发现嫉羡是一种口腔特征，但是——这也是我与他观点不同的地方——他认为嫉羡和敌意是在后期产生的，根据他的假设，这构成了第二个阶段，即口腔施虐阶段。亚伯拉罕没有提到感恩，但他把慷慨描述为一种口腔特征。他认为肛门因素是嫉羡的一个重要组成部分，并强调它们起源于口腔施虐冲动。

亚伯拉罕提出的另一个基本共识是，他认为口腔冲动与躁郁症的病因有关，而且口腔冲动有其体质因素。

最重要的是，亚伯拉罕和我的研究都更全面、更深刻地揭示了破坏性冲动的意义。亚伯拉罕在 1924 年撰写的《从精神障碍看力比多发展的简史》中没有提到弗洛伊德的生死本能假说，尽管《超越快乐原则》早在四年前就出版了。然而，亚伯拉罕在书中探讨了破坏性冲动的根源，并将这一认识更具体地应用于精神障碍的病因学研究。在我看来，虽然亚伯拉罕没有使用弗洛伊德的生死本能概念，但他的临床工作，尤其是对第一批躁郁症病人的分析，是建立在将他引向这一方向的洞察力基础之上的。我认为，亚伯拉罕的早逝使他没有意识到自己研究成果的全部意义，也没有意识到这些研究成果与弗洛伊德发现的两种本能之间的重要联系。

亚伯拉罕逝世三十年后，我即将出版《嫉羡与感恩》一书，我感到非常欣慰的是，我的工作让越来越多的人认识到亚伯拉罕的研究的重要性。

I

在此，我打算就婴儿最早期的情感生活提出进一步的建议，并得出一些关于成年期和心理健康的结论。弗洛伊德理论的一个内在原则是，探索病人的过去、童年和无意识是理解其成年人格的先决条件。弗洛伊德发现了成年人的俄狄浦斯情结，并通过这些材料重新建构了俄狄浦斯情结的细节，而且还重建了它的时间。亚伯拉罕的研究极大地丰富了这一方法，使其成为精神分析方法的特征。我们还应该记住，根据弗洛伊德的观点，人类心灵中有意识的部分是从无意识中发展出来的。因此，在追溯婴儿早期的材料时，我遵循的是精神分析中现在已经非常熟悉的程序，我首先在对幼儿的分析中发现了这些材料，随后又在对成人的分析中发现了这些材料。对幼儿的观察很快证实了弗洛伊德的发现。我相信，我得出的一些关于更早阶段，即生命最初几年的结论，在一定程度上也可以通过观察得到证实。我们有权——事实上也有必要——从病人提供给我们的材料中重建早期阶段的细节和信息，正如弗洛伊德在下面这段话中非常令人信服地描述的那样：

"我们所寻找的是一幅被病人遗忘的岁月的图景，它应该值得信赖，并且在所有基本方面都是完整的……他（精神分析师）的建构工作，或者说是一种重建工作，在很大程度上类似于考古学家对某个已被毁坏和掩埋的居所或某个古老建筑的发掘。事实上，这两个过程是相同的，只不过分析师的工作条件更好，可以利用的材料更多，因为他要处理的不是被毁坏的东西，而是仍然活着的东西——也许还有其他原因。但是，正如考古学家根据残存的地基砌起建筑物的墙壁，根据地板上的凹陷确定柱子的数量和位置，根据瓦砾中发现的残骸重建壁画装饰和绘画一样，分析师在根据记忆碎片、联想和分析对象的行为进行推论时也是如此。他们都有无可争议的权利，可以通过补充和组合现存遗骸来进行重建。此外，他们都会遇到许多同样的困难和错误……正如我们所说，分析师的工作条件比考古学家更有利，因为他掌握着发掘工作中无法比拟的材料，比如从婴儿时期开始的反应的重复，以及与这些重复有关的移情所呈现的信息……所有的本质都被保留了下来；即使是那些看似被完全遗忘的东西，也会以某种方式存在于某个地方，只是被埋藏起来，使主体无法接触到而已。事实上，正如我们所知，人们可能会怀疑是否真的会有任何心理结构遭到彻底破坏。我们能否成功地将被掩盖的东西完全揭示出来，这完全取决于分析技术。"❶

经验告诉我，我们只有深入了解婴儿的心智，并在之后的生活中跟踪其发展，才能理解成熟人格的复杂性。也就是说，分析的方式是从成年期到婴儿期，再通过中间阶段回到成年期，根据普遍的移情情境，以反复的来回运动进行。

在我的工作中，我始终把婴儿最初的客体关系——与乳房和母亲的关系——放在极其重要的位置，并得出结论：如果这种原始的内摄客体在自我中相对安全地扎根，就会为令人满意的发展奠定基础。先天因素促成了这种联系。在口腔冲动的支配下，人们本能地认为乳房是营养的源泉，因此，从更深的意义上说，也是生命本身的源泉。如果一切顺利，这种在精神和肉体上对令人满足的乳房的亲近，在某种程度上恢复了婴儿已丧失的在出生前与母亲的融合，以及相应的安全感。这在很大程度上取决于婴儿对乳房或其象征性代表——奶瓶——的充分贯注能力；这样，母亲就变成了被爱的客体。婴儿在出生前就已经成为母亲的一部分，这很可能会使他与生俱来地感觉到，在他之外存在着某种东西，可以满足他的一切需要和愿望。好的乳房被吸纳进来，成为自我的一部分，婴儿最初在母亲体内，

---

❶ 出自弗洛伊德的《分析中的建构》（Constructions in Analysis，1937）。

而现在他的体内拥有了母亲。

虽然产前状态无疑意味着一种融合和安全的感觉，但这种状态在多大程度上不受干扰，必须取决于母亲的心理和身体状况，甚至可能取决于未出生胎儿的某些尚未探索的因素。因此，我们可以把对产前状态的普遍渴望部分地看作理想化冲动的一种表达。如果我们从理想化的角度来研究这种渴望，就会发现它的来源之一是由出生引发的强烈的受迫害焦虑。我们可以推测，这种焦虑的第一种形式可能是未出生胎儿的不愉快经历，这些经历连同在子宫中的安全感，预示着与母亲的双重关系：好的乳房和坏的乳房。

外部环境在最初与乳房的关系中起着至关重要的作用。如果难产，特别是出现缺氧等并发症，婴儿对外界的适应能力就会受到干扰，与乳房的关系就会处于非常不利的地位。在这种情况下，婴儿体验新的满足感的能力就会受到影响，结果他就不能充分地把真正好的原始客体内化。此外，孩子是否得到充分的喂养和照顾，母亲是完全享受对孩子的照顾，还是因为喂养而感到焦虑并有心理困扰——所有这些因素都会影响婴儿愉快地接受乳汁并内化好乳房的能力。

在婴儿与乳房的最初关系中，必然会有对乳房的挫折感，因为即使是快乐的喂养环境，也不能完全取代出生前与母亲的融合。此外，婴儿对取之不尽、用之不竭的乳房的渴望，绝不仅仅来自对食物和力比多的渴望。因为，即使是在婴儿刚出生时，他们想要不断获得母爱的证据的冲动从根本上说也是源于焦虑。生死本能之间的斗争，以及随之而来的毁灭冲动对自我和客体的威胁，是婴儿与母亲最初关系的基本因素。因为他的欲望意味着乳房，很快也是母亲，应该能够消除这些破坏性冲动和受迫害焦虑的痛苦。

不可避免的委屈与快乐的体验一起强化了与生俱来的爱与恨之间的冲突，事实上，基本上是生死本能之间的冲突，并导致了好与坏的乳房存在的感觉。因此，早期情感生活的特点是一种失去和重新获得好客体的感觉。在谈到与生俱来的爱与恨的冲突时，我的意思是，爱的能力和破坏性冲动的能力在某种程度上是天生的，尽管在强度上各不相同，而且从一开始就与外部条件相互作用。

我曾多次提出这样的假设，即母亲的乳房这一最原始的好客体构成了自我的核心，并对自我的成长起着至关重要的作用。此外，在婴儿的心灵中，乳房与母亲的其他部分和层面之间已经有了某种不确定的联系。

我并不认为乳房对婴儿来说只是一个实物。他本能的欲望和无意识的幻想赋予乳房远远超出了它所提供的实际营养的特质。❶

---

❶ 婴儿对这一切的感受远比语言所能表达的更为原始。当这些前语言情感和幻想在移情情境中被唤醒时，它们就像我所说的"感受中的记忆"一样，在分析师的帮助下被重建并用语言表达出来。同样，当我们重构和描述属于早期发展阶段的其他现象时，也必须使用语言。事实上，如果不从我们的意识领域借用词语，我们就无法将无意识语言转化为意识语言。

我们在对病人的分析中发现，乳房的美好一面是母性的善良、无尽的耐心和慷慨以及创造力的原型。正是这些幻想和本能需求丰富了原始客体，使其成为希望、信任和相信美好东西的基础。

本书论述的是最早的客体关系和内化过程的一个特定方面，它植根于口腔欲望。我指的是嫉羡对感恩和幸福能力发展的影响。嫉羡会导致婴儿难以建立自己的好客体，因为他觉得自己被剥夺的满足感被挫败他的乳房占为己有了。❶

我们需要区分嫉羡（envy）、嫉妒（jealousy）和贪婪（greed）。嫉羡是一种愤怒的感觉，因为别人拥有并享受着某种令人向往的东西——嫉羡的冲动就是要夺走它或破坏它。此外，嫉羡意味着主体只与一个人有关系，可以追溯到最早的与母亲的排他性关系。嫉妒的基础是嫉羡，但至少涉及两个人的关系；它主要涉及主体认为是他应得的、被对手夺走或有被夺走危险的爱。在日常的嫉妒概念中，一个男人或一个女人会觉得自己被别人剥夺了所爱的人。

贪婪是一种急不可耐、贪得无厌的欲望，它超出了主体的需要，也超出了客体能够并愿意给予的东西。在无意识的层面上，贪婪的主要目的是完全掏空、吸干和吞噬乳房；这就是说，它的目的是破坏性的内摄，而嫉妒不仅试图以这种方式掠夺，而且还把坏东西，主要是坏的排泄物和自我的坏部分，注入母亲体内，首先是注入她的乳房，以破坏和摧毁她。从最深层次的意义上说，这意味着摧毁她的创造力。这一过程源于尿道和肛门的施虐冲动，我曾在其他地方❷将其定义为从生命之初就开始的投射性认同的破坏性方面。❸因此，贪婪与嫉羡之间的一个本质区别是，贪婪主要与内摄有关，而嫉羡则与投射有关，尽管它们之间的联系非常紧密，无法划清严格的界限。

根据《简明牛津词典》（*Shorter Oxford Dictionary*），"嫉妒"指的是别人夺走

---

❶ 我在《儿童精神分析》《俄狄浦斯情结的早期阶段》和《婴儿的情感生活》等多处都提到过在俄狄浦斯情结的早期阶段由口腔、尿道和肛门施虐引起的嫉羡，并将其与破坏母亲所拥有的东西的欲望联系起来，特别是在婴儿幻想中的母亲所拥有的父亲的阴茎。我的论文《一个六岁女孩的强迫性神经症》（*An Obsessional Neurosis in a Six-Year-Old Girl*）于 1924 年宣读，但直到在《儿童精神分析》一书中才得以发表，在这篇论文中，与对母亲身体的口腔、尿道和肛门攻击有关的嫉羡扮演了重要角色。但我并没有把这种嫉羡与夺走和糟蹋母亲乳房的欲望具体联系起来，尽管我已经非常接近这些结论了。在我的论文《论认同》（1955）中，我把嫉羡作为投射性认同的一个非常重要的因素进行了讨论。早在《儿童精神分析》一书中，我就提出，在小婴儿身上，不仅有口腔施虐倾向，还有尿道施虐和肛门施虐倾向。

❷ 参见《关于一些分裂机制的说明》。

❸ 埃利奥特·雅克博士提请我注意"嫉羡"一词在拉丁语中的词根invidia，它来自动词invideo——斜视、恶意或唾弃地注视、对任何事物投以恶毒的目光、嫉羡或怨恨。西塞罗（Cicero）的一句话给出了它的早期用法，其译文是："用邪恶的眼睛制造不幸。"这证实了我对嫉羡和贪婪的区分，强调了嫉羡的投射特征。

或得到了本应属于自己的"好"东西。在这里，我认为"好"东西本质上是指好乳房、好母亲或所爱的人，它们被别人夺走了。根据克拉布（Crabb）《英语同义词典》（*English Synonyms*），"……嫉妒是害怕失去自己所拥有的；嫉羡则是看到别人拥有自己想要的东西而感到痛苦……嫉羡的人一看到他人享受就会感到恶心。他只有在别人的痛苦中才会感到轻松。因此，满足嫉羡者的一切努力都是徒劳的"。克拉布认为，"嫉妒是高尚的情感还是卑劣的情感，这取决于客体。在前一种情况下，它是因恐惧而加剧的竞争。在后一种情况下，它是由恐惧引发的贪婪。然而，嫉羡永远是一种卑劣的情感，会引来最恶劣的激情"。

人们对嫉妒的普遍态度不同于对嫉羡的态度。事实上，在一些国家（尤其是法国），因嫉妒而杀人的刑罚较轻。造成这种区别的原因在于，人们普遍认为谋杀情敌可能意味着对不忠实者的爱。用上文讨论的术语来说，这意味着对"好客体"的爱是存在的，被爱的客体不会因为嫉妒而受到损害和破坏。

莎士比亚（Shakespeare）笔下的奥赛罗（Othello）在嫉妒中摧毁了他所爱的客体，而在我看来，这正是克拉布所描述的"卑劣的嫉妒情感"的特征——因恐惧而产生的贪婪。在同一出戏中，有一个重要的情节提到嫉妒是一种内在的精神品质：

"但嫉妒的人是不会因此得到满足的；

他们不是因为有什么理由而嫉妒，

只是为了嫉妒而嫉妒，

那是一个天生的怪物。"

可以说，嫉羡的人是贪得无厌的，他永远不会满足，因为他的嫉羡源于内心，因此总能找到一个关注的客体。这也说明了嫉妒、贪婪和嫉羡之间的密切联系。

莎士比亚似乎并不总是区分嫉羡和嫉妒；《奥赛罗》中的以下几句充分显示了我在这里所定义的嫉羡的意义：

"哦，我的主人，请当心嫉妒！

它是绿眼睛的怪物，

只会嘲笑自己的盘中肉。"

这让人想起"咬噬喂养自己的手"这句话，它几乎与咬噬、破坏和糟蹋乳房同义。

II

我的工作告诉我，第一个令人嫉羡的客体就是喂奶的乳房❶，因为婴儿觉得乳

---

❶ 琼·里维埃在她的论文《作为防御机制的嫉妒》（Jealousy as a Mechanism of Defence，1932）中，将女性的嫉羡追溯到婴儿时期抢夺母亲乳房并将其糟蹋的欲望。根据她的研究，嫉妒源于这种原始的嫉羡。她的论文中包含了说明这些观点的有趣材料。

房拥有他想要的一切，它有无限的乳汁和爱，而乳房却把它们留下来满足自己。这种感觉增加了他的委屈感和仇恨感，结果导致他与母亲的关系受到干扰。在我看来，如果嫉羡是过度的，就代表偏执和分裂的特征异常强烈，这样的婴儿可以被视为病人。

在本节中，我一直在谈论对母亲乳房的原始嫉羡，这种嫉羡应与后来的形式（女孩固有的想取代母亲位置的欲望，以及男孩的女性位置）区分开来，在后来的形式中，嫉羡不再集中在乳房上，而是集中在母亲接受父亲的阴茎、在她体内孕育孩子、生下孩子和能够喂养孩子上。

我经常把对母亲乳房的施虐攻击描述为由破坏性冲动决定的。在此，我想补充的是，嫉羡是这些攻击的特殊动力。这就是说，当我写到贪婪地攫取母亲的乳房和身体，以及摧毁母亲的孩子，还有把恶臭的排泄物放进母亲体内时，❶这就暗示了我后来认识到的对客体的嫉羡攻击。

如果我们考虑到匮乏会增加贪婪和受迫害焦虑，而且在婴儿的头脑中存在着一个取之不尽、用之不竭的乳房的幻想，这是他最大的愿望，因此即使婴儿吃不饱，也会产生嫉羡就是可以理解的了。婴儿的感觉似乎是，当乳房剥夺了他的乳汁时，它就变坏了，因为它把与好乳房相关的乳汁、爱和关怀都留给了自己。他所认为的吝啬和不情愿的乳房，令他感到憎恨和嫉羡。

也许更容易理解的是，令人满意的乳房也会让人嫉羡。乳汁来得如此容易——尽管婴儿对此感到欣慰——会让人嫉羡，因为这份礼物似乎是如此难以获得的东西。

我们会发现这种原始的嫉羡会在移情情境中重新出现。例如：分析师刚刚给出的诠释给病人带来了解脱，使病人的情绪从绝望转变为希望和信任。对于某些病人，或者在同一个病人的其他时候，这种有益的诠释可能很快就会成为破坏性批评的对象。这时，他就不再觉得这是他得到的好东西，也不再把它当作一种丰富的体验。他的批评可能是针对一些细小的问题，如诠释本应早点进行；诠释时间太长，扰乱了病人的联想；或者时间太短，这意味着他没有得到充分的理解。嫉羡的病人对分析师工作的成功心存怨恨；如果他感觉分析师和他所提供的帮助被他嫉羡性的批评所破坏和贬低，他就不能充分地把分析师当作一个好客体内摄，也不能以真正的肯定（conviction）接受并吸收这种诠释。正如我们经常在不那么嫉羡的病人身上看到的那样，真正的肯定意味着对收到的礼物心存感激。嫉羡的病人也可能因为对贬低别人的帮助而感到内疚，觉得自己不配从分析中获益。

毋庸讳言，病人批评我们的原因多种多样，有时是有道理的。但是，病人需要贬低他所体验到的有帮助的分析工作，这就是嫉羡的表现。如果将我们在移情

---

❶ 参见我的《儿童精神分析》，这些概念在许多方面发挥了作用。

的早期阶段所遇到的情感情境，追溯到病人的婴儿期情感情境，我们就会发现嫉羡的根源。破坏性批评在偏执病人身上表现得尤为明显，他们沉浸在贬低分析师工作的施虐快感中，即使分析师的工作给了他们一些解脱。在这些病人身上，嫉羡性批评是非常公开的；而在其他病人身上，嫉羡性批评可能扮演着同样重要的角色，但却没有表达出来，甚至是无意识的。根据我的经验，这类病例的分析工作的进展缓慢也与嫉羡有关。我们发现，他们对分析价值的怀疑和不确定性依然存在。这造成的结果是，病人将自我中嫉羡和敌意的部分分离出来，不断向分析师展示他认为更容易接受的其他方面。然而，这些分裂出来的部分实质上影响了分析的进程，而分析最终只有在实现整合并处理完整的人格时才能有效。还有一些病人试图通过变得混乱来逃避批评。这种混乱不仅是一种防御，而且还表达了一种不确定性，即分析师是否仍然是一个好的人物，或者他和他所提供的帮助是否因为病人充满敌意的批评而变坏了。这种不确定性可以追溯到混乱的感觉，而后者正是与母亲乳房的早期关系受到干扰的后果之一。由于偏执和分裂机制的强大以及嫉羡的驱使，婴儿无法成功地区分爱与恨，也无法区分好客体与坏客体，因此很容易对其他方面的好与坏感到混乱。

因此，除了弗洛伊德发现并由琼·里维埃进一步发展的因素外，嫉羡和对嫉羡的防御在负性治疗反应中也起着重要作用。❶

因为嫉羡以及嫉羡所导致的态度会干扰病人在移情情境中逐步建立起好的客体，如果在最初阶段，好的食物和原始的好客体不能被接受和同化，这种情况就会在移情中重演，从而影响分析的进程。

在分析材料提供的背景下，随着以前情境的修通，我们有可能得以重建病人作为婴儿对母亲乳房的感受。例如，婴儿可能会抱怨乳汁来得太快或太慢；❷ 或者在他最渴望吃奶的时候，母亲没有给他吃，因此，当母亲给他吃奶时，他就不想要了。他转过身去不吃奶，而是吮吸自己的手指。当他接受母乳时，他可能喝得不够多，或者喂奶受到干扰。有些婴儿显然很难克服这种不满情绪。而另一些婴儿则很快就能克服这些不满情绪，乳房是被接受的，喂奶也很愉快，即使这些不满情绪是基于实际的挫折。我们在分析中发现，有些病人，根据他们被告知的情况，他们的进食情况令人满意，而且没有明显地表现出我刚才描述的态度，但他们的怨恨、嫉羡和憎恨被分裂出去了，不过，这些怨恨、嫉羡和憎恨构成了他们性格发展的一部分。在移情情境中，这些过程变得非常明显。在分析中，我们可

---

❶ 参见我的《论分析中的负性治疗反应》（A Contribution to the Analysis of the Negative Therapeutic Reaction，1936）；另见弗洛伊德的《自我与本我》。

❷ 事实上，婴儿可能吃到的奶太少，在最需要的时候没有吃到，或者吃奶的方式不对，比如吃奶太快或太慢。抱婴儿的方式是否舒适，母亲对喂奶的态度是高兴还是焦虑，是用奶瓶还是母乳喂养，所有这些因素在每个案例中都是非常重要的。

以发现，一些病人的嫉羡和憎恨被分裂出去，但构成了负性治疗反应的一部分，其合作的基础是取悦母亲的原始愿望、渴望被爱，以及寻求保护以避免自身破坏性冲动的后果的迫切需要。

我经常提到婴儿对取之不尽、用之不竭的乳房的渴望。但是，正如上一节所述，他渴望的不仅仅是食物；他还希望摆脱破坏性冲动和受迫害焦虑。在对成人的分析中，我们也会发现这种感觉，即母亲是全能的，她有责任防止来自内部和外部的一切痛苦和邪恶。我想顺便说一下，近年来在喂养儿童方面出现的非常有利的变化（与按照时间表喂养的相当僵化的方式相比），并不能完全避免婴儿的困难，因为母亲无法消除他的破坏性冲动和受迫害焦虑。还有一点需要考虑。母亲过于焦虑，每当婴儿啼哭时就立即给他食物，这对婴儿是没有帮助的。他感受到了母亲的焦虑，这也加剧了他自己的焦虑。我在成人身上也遇到过这样的抱怨，即他们没有得到足够的哭泣机会，从而错过了表达焦虑和悲伤（从而得到缓解）的机会，因此无论是攻击性冲动还是抑郁性焦虑都无法得到充分的宣泄。值得注意的是，亚伯拉罕在躁郁症的致病因素中提到了过度沮丧和过于放纵。❶因为挫折如果不过分，也会刺激婴儿来适应外部世界并发展现实感。事实上，一定程度的挫折之后的满足可能会让婴儿感到他已经能够应付焦虑。我还发现，婴儿未得到满足的欲望——这些欲望在某种程度上是无法得到满足的——是促进其升华和创造性活动的一个重要因素。试想如果存在一种婴儿毫无冲突的状态，反而会剥夺他丰富自己人格的机会，也会剥夺他加强自我的一个重要因素。因为冲突和克服冲突的需要是创造力的基本要素。

嫉羡破坏了最原始的好客体，为对乳房的施虐攻击提供了更大的动力，基于这一观点我得出进一步的结论。受到嫉羡攻击的乳房已经失去了它的价值，因为被咬破并被尿液和粪便毒害而变得糟糕。过度的嫉羡会增加这种攻击的**强度**和**持续时间**，从而使婴儿更难重新获得失去的好客体；而对乳房的施虐攻击，如果不那么受嫉羡的支配，就会很快消失，因此在婴儿的心目中，就不会那么强烈和持久地破坏客体的好：乳房恢复原状并能被享用，这就证明它没有受伤，仍然是好的。❷

嫉羡会破坏享受的能力，这在一定程度上解释了为什么嫉羡如此顽固。❸因为

---

❶《从精神障碍看力比多发展的简史》（1924）。

❷ 对婴儿的观察向我们展示了这些潜在的无意识态度。正如我在前面所说的，有些婴儿在开始吃奶后不久，就会因愤怒而尖叫，但很快就会显得非常高兴。这说明他们暂时失去了好的客体，但又恢复了。而对于另一些婴儿，尽管喂奶暂时减轻了他们的不满和焦虑，但细心的观察者还是能发现他们持续的不满和焦虑。

❸ 显然，匮乏、不满意的喂养和不利的环境会加剧嫉羡，因为它们会干扰充分的满足，从而形成恶性循环。

正是享受和由此产生的感激之情减轻了嫉羡和贪婪等破坏性冲动。从另一个角度来看：贪婪、嫉羡和受迫害焦虑是相互联系的，它们不可避免地会相互加剧。嫉羡所带来的伤害感、由此产生的巨大焦虑，以及由此导致的对客体好坏的不确定性，都会增加贪婪和破坏性冲动。无论什么时候，只要觉得客体毕竟是好的，人们就会更加贪婪地渴望和吸收它。这也适用于食物。在分析过程中，我们会发现，当病人对自己的客体产生极大的怀疑，从而对分析师和分析的价值也产生极大的怀疑时，他可能会紧紧抓住任何能缓解他焦虑的诠释，并倾向于延长治疗时间，因为他想尽可能多地吸收他所认为好的东西（有些人非常害怕自己的贪婪，以至于特别想按时离开）。

对拥有好客体的怀疑以及相应的对自身好的情感的不确定也会导致贪婪和不加区别的认同；这些人很容易受到影响，因为他们无法相信自己的判断。

与因嫉羡而无法稳固地建立起内在好客体的婴儿相比，具有强烈的爱和感恩能力的儿童与好客体有着牢固的关系，他们可以承受暂时的嫉羡、憎恨和委屈状态（某些受到关爱和良好的母亲呵护的儿童却会出现这种状态），而不会受到根本性的伤害。因此，当这些负面状态暂时消失时，好客体就会一次又一次地重新出现。这是建立稳定和强大自我的基础的重要因素。在成长过程中，与母亲乳房的关系成为儿童对人、价值观和事业奉献的基础，这意味着最初在原始客体那里所体验到的爱被很好地吸收了。

爱的能力的一个主要衍生物就是感激之情。感恩对于建立与好客体的关系至关重要，也是欣赏他人和自己的好的基础。感恩来自婴儿最初阶段产生的情感和态度，当时母亲是婴儿唯一的客体。我曾说过，这种早期的纽带❶是日后与所爱的人建立所有关系的基础。虽然与母亲的专属关系在持续时间和强度上因人而异，但我相信，在一定程度上，它存在于大多数人身上。至于这种关系在多大程度上不受干扰，部分取决于外部环境。但其内在因素——首先是爱的能力——似乎是与生俱来的。破坏性冲动，尤其是强烈的嫉羡，可能会在早期阶段扰乱这种与母亲的特殊联系。如果对喂养的乳房产生强烈的嫉羡，就会妨碍充分的满足，因为正如我已经描述过的，嫉羡的特点是它意味着掠夺客体所拥有的东西，并把它糟蹋了。

只有在爱的能力得到充分发展的情况下，婴儿才能体验到完全的享受；而正是享受构成了感恩的基础。弗洛伊德将婴儿被哺乳时的幸福感描述为性满足的原型。❷在我看来，这些体验不仅是性满足的基础，也是日后所有幸福的基础，并使与他人融合的感觉成为可能；这种融合意味着被充分理解，这对每一种幸福的

---

❶《婴儿的情感生活》（1952）。

❷《性学三论》（*Three Essays on the Theory of Sexuality*）。

爱情关系或友谊都是必不可少的。在最好的情况下，这种理解不需要语言来表达，这表明它源于前语言阶段与母亲最早的亲密关系。充分享受与乳房的最初关系的能力，为体验各种来源的快乐奠定了基础。

如果婴儿能经常体验到不受干扰的喂养乐趣，那么好的乳房的内摄就会相对安全。在母亲乳房这里得到充分的满足，意味着婴儿感到他从所爱的客体那里得到了一份独特的礼物，他想把这份礼物留住。这就是感恩的基础。感恩与对好客体的信任密切相关。这首先包括接受和同化所爱的原始客体（不仅是作为食物来源）的能力，而不会过多地受到贪婪和嫉羡的干扰；因为贪婪的内化会扰乱与客体的关系。婴儿会觉得自己在控制和耗尽它，从而伤害了它，而在与内部和外部客体的良好关系中，保护和珍惜它的愿望占主导地位。我曾在另一篇文章中描述过❶，婴儿对好乳房的信念是由婴儿对第一个外部客体的力比多投注能力所产生的。这样，一个爱自己、保护自己并被自己爱和保护的好客体就建立起来了❷。这就是信任自身的好的基础。

婴儿越是经常体验并完全接受乳房带来的满足，就越能感受到快乐和感激，并因此产生回报快乐的愿望。这种经常性的体验使最深层次的感恩成为可能，并在修复能力和所有升华过程中发挥重要作用。通过投射和内摄的过程，通过内在财富的付出和再内摄，自我得到了丰富和深化。通过这种方式，对内在好客体的拥有会一次又一次地重新确立，感恩之心也会充分发挥作用。

感恩与慷慨紧密相连。内心的富足源于对好客体的吸收，从而使个人能够与他人分享它的馈赠。这样就有可能内摄一个更加友好的外部世界，从而产生一种富足感。即使慷慨常常得不到充分的赞赏，也不一定会削弱给予的能力。与此相反，如果有些人内心的富足和力量感没有充分建立起来，那么在慷慨解囊之后，他们往往会过度需要获得赞赏和感激，并因此产生贫困和被掠夺的受迫害焦虑。

对喂养乳房的强烈嫉羡会影响完全享受的能力，从而破坏感恩之心的培养。嫉羡之所以被列为七宗"原罪"之一，是有非常相关的心理原因的。我甚至认为，人们会无意识地认为嫉羡是最大的罪过，因为它破坏和伤害了作为生命之源的好客体。这种观点与乔叟（Chaucer）在《帕森斯的故事》（*The Parsons Tale*）中描述的观点一致："可以肯定，嫉羡是最严重的罪；因为所有其他的罪都是只违背某一种美德，而嫉羡则是违背所有的美德和好东西。"伤害和破坏了原始客体的感觉，损害了儿童对后来关系真诚性的信任，使他怀疑自己的爱和好的能力。

我们经常会遇到这样的情况：感激之情的表达主要是出于罪疚感，而不是出于爱的能力。我认为，区分这种罪疚感和最深层次的感激之情是很重要的。但这

❶ 《论婴儿行为观察》（1952）。

❷ 参见唐纳德·温尼科特（Donald Winnicott）的"虚幻的乳房"概念，以及他关于"客体一开始就由自我创造"的观点 [《精神病与儿童护理》（Psychoses and Child Care），1953]。

并不意味着最真诚的感激之情中没有罪疚感的成分。

我的观察表明，性格上的重大变化（近距离观察会发现是性格退化）更有可能发生在那些没有稳固地确立自己的原初客体，也没有能力对原初客体保持感激之情的人身上。当这些人由于内在或外在的原因而增加了受迫害焦虑时，他们就会完全失去其原始的好客体，或者其替代物，无论是人还是价值观。导致这种变化的过程是退回到早期分裂机制和解体的过程。由于程度不同，这种解体虽然最终会严重影响性格，但并不一定会导致明显的疾病。我所想到的性格变化的几个方面，包括对权力和声望的渴望，或不惜一切代价满足迫害者的需求以安抚他。

我在一些案例中看到，当对一个人产生嫉羡时，源于最早期的嫉羡感觉就会被激活。由于这些最原始的感觉具有全能性质，所以会反映到当前对替代人物所体验到的嫉羡中，因此，这既激发了嫉羡感觉，也造成了绝望和罪疚感。似乎每个人都有可能通过共同的经历激活最初的嫉羡，但这种感觉的程度、强度和全能破坏感都因人而异。这个因素在分析嫉羡的过程中可能会被证明是非常重要的，因为只有深入到嫉羡的深层根源，分析才有可能充分发挥作用。

毫无疑问，在每个人的一生中，挫折和不幸的环境都会激起一些嫉羡和仇恨，但这些情绪的强度和每个人应对这些情绪的方式却大不相同。这是人们的享受能力（与对所受恩惠的感激之情相联系）存在巨大差异的众多原因之一。

III

为了澄清我的论点，似乎有必要谈谈我对早期自我的看法。我认为，自我从出生后一开始就存在，尽管它的形式很原始，而且在很大程度上缺乏连贯性。在最初阶段，它就已经发挥了许多重要的功能。这个早期的自我很可能近似于弗洛伊德假设的自我的无意识部分。虽然弗洛伊德并没有假定自我从一开始就存在，但他认为有机体具有一种功能，而在我看来，这种功能只能由自我来完成。在我看来——在这一点上与弗洛伊德的观点不同❶——内在死本能所带来的毁灭威胁是最原始的焦虑，而正是自我在为生本能服务时——甚至可能是被生本能所召唤——在某种程度上将这种威胁向外转移。弗洛伊德将这种对死本能的基本防御归于有机体，而我则认为这一过程是自我的主要活动。

在我看来，自我还有其他一些原始活动，这些活动源于处理生死本能之间斗争的迫切需要。其中一个功能就是逐渐融合，它源于生本能，表现为爱的能力。自我分裂自身及其客体的相反趋势之所以会出现，部分原因是自我在出生时基本上缺乏凝聚力，部分原因是它构成了对原始焦虑的一种防御，因此也是保护自我

---

❶ 弗洛伊德说："无意识中似乎没有任何东西与生命毁灭这一概念有关。"（《抑制、症状和焦虑》，*S.E.* 20，p.129）

的一种手段。多年来，我一直非常重视一种特殊的分裂过程：将乳房分为好的和坏的客体。我认为这表达了爱与恨之间与生俱来的冲突以及随之而来的焦虑。然而，与这种分裂同时存在的，似乎还有各种分裂过程，只是近年来才对其中一些过程有了更清楚的认识。例如，我发现在对客体（首先是乳房）进行贪婪和吞噬的内化的同时，自我会在不同程度上将自身和客体分割开来，并通过这种方式分散破坏性冲动和内心的受迫害焦虑。这个过程的强弱不同，决定了个体正常与否，这是偏执-分裂心位下的一种防御手段，我认为该心位通常会持续到出生后的头三四个月。❶ 我并不是说，在这一时期，婴儿不能充分享受他被哺乳、与母亲的关系以及身体舒适或健康状态。但是，每当焦虑出现时，这些焦虑就主要是偏执性的，对它的防御以及使用的机制，主要是分裂性的。经过**适当的修改**，这也适用于抑郁心位下的婴儿的情感生活。

回到分裂过程，我认为这是婴儿相对稳定的先决条件；在最初的几个月里，他主要是把好的客体与坏的客体分开，从而从根本上保护了好的客体，这也意味着自我的安全感得到了加强。同时，这种原始的划分只有在有足够的爱的能力和相对强大的自我时才能成功。因此，我的假设是，爱的能力既能推动整合倾向，也能成功地在所爱和所恨的客体之间进行原始分裂。这听起来很矛盾。但正如我所说，整合是建立在一个牢固的、构成自我核心的好客体之上的，因此一定程度的分裂对于整合是必不可少的；因为它保留了好的客体，并在以后使自我能够将它的两个方面整合起来。过度的嫉羡是破坏性冲动的一种表现形式，它干扰了好的和坏的乳房之间的原始分裂，好客体的建立就无法充分实现。因此，这就导致了无法为成人人格的全面发展和整合奠定基础；因为后来的好坏之间的分化受到了各种干扰。这种发展紊乱是由过度嫉羡造成的，它源于早期阶段普遍存在的偏执-分裂机制，根据我的假设，这些机制构成了精神分裂症的基础。

在探索早期分裂过程时，必须区分好客体和理想化客体，尽管它们的差异并不那么明显。如果客体的两个方面出现了非常深刻的分裂，就表明被区分开来的不是好客体和坏客体，而是理想化客体和极其糟糕的客体。如此深刻而尖锐的区分表明，病人的破坏性冲动、嫉羡和受迫害焦虑非常强烈，而理想化主要是为了防御这些情感。

如果好客体是牢固的，那么分裂本质上就是不同的，它使得重要的自我整合和客体整合过程能够进行。因此，爱可以在某种程度上减轻仇恨，抑郁心位也可以得到修通。因此，对好的且完整的客体的认同就会更加稳固；这也会给自我带来力量，使它能够保持自己的身份认同以及拥有自己的好的感觉。它就不那么容

---

❶ 参见我的《关于一些分裂机制的说明》以及赫伯特·罗森菲尔德的《精神分裂症伴人格解体状态分析》（1947）。

易不加区分地认同各种客体，后者正是脆弱的自我的一个特征。此外，在完全认同一个好客体的同时，还能感受到自我本身拥有的好。当出现问题时，过度的投射性认同（自我的分裂部分被投射到客体中）会导致自我与客体之间的强烈混淆，客体也代表了自我。❶ 随之而来的，便是自我的削弱和客体关系的严重混乱。

爱的能力强的婴儿对理想化的需求要小于那些破坏性冲动和受迫害焦虑占主导地位的婴儿。过度理想化意味着迫害是主要的驱动力。多年前，我在对幼儿的分析中发现，理想化是受迫害焦虑的必然结果——是对受迫害焦虑的防御，理想化的乳房对应着吞噬性的乳房。理想化客体在自我中的整合程度远远低于好客体，因为它主要源于受迫害焦虑，而很少源于爱的能力。我还发现，理想化源于一种与生俱来的感觉，即存在一个极好的乳房，这种感觉导致了对好客体的渴望和爱它的能力。❷ 这似乎是生命本身的一个条件，也就是说，是生本能的一种表现。由于对好客体的需求是普遍的，因此理想化客体与好客体之间的区别不是绝对的。

有些人通过将好客体理想化来解决自己无法拥有好客体（源于过度嫉羡）的问题。这种最初的理想化是不稳定的，因为对好客体的嫉羡必然会延伸到其理想化的方面。对其他客体的理想化和认同也是如此，这种认同往往是不稳定和不加区分的。贪婪是造成这种不加区分的认同的一个重要因素，因为需要从每个地方获取最好的东西会干扰选择和辨别的能力。这种能力也与在与原始客体的关系中产生的好坏混淆有关。

有些人能够相对安全地建立起最初的好客体，他们能够保持对好客体的爱，尽管它有缺点；但有些人则不是这样，他们的爱情关系和友谊呈现出一种理想化特征。这种理想化往往会破裂，然后他们所爱的客体可能经常会更换，因为没有一个能达到预期。前一个被理想化的人常常被认为是迫害者（这表明理想化对应着迫害），而主体的嫉羡和批评态度也投射到他身上。非常重要的一点是，类似的过程也会在人的内部世界中发生，这样一来，内部世界就会包含了特别危险的客体。所有这些都会导致人际关系的不稳定。这就是我在前面谈及不加区分的认同时提到的脆弱的自我的另一个方面。

即使是在安全的母婴关系中，也很容易产生与好客体有关的疑虑；这不仅是因为婴儿非常依赖母亲，还因为他经常焦虑不安，担心自己的贪婪和破坏性冲动会得逞——这种焦虑是抑郁心位的一个重要因素。然而，在人生的任何阶段，在焦虑的压力下，对好客体的信念和信任都会动摇；但是，这种怀疑、绝望和迫害

---

❶ 我在以前的著作中已经论述过这一过程的重要性，在此只想强调，在我看来，它是偏执-分裂心位的一个基本机制。

❷ 我已经提到了将产前情境理想化的内在需要。另一个经常被理想化的领域是婴儿与母亲的关系。特别是那些在这种关系中没有体验到足够幸福的人，在回想起来时会把这种关系理想化。

状态的**强度**和**持续时间**决定了自我是否有能力重新整合自己，并安全地恢复对好客体的信念。❶从日常生活中可以看出，对"好"的存在抱有希望和信任可以帮助人们度过巨大的逆境，并有效地对抗迫害。

IV

过度嫉羡的后果之一似乎是过早产生罪疚感。如果一个还没有能力承受罪疚感的自我过早地体验到罪疚感，罪疚感就会被视为迫害，引起罪疚感的客体就会变成迫害者。这样，婴儿就既无法修通抑郁性焦虑，也无法修通受迫害焦虑，因为它们彼此混淆了。几个月后，当抑郁心位出现时，更整合、更强大的自我更有能力承受内疚的痛苦，并发展出相应的防御能力，主要是修复倾向。

事实上，在最初阶段（即偏执-分裂心位），过早的罪疚感会加剧迫害和分裂，从而导致抑郁心位的修通也会失败。❷

这种失败在儿童病人和成人病人身上都可以看到：病人一旦感到内疚，分析师就变成了迫害者，并受到各种指责。在这些病例中，我们会发现他们在婴儿时期无法单独体验罪疚感，而不同时引发受迫害焦虑和相应的防御。这些防御后来表现为对分析师的投射和全能否认。

我的假设是，罪疚感的最深层来源之一总是与对乳房的嫉羡和因嫉羡攻击而破坏了乳房的"好"有关。如果原始客体在婴儿早期就已相对稳定地建立起来，那么这种感觉所引起的罪疚感就能被更成功地处理，因为那时的嫉羡更短暂，更不容易危及与好客体的关系。

过度的嫉羡会妨碍充分的口腔满足，从而刺激生殖器欲望和趋势的加强。这意味着婴儿过早地转向生殖器的满足，其后果是口腔关系变得生殖器化，生殖器的趋势过多地受到口腔的不满足和焦虑的影响。我经常主张，生殖器的感觉和欲望可能从一出生就开始起作用；例如，众所周知，男婴很早就有勃起。但是，在

---

❶ 在这里，我参考了我的论文《哀悼及其与躁郁状态的关系》，在这篇文章中，我把哀悼的正常修通过程定义为一个恢复早期好客体的过程。我认为，当婴儿成功地处理了抑郁心位时，这个修通就发生了。

❷ 虽然我没有改变我的观点，即抑郁心位大约在第一年的第二个季度出现，并在六个月左右达到顶峰，但我发现有些婴儿似乎在出生后的头几个月就短暂地体验到罪疚感（参阅《关于焦虑和罪疚感的理论》）。这并不意味着抑郁心位已经出现。我曾在其他地方描述过抑郁心位的各种过程和防御特征，如与完整客体的关系、对内部和外部现实的更强认识；对抑郁的防御，尤其是修复的冲动，以及客体关系的扩大导向了俄狄浦斯情结的早期阶段。在谈到生命最初阶段短暂体验到的罪疚感时，我更接近于当时我在写《儿童精神分析》时所持的观点，当时我描述了小婴儿体验到的罪疚感和迫害。后来，当我给抑郁心位下定义时，我把罪疚感、抑郁以及相应的防御和偏执阶段（我后来称之为偏执-分裂心位）更清晰地划分开来，也许这种划分过于模式化了。

谈到这些过早出现的感觉时，我指的是在通常口腔欲望最强烈的阶段，生殖器的趋势干扰了口腔的趋势。❶在这里，我们不得不再次考虑早期混淆的影响，它表现为口腔、肛门和生殖器冲动和幻想的模糊。力比多和攻击性这两种不同来源之间的重叠是正常的。但是，如果这种重叠导致儿童无法充分体验到其中任何一种趋势在其适当发展阶段的主导地位，那么以后的性生活和升华都会受到不利影响。以逃避口腔欲望为基础的生殖器趋势是不安全的，因为它带有因口腔享受受挫而产生的怀疑和失望。生殖器趋势对口腔享受的干扰破坏了生殖器领域的满足感，往往是强迫性手淫和滥交的原因。因为主要享受的缺失会给生殖器欲望带来强迫性因素，而且正如我在一些病人身上看到的那样，这可能会导致性感觉进入所有的活动、思维过程和兴趣中。对有些婴儿来说，逃向生殖器趋势也是一种防御，以防止憎恨和伤害引发矛盾情感的原初客体。我发现，过早出现生殖器趋势可能与过早出现罪疚感有关，是偏执-分裂病例的特征。❷

当婴儿进入抑郁心位，更能面对自己的心理现实时，他也会感到客体的"坏"在很大程度上是由他自己的攻击性和随之而来的投射造成的。正如我们在移情情境中看到的那样，当抑郁心位达到顶峰时，这种洞察力会带来巨大的精神痛苦和罪疚感。但它也会带来解脱和希望的感觉，这反过来又会降低将客体和自我的两个方面重新整合起来的难度，并能够修通抑郁心位。这种希望是建立在一个不断增长的无意识认识的基础上的，即内部和外部的客体并不像其被感觉到的那样，在其分裂方面是那样糟糕。通过用爱来减轻憎恨，客体在婴儿的心目中得到了改善，婴儿不再强烈地感觉到它在过去被摧毁了，它在未来被毁灭的危险也降低了；客体没有受到伤害，它在现在和将来也不那么容易受到伤害。内在客体获得了一种自我约束和自我保护的态度，它变得更有力量，这构成了超我功能的一个重要方面。

在描述抑郁心位的克服（这与对内在好客体的更大信任密切相关）时，我并不是说这种成果是一劳永逸的。内在或外在的压力很容易激起抑郁，以及对自我和客体的不信任。然而，在我看来，能够从这种抑郁状态中走出来，并重新获得内心的安全感，是成熟人格的一个标准。与此相反，通过麻痹自己的情感和否认抑郁来应对抑郁的常见方式，是向婴儿期抑郁心位下使用的躁狂防御的一种倒退。

对母亲乳房的嫉羡与嫉妒的产生有着直接的联系。嫉妒是基于对父亲的怀疑和竞争，因为婴儿认为是父亲夺走了母亲和母亲的乳房。这种对立标志着正向和反向

---

❶ 我有理由相信，这种过早的生殖器发育往往是强烈的精神分裂症特质征或全面的精神分裂症的一个特征。参见比昂（W. Bion）在《关于精神分裂症理论的说明》（Notes on the Theory of Schizophrenia，1954）和《精神病病人与非精神病病人的人格区分》（Differentiation of the Psychotic from the Non-Psychotic Personalities，1958）中的论述。

❷ 参阅《象征形成在自我发展中的重要性》（1930）和《论躁抑郁状态的心理成因》（1935）以及《儿童精神分析》。

的俄狄浦斯情结的早期阶段，通常在第一年的第二个季度与抑郁心位同时出现。❶

俄狄浦斯情结的发展深受与母亲的原初专属关系的演变的影响，当这种关系过早受到干扰时，与父亲的竞争就会过早出现。阴茎在母亲体内或在母亲乳房内的幻想，会使婴儿把父亲体验为一个充满敌意的入侵者。当婴儿还没有充分享受到早期与母亲的关系所能带给他的快乐和幸福，还没有安全地接受原初好客体时，这种幻想就会特别强烈。这种失败，部分取决于嫉羡的强度。

我在以前的著作中描述过抑郁心位，当时我指出，在这个阶段，婴儿会逐渐整合他的爱与恨，整合母亲的好与坏，并经历与罪疚感相联系的哀悼状态。他也开始更多地了解外部世界，并意识到他不能把母亲当作自己的专属财产。婴儿能否在与第二个客体（父亲）或周围其他人的关系中得到帮助来消除这种悲伤，在很大程度上取决于他对失去的唯一客体所体验到的情感。如果这种关系建立得很好，那么失去母亲的恐惧就不会那么强烈，分享母亲的能力就会更强。那么，他也会对他的竞争对手体验到更多的爱。所有这一切都意味着，他能够令人满意地修通抑郁心位，而这又取决于他对原始客体的嫉羡没有过度。

正如我们所知，嫉妒是俄狄浦斯情境中固有的，并伴随着仇恨和死亡愿望。然而，在正常情况下，获得新的可以被爱的客体——父亲和兄弟姐妹，以及发展中的自我从外部世界获得的其他补偿，在一定程度上减轻了嫉妒和怨恨。如果偏执-分裂机制很强大，嫉妒和最终的嫉羡就会得不到缓解。俄狄浦斯情结的发展，在根本上受到所有这些因素的影响。

俄狄浦斯情结最早阶段的特征包括一些幻想，即母亲的乳房中和母亲的体内拥有父亲的阴茎，或父亲的体内拥有母亲。这是联合父母（combined parent）形象的基础，我在以前的著作中阐述过这种幻想的重要性。❷联合父母形象如何影响婴儿区分父母和与父母建立良好关系的能力，受其嫉羡的强度和俄狄浦斯式嫉妒的强度的影响。如果婴儿怀疑父母总是从对方那里得到性满足的话，他们总是结合在一起的幻想就会被强化。如果这些焦虑的运作太过强烈，并因此持续时间过长，就可能导致婴儿与父母双方的关系出现持久的紊乱。在重病案例中，由于与父亲的关系和与母亲的关系在病人的头脑中联系过于紧密，因此无法将两者区分开，这是病人出现严重混乱状态的重要原因。

如果嫉羡没有过度，俄狄浦斯情境中的嫉妒就会成为修通嫉羡的一种手段。当出现嫉妒时，敌对情绪不再是针对原始客体，而是针对竞争对手——父亲或兄弟姐

---

❶ 我曾在其他地方（如《婴儿的情感生活》）指出，在抑郁心位的发展时期与俄狄浦斯情结的早期阶段之间存在密切联系。

❷ 参见《儿童精神分析》（特别是第8章）和《婴儿的情感生活》。我曾在那里指出，这些幻想通常是俄狄浦斯情结早期阶段的一部分，但我现在要补充的是，俄狄浦斯情结的整个发展过程深受嫉羡强度的影响，而嫉羡强度决定了联合父母形象的强度。

妹——这就带来了一种分配因素。与此同时，当这些关系发展起来时，爱的感觉就会产生，并成为满足感的新来源。此外，从口腔欲望到生殖器欲望的转变，降低了母亲作为口腔享受提供者的重要性（我们知道，嫉羡的对象主要是口腔方面的）。对于男孩来说，大量的仇恨转移到了父亲身上，因为他嫉羡父亲拥有母亲，这是典型的俄狄浦斯式嫉妒。对女孩来说，对父亲生殖器的渴望使她找到了另一个爱的客体。因此，嫉妒在某种程度上取代了嫉羡；母亲成了主要的竞争对手。女孩渴望取代母亲的位置，拥有并照顾所爱的父亲给予母亲的孩子。在这个角色中，对母亲的认同使更多的升华成为可能。同样重要的是要考虑到，通过嫉妒来修通嫉羡，也是对嫉羡的一种重要防御。与破坏原初客体的原始嫉羡相比，嫉妒更容易被接受，产生的罪疚感也更少。

在分析中，我们经常可以看到嫉妒和嫉羡之间的密切联系。例如，一个病人对一个男人感到非常嫉妒，他认为我与这个男人有密切的私人接触。接下来，他觉得无论如何，我在私生活中可能都是无趣和无聊的，于是他突然觉得整个分析都是无聊的。病人自己认识到这是一种防御，进而他认识到这是对分析师的一种贬低，因为病人自己强烈嫉羡分析师。

野心是引发嫉羡的另一个重要因素。这通常首先与俄狄浦斯情境中的对立和竞争有关；但如果一个人的野心是过度的，就明显意味着其根源在于对原始客体的嫉羡。一个人的野心无法实现，这通常是由对被破坏性的嫉羡所伤害的客体进行修复的冲动与再次出现的嫉羡之间的冲突所引起的。

弗洛伊德发现了女性对阴茎的嫉羡及其与攻击冲动之间的联系，这是对嫉羡的理解做出的基本贡献。当阴茎嫉羡和阉割欲望强烈时，被嫉羡的对象（阴茎）就会被摧毁，拥有它的男人就会受到剥夺。弗洛伊德在他的《可结束和不可结束的分析》（1937）中强调，由于女性病人永远无法获得她们渴望的阴茎，因此在分析女性病人时会遇到困难。他指出："女病人内心确信分析毫无用处，什么也帮不了她。当我们了解到她来接受治疗的最大动机是希望她还能获得一个男性器官时，我们只能表示同意，因为没有男性器官让她如此痛苦。"

导致"阴茎嫉羡"的因素有很多，我曾在其他文章中讨论过。❶在这里，我想

❶ 参见《从早期焦虑看俄狄浦斯情结》（1945）（《论文集》第1卷，p.418）。阴茎嫉羡和阉割情结在女孩的成长过程中起着至关重要的作用。但是，正向俄狄浦斯欲望的挫败又在很大程度上强化了它们。虽然小女孩在某一阶段认为她的母亲拥有阴茎这一男性特征，但这一概念在她的成长过程中的作用远没有弗洛伊德所说的那么重要。根据我的经验，弗洛伊德所说的女孩与阳具母亲（phallic mother）的关系中的许多现象，都是在无意识的理论基础上产生的，即她的母亲含有令人崇拜和渴望的父亲阴茎。女孩对父亲阴茎的口腔欲望会与她最初接受父亲阴茎的生殖器欲望交织在一起。这些生殖器欲望意味着女孩希望从父亲那里得到孩子，"阴茎 = 孩子"这个等式也证明了这一点。女性将阴茎内化并从父亲那里得到一个孩子的欲望，总是先于拥有自己的阴茎的欲望。

主要从口腔欲望来考虑女性对阴茎的嫉羡。我们知道，在口腔欲望的支配下，阴茎被强烈地等同于乳房（亚伯拉罕），根据我的经验，女人对阴茎的嫉羡可以追溯到对母亲乳房的嫉羡。我发现，如果按照这些思路来分析女性对阴茎的嫉羡，我们就会发现它的根源在于与母亲最早的关系，在于对母亲乳房的基本嫉羡，以及与之相关的破坏性情感。

弗洛伊德已经指出，女孩对母亲的态度对她日后与男性的关系至关重要。当对母亲乳房的嫉羡强烈地转移到父亲的阴茎上时，结果可能是强化了她的同性恋态度。另一种结果是，由于口腔关系引起的过度焦虑和冲突，使她突然从乳房转向阴茎。这本质上是一种逃避机制，因此不会带来与第二个客体的稳定关系。如果这种逃避的主要动机是对母亲的嫉羡和憎恨，那么这些情绪很快就会转移到父亲身上，从而无法建立起对父亲持久的爱的态度。与此同时，对母亲的嫉羡关系会表现为过度的俄狄浦斯竞争。这种竞争与其说是出于对父亲的爱，不如说是出于对母亲拥有父亲及其阴茎的嫉羡。对乳房的嫉羡被完全带到了俄狄浦斯的情境中。父亲（或他的阴茎）成了母亲的附属品，基于这种原因，女孩想从母亲那里夺走他。因此，在以后的生活中，她在与男人的关系中取得的每一次成功都成了对另一个女人的胜利。即使在没有明显对手的情况下也是如此，因为这种竞争是针对男性的母亲的，从儿媳和婆婆之间经常出现的不和谐关系中就可以看出这一点。如果男人之所以受重视，主要是因为对他的征服是对另一个女人的胜利，那么一旦成功，她就会对他失去兴趣。因此，她对另一个作为竞争对手的女人的态度暗示着："你（代表母亲）拥有那美妙的乳房，当你拒绝给我时，我无法得到它，但我仍然希望从你那里夺走它，因此我从你那里夺走了你珍惜的阴茎。"重复这种战胜令人憎恨的对手的需要，往往强烈地推动她去寻找另外的一个又一个男人。

当对母亲的憎恨和嫉羡不那么强烈时，失望和委屈可能仍会导致对母亲的疏远，但对第二个客体（父亲的阴茎和父亲）的理想化可能会更成功。这种理想化主要源于对好客体的追求，由于这种追求最初是不成功的，因此可能会再次失败，但如果对父亲的爱在嫉妒情境中占主导地位，这种追求就不会失败；因为在这里，女性可以把对母亲的恨和对父亲的爱（以及后来对其他男性的爱）结合起来。在这种情况下，对女性的友好情感是可能的，只要它们不过分被体验为母亲的替代品。与女性的友谊和同性恋可能是基于找到一个好客体（而不是被回避的原始客体）的需要。因此，这类人——这既适用于男性，也适用于女性——可以拥有良好的客体关系这一事实往往具有欺骗性。潜在的对原始客体的嫉羡被分裂出去，但仍然存在，并有可能扰乱任何关系。

在许多病例中，我发现不同程度的性冷淡是对阴茎的态度不稳定所导致的，主要是基于对原始客体的逃避。完全的口腔满足能力植根于与母亲的满意关系，是体验完全的生殖器高潮的基础（弗洛伊德）。

对于男性来说，对母亲乳房的嫉羡也是一个非常重要的因素。如果这种嫉羡很强烈，口腔满足感因此受损，憎恨和焦虑就会转移到阴道。在正常情况下，生殖器趋势的发展会让男孩把母亲作为爱的客体，而口腔关系的严重紊乱则会导致对女性的生殖器态度出现严重问题。与乳房（之后与阴道）的关系紊乱所造成的后果是多方面的，如生殖能力受损、对生殖器满足的强迫性需求、滥交和同性恋。

看起来，同性恋的罪疚感的一个来源是那种带着憎恨离开母亲的感觉，通过与父亲的阴茎和父亲结盟而背叛了母亲。无论是在俄狄浦斯阶段，还是在以后的生活中，这种背叛所爱的女人的成分都可能产生影响，比如干扰与其他男性的友谊，即使它们并不具有明显的同性恋性质。另一方面，我注意到，对所爱女人的内疚和这种态度所隐含的焦虑往往会加强对她的逃避，并增加同性恋倾向。

对乳房的过度嫉羡很可能会延伸到女性的所有特征上，尤其是到女性的生育能力上。如果发展是顺利的，男性就会通过与妻子或情人建立良好的关系，并成为她所生孩子的父亲，来修复这些未得到满足的女性欲望。这种关系开启了与孩子的认同等体验，这在很多方面弥补了早年的嫉羡和挫折；同时，他创造了孩子的感觉也抵消了早年对母亲女性气质的嫉羡。

无论是男性还是女性，嫉羡都会导致他们想要夺走异性的特质，以及想要占有或破坏同性父母的特质。因此，在正向和反向的俄狄浦斯情境中，偏执的嫉妒和竞争在两性中都是基于对原始客体——母亲，或者说母亲的乳房——的过度嫉羡，无论其发展如何不同。

"好"乳房哺育着婴儿，并开启了婴儿与母亲的爱的关系，它是生本能的代表❶，也是创造力的最初体现。在这种基本关系中，婴儿不仅得到了他所渴望的满足，而且感觉到他的生命得到了延续。因为饥饿会引起对饥饿——甚至可能是所有身体和精神上的痛苦的恐惧——被视为死亡的威胁。如果能够保持对一个赋予生命的内化好客体的认同，这将成为创造力的动力。虽然从表面上看，这可能表现为对他人所获得的声望、财富和权力的渴望，❷但其实际目的却是创造性。给予和保护生命的能力被认为是最伟大的礼物，因此创造力成为嫉羡的最深刻原因。弥尔顿在《失乐园》❸（Paradise Lost）中描述了嫉羡对创造力的破坏，撒旦因嫉羡上帝而决定篡夺天堂。他向上帝开战，企图破坏天堂生活，并从天堂坠落。堕落后的撒旦和其他堕落天使建立了地狱，与天堂分庭抗礼，并成为企图摧毁上帝创造的一切的破坏性力量。❹这一神学思想似乎来自圣奥古斯丁（Augustine），他将

---

❶ 参见《婴儿的情感生活》和《论小婴儿的行为》。

❷ 参见《论认同》（1955）。

❸ 第一卷和第二卷。

❹ 只因魔鬼的嫉羡，死亡才进入了世界。属于他那一类的人就在其中受审[《所罗门的智慧》（Wisdom of Solomon），第3章第24节]。

生命描述为一种创造性力量，与嫉羡这种破坏性力量相对立。在这方面，《致哥林多前书》（First Letter to the Corinthians）中写道："爱是不嫉羡。"

我的精神分析经验告诉我，对创造力的嫉羡是干扰创造过程的一个基本要素。破坏和摧毁最初的"好"源泉很快就会导致摧毁和攻击母亲体内所包含的婴儿，并导致好客体变成一个充满敌意、挑剔和嫉羡的客体。被投射了强烈嫉羡的超我人物会变得特别具有迫害性，并干扰思维过程和所有生产活动，最终影响创造力。对乳房的嫉羡和破坏性态度是破坏性批评的基础，这种批评通常被描述为"尖刻的"和"恶毒的"。创造力尤其会成为这种攻击的对象。因此，斯宾塞（Spenser）在《仙后》（The Faerie Queene）中将嫉羡形容为贪婪的豺狼：

"他憎恨一切善行义举

……

憎恨著名诗人的诗句

他在背后说人坏话，从患麻风病的嘴里❶吐出毒液

攻击一切作品。"

建设性批评有不同的来源；其目的是帮助他人并推动其工作。有时，它源于对被讨论作品的作者的强烈认同。母性或父性的态度也可能会引起嫉羡，而对自己创造力的自信往往会抵消嫉羡。

造成嫉羡的一个特殊原因是他人相比之下不那么嫉羡。被嫉妒的人被认为拥有最珍贵和最渴望的东西——这是个好客体，也意味着良好的性格和理智。此外，一个人如果能心甘情愿地享受他人的创造性劳动和幸福，就不会受嫉羡、委屈和迫害的折磨。嫉羡是巨大不幸的根源，而相对摆脱嫉羡则会让人感到心满意足、心境平和，最终变得理智。事实上，这也是内在资源和韧性的基础，我们可以从那些即使经历了巨大逆境和精神痛苦也能恢复平静心态的人身上观察到这一点。这种态度包括对过去快乐的感激和对现在所拥有东西的享受，表现为一种宁静。对于老年人来说，这种态度使他们能够适应青春无法重获的事实，使他们能够对年轻人的生活感到愉悦和兴趣。众所周知，父母会让子女和孙辈重温自己的生活——如果这不是过度占有欲和野心的表现的话——说明了我想表达的意思。

---

❶ 在乔叟的作品中，我们也能找到大量关于嫉羡者所特有的背地里说坏话和破坏性批评的记载。他认为，嫉羡者对他人的好和富裕感到不快，对他人受到的伤害感到高兴，这两种情绪交织在一起，就产生了诽谤罪。这种罪恶行为的特点是"一个人赞美他的邻居，但他的意图是邪恶的，因为他总是把'但'字放在最后，并在后面加上另一个比这个人的价值更高的指责。或者，如果一个人是好人，他做的事或说的话都是出于好意，那么背地里说坏话的人就会把这一切好意都颠倒过来，变成他自己的奸计。如果别人说一个人的好话，那么背地里说坏话的人就会说他非常好，但却会指出别人更好，从而贬低别人称赞的这个人"。

那些觉得自己也曾有过人生经历和乐趣的人，更能相信生命的连续性。❶这种既能乐于顺从，又能保持享受的能力起源于婴儿期，取决于婴儿在多大程度上能够享受乳房，而不过分嫉羡母亲拥有乳房。我认为，婴儿时期所经历的幸福和对好客体的爱丰富了人格，是享受和升华能力的基础，而且在老年时期仍能感受到这种能力。歌德（Goethe）说："谁能使他生命的终结与开端紧密相连，谁就是最幸福的人。"我将"开端"解释为早期与母亲的幸福关系，这种关系在整个生命中减轻了仇恨和焦虑，并仍然给予老年人支持和满足。稳固地建立了好客体的婴儿也能在成年生活中找到对丧失和匮乏的补偿。嫉羡的人觉得这一切是他永远无法得到的，因为他永远无法满足，因此他的嫉羡之心就更加强烈了。

V

现在，我将用临床材料来说明我的一些结论。❷我的第一个例子来自对一位女病人的分析。她一直被母乳喂养，但其他情况并不理想，她确信自己的婴儿期和喂养完全不能令人满意。她对过去的不满与对现在和未来的绝望联系在一起。在我将要提到的材料之前，我们已经广泛分析了对喂养她的乳房的嫉羡，以及随之而来的客体关系方面的困难。

病人打电话说，由于肩膀疼痛，她不能来接受治疗。第二天，她打电话给我，说她仍然不舒服，但希望第二天能见到我。第三天，她真的来了，却满腹牢骚。她的女仆一直在照顾她，但没有其他人关心她。她向我描述说，有一刻，她的疼痛突然加剧，并感到非常冰冷。她急切地需要有人马上过来捂住她的肩膀，让它暖和起来，然后马上离开。就在那一瞬间，她突然想到，这一定就是她小时候想要人照顾而没人来的感觉。

病人对人的态度呈现出鲜明的特征，这也揭示了她最早与乳房的关系：她渴望得到照顾，但同时又排斥能满足她的客体。她对收到的礼物的怀疑，加上她急切地需要被照顾（这最终意味着她渴望被喂养），反映了她对乳房的矛盾态度。我曾提到过，某些婴儿对挫折的反应是无法充分利用喂养（即使是延迟喂养）可能给他们带来的满足感。我推测，虽然他们没有放弃对母乳的渴望，但他们无法享受母亲的乳房，因此排斥它。我们讨论的这个案例说明了造成这种态度的一些原因：她怀疑自己想要得到的礼物，因为这个礼物已经被嫉羡和憎恨破坏了，同时，她对每一次挫折都深怀怨恨。我们还必须记住——这一点也适用于其他有明显嫉羡心理的成年人——许多令人失望的经历，无疑部分是由她自己的态度造成的，

---

❶ 一个五岁男孩的一番话充分表达了对生命延续的信念，他的母亲怀孕了。他表示希望母亲生个女孩，并补充说："然后她会生孩子，她的孩子也会生孩子，然后一直生下去。"

❷ 我知道，在下面的病例中，有关病人病史、性格、年龄和外部环境的材料细节会很有价值。出于保密考虑，我无法详述这些细节，只能试图通过摘录材料来说明我的主要观点。

使她感到所希望得到的照顾不会令人满意。

在这次治疗过程中，病人报告了一个梦：她在一家餐馆里，坐在一张桌子旁，但没有人来招呼她。她决定去排队买点吃的。在她前面有一个女人，拿了两三块小蛋糕就走了。病人也拿了两三块小蛋糕。从她的联想中，我选择了以下几个点：这个女人似乎非常坚定，她的身材让人想起了我。她突然对蛋糕（**小蛋糕**）的名字产生了疑问，她起初以为是"petit fru"，这让她想起了"petit frau"，进而想起了"Frau Klein"（克莱因）。我的诠释要点是，她对错过几次分析会谈的不满与对婴儿期喂养的不满和不快乐有关。"两三块"中的两块蛋糕代表乳房，她觉得由于错过了分析会谈，她两次被剥夺了乳房。有"两三块"是因为她不确定第三天是否能来。这个女人"非常坚定"，而病人也学着她的样子吃蛋糕，这既表明她对分析师的认同，也表明她将自己的贪婪投射到了分析师身上。在当前的情境中，梦中的一个方面最为相关。带着两三块**小蛋糕**离开的分析师不仅代表了被扣留的乳房，也代表了将要喂养自己的乳房。（结合其他材料，"坚定"的分析师不仅代表乳房，还代表了一个人，病人认同了这个人的品质，无论好坏。）

因此，她除了感到沮丧之外，还有对乳房的嫉羡。这种嫉羡引起了强烈的不满，因为母亲被认为是自私和刻薄的，她喂养和关心的是自己，而不是她的孩子。在分析情境中，我被怀疑在她不在的时间里只顾自己享受，或者把时间给了我喜欢的其他病人。病人决定加入的队列是指更被喜欢的其他竞争对手。

在这个梦得到分析之后，病人的情绪状况发生了显著的变化。与以往的分析过程相比，病人现在更生动地体验到了幸福和感激之情。她的眼中噙满了泪水，这很不寻常，她说她现在感觉好像吃了一顿完全令人满意的大餐。❶她还想到，她的哺乳期和婴儿期可能比她想象的要幸福。此外，她对未来和分析结果也更加充满希望。病人更充分地认识到了自己的一部分，在其他方面她对这一部分也有所察觉。她意识到自己对许多人感到嫉羡和嫉妒，但在与分析师的关系中却未能充分认识到这一点，因为体验到自己在嫉羡和破坏分析师以及分析的成功实在是太痛苦了。在这次会谈中，经过上述诠释之后，她的嫉羡减轻了；享受和感激的能力凸显出来，她能够将分析过程当作一种快乐的喂养体验。这种情绪状况必须在正性和负性移情中反复修通，直到取得更稳定的结果。

正是通过让她逐渐将分裂的自我部分（这些自我部分与分析师相关联）整合

---

❶ 不仅在儿童身上，在成人身上，最早的喂养经历中感受到的情感也会在移情情境中完全恢复。例如，在治疗过程中，饥饿或口渴的感觉会非常强烈地涌现出来，而在诠释之后，这种感觉就消失了。我的一个病人被这种感觉征服了，他从沙发上站起来，用胳膊环绕着拱门的一侧，拱门把我的咨询室的一侧和另一侧隔开了。我曾多次听到病人在这种治疗结束时说："我得到了很好的滋养。"病人重新获得了好客体，这种好客体的最原始形式就是照顾并喂养婴儿的母亲。

在一起，通过让她认识到她对我（首先是对她母亲）是多么嫉羡，因而又是多么怀疑，她才有了那次幸福的喂养体验。这与感激的感觉密切相关。经过这些分析过程，嫉羡减少了，感激之情变得更加频繁和持久。

我的第二个例子来自对一位具有强烈抑郁和分裂特征的女病人的分析。她长期处于抑郁状态。分析工作持续进行，并取得了一些进展，尽管病人一再表示对分析心存疑虑。我诠释了她对分析师、父母和兄弟姐妹的破坏性冲动，分析成功地让她认识到了她对母亲身体进行破坏性攻击的特定幻想。这种洞察通常会让她感到抑郁，但并非无法控制。

值得注意的是，在她治疗的早期，病人的困难的深度和严重程度是不那么显而易见的。在社交方面，她给人的印象是一个和蔼可亲的人，尽管她很容易抑郁。她的修复倾向和对朋友的帮助态度是非常真诚的。然而，她病情的严重性在某一阶段开始显露出来，部分原因是之前的分析工作，部分原因是一些外部经历，发生了几件令人失望的事。但是，她在职业生涯中的一次出人意料的成功，使我多年来一直在分析的问题更加凸显出来，那就是她与我之间的激烈竞争，以及她觉得自己有可能在自己的领域与我平起平坐，或者说比我更胜一筹。我和她都认识到了她对我的破坏性嫉羡的重要性；而且，当接触到这些深层内容时，我们发现所有这些破坏性冲动似乎都被体验为是全能的，因此是不可改变和无法修复的。在此之前，我已经对她的口腔欲望进行了广泛的分析，这使她部分地认识到了自己对母亲和我的破坏性冲动。分析还涉及尿道和肛门的施虐欲望，但在这方面，我觉得我没有取得什么进展，她对这些冲动和幻想的理解更多的是理智性质的。在我现在要讨论的这一特殊时期，尿道方面的材料出现得越来越多。

很快，她就对自己的成功产生了一种狂喜的感觉，接着她就做了一个梦，梦中她战胜了我，而在这背后，是她对我（代表着她母亲）的毁灭性嫉羡。在梦中，她坐着魔毯飞在空中，魔毯支撑着她，飞到了一棵树的顶端。她站在足够高的地方，可以透过窗户看到一个房间，里面有一头母牛正在啃着什么东西，那似乎是一条无边无际的毯子。同一天晚上，她还有一个梦的小片段，其中她梦见自己的裤子湿了。

与这个梦有关的联想清楚地表明，站在树顶就意味着超越了我，因为那头牛就代表着我自己，她轻蔑地看着我。在她的分析过程中，她很早就做了一个梦，梦中我是一个冷漠的母牛一样的女人，而她是一个发表了精彩而成功的演讲的小女孩。我当时的诠释是，她把分析师塑造成了一个可鄙的人，而她尽管年轻得多，却表现得如此成功，尽管她完全意识到小女孩就是她自己，而母牛就是分析师，但她只是部分地接受了我的诠释。这个梦让她逐渐意识到她对我和她母亲的破坏性和嫉羡性的攻击。从那时起，奶牛（女人）就代表了我自己，这已经成为材料中的一个既定特征，因此在新的梦中，她所看到的房间里的母牛很明显就是分析师。她联想到，无边无际的毯子代表着无穷无尽的话语，她想到，这些都是我在分析中说过的话，而我现在必须把它们咽下去。这条毯子是对我的诠释无用和无价值的攻击。在这里，我们看到了对原始客体的全面贬低，主要表现在母牛身上，以及对没有喂饱它的母亲的不满。对我的惩罚是让我吃掉我说的所有话，这揭示了她在分析过程中一再感受到的深深的不信任和怀疑。在我的诠释之后，她很清楚地意识到，这位受到虐待的分析师是不可信任的，她对被贬低的分析也没有信心。病人对她对我的态度感到惊讶和震惊，在这个梦之前，她一直拒绝承认这一点。

梦中的湿裤子以及与之相关的联想，（除其他含义外）表达了对分析师的有毒的尿道攻击，这种攻击将摧毁她的精神力量，使她变成母牛（女人）。很快，她又做了一个梦，说明了这一点。她站在楼梯下面，仰望着一对年轻夫妇，他们之间的关系很不对劲。她向他们扔了一个毛线球，她自己说这是"好魔法"，她的联想表明，坏魔法（更具体地说是毒药）一定会导致之后需要使用好魔法。对这对夫妇的联想，使我能够诠释当前被强烈否认的嫉妒情境，并将我们从现在带回到以前的经历，最终当然是回到她父母身上。对分析师的破坏和嫉羡情感，以及过去对她母亲的破坏和嫉羡情感，都是梦中对这对夫妇的嫉妒和嫉羡的基础。这个毛线球从未到达这对夫妇的手中，这意味着她的修复没有成功；对这种失败的焦虑是她抑郁的一个重要因素。

这只是材料的摘录，它令人信服地向病人证明了她对分析师和她的原始客体有毒的嫉羡。她陷入了前所未有的深度抑郁。这种抑郁的主要原因是，在她感到狂喜之后，她认识到了自己完全分裂的一部分，而这部分她此前一直无法承认。正如我前面所说，要帮助她认识到自己的仇恨和攻击性是非常困难的。但是，当我们探索到破坏性的特殊根源——她的妒忌，是她攻击和羞辱分析师的动力时，在她头脑的另一部分中，她非常珍视分析师，这种矛盾使她无法忍受从这个角度看待自己。她看起来并不特别自夸或自负，但通过各种分裂过程和躁狂防御，她一直坚持着自己的理想化形象。在分析的这一阶段，她再也无法否认，她感觉自己糟糕和卑鄙，因此，理想化的自我形象破灭了，对自己的不信任以及对过去和现在所造成的不可挽回的伤害的罪疚感油然而生。她的罪疚感和抑郁集中在她对分析师的忘恩负义感上，她知道分析师曾经帮助过她，也正在帮助她，而她却对分析师感到蔑视和憎恨；这最终是对母亲的忘恩负义，她在无意识中认为母亲被她的嫉羡和破坏性冲动毁坏和伤害了。

对她的抑郁进行分析后，她的病情有所好转，但几个月后，她又重新陷入了深深的抑郁之中。这是因为病人更充分地认识到了她对分析师以及过去对家人的强烈肛门施虐攻击，并证实了她对自己患病和坏的感受。这是她第一次能够看到之前被分裂出去的强烈的尿道和肛门施虐特征。这些特征中的每一个方面都影响到病人人格和兴趣的重要部分。在对抑郁进行分析后，迈向整合的重要一步出现了，这意味着她重新找回了这些失去的部分，而她也必须面对这些部分，这正是导致她抑郁的原因。

下一个例子是一个女病人，我认为她是一个相当正常的人。随着时间的推移，她越来越意识到对姐姐和母亲的嫉羡。对姐姐的嫉羡被一种强烈的智力优越感所抵消，这种优越感是有事实根据的，而且她还无意识地觉得姐姐非常神经质。对母亲的嫉羡则被强烈的爱和对母亲的"好"的赞赏所抵消。

病人报告了她做的一个梦，梦见她和一个女人单独在一节火车车厢里，她只能看到那个女人的背影，而那个女人正靠在车厢门上，随时都有掉下去的危险。病人用力抱住她，一只手抓住她的腰带；她用另一只手写了一张告示，大意是一位医生正在这节车厢里为一位病人看病，请勿打扰，她把这张告示贴在了窗户上。

我从她对这个梦的联想中选出以下几点：病人有一种强烈的感觉，她紧紧抓住的那个人是她自己的一部分，而且是个疯子。在梦中，她坚信自己不应该让她从门缝里掉出去，而应该把她关在车厢里，好好对付她。对梦的分析表明，车厢代表了她自己。她只能从后面看到那个女人的头发，这让她联想到姐姐。进一步的联想，使她认识到自己与姐姐的关系中的竞争和嫉羡，这可以追溯到病人还是个孩子的时候，当时她的姐姐已经受到追求。然后，她谈到了她母亲穿过的一件衣服，病人小时候对这件衣服既崇拜又渴望得到。这件衣服非常清楚地显示出乳房的形状。尽管这一切都不是全新的，但比以往任何时候都更加明显的是，她最初在幻想中嫉羡和破坏的是母亲的乳房。

这种认识增加了她对姐姐和母亲的罪疚感，并导致她对自己的早期关系进行了进一步的修正。她对这个姐姐的缺陷有了更加同情的理解，并感到自己对她的爱不够。她还发现，自己在幼年时对她的爱比记忆中更多。

我的诠释是，病人觉得她必须控制住自己疯狂、分裂的部分，这也与对神经质姐姐的内化有关。在分析了这个梦之后，这位原本认为自己相当正常的病人感到震惊。这个病例说明了一个人们越来越熟悉的结论，即即使在正常人身上也存在着偏执-分裂的残余情感和机制，这些情感和机制往往与自我的其他部分分裂开来。❶

病人觉得她必须紧紧抓住那个身影，这象征着她本应更多地帮助姐姐，防止她摔倒；现在，病人重新体验了这种感觉，其中姐姐是病人的内化客体。她对早期关系的修正是与她对原始内摄客体的情感变化联系在一起的。她的姐姐也代表了她自己疯狂的部分，这在一定程度上是她自己的偏执-分裂情感在她姐姐身上的

---

❶ 弗洛伊德在《梦的解析》（*Interpretation of Dreams*）中清楚地指出，一些疯狂元素的残余部分在梦中得到了表达，因此梦是维护理智的最重要保障。

投射。伴随着这种认识，她自我的分裂减弱了。

我现在想谈谈一位男病人，他做了一个梦，这个梦对他产生了强烈的影响，使他不仅认识到自己对分析师和母亲的破坏性冲动，而且还认识到嫉羡是他与她们之间关系的一个非常特殊的因素。到那时为止，带着强烈的罪疚感，他已经在某种程度上认识到了自己的破坏性冲动，但仍然没有意识到过去对分析师和母亲的创造力所产生的嫉羡和敌意。不过，他意识到自己对其他人感到嫉羡，与父亲之间除了良好关系之外也有竞争和嫉妒的感觉。接下来的梦让他对分析师的嫉羡有了更深刻的认识，并揭示了他早年对拥有母亲的所有女性特质的渴望。

在梦中，病人一直在钓鱼；他在想是否应该把钓上来的鱼杀了吃，但还是决定把鱼放进篮子里让它死去。装鱼的篮子是一个女人的洗衣篮。鱼突然变成了一个漂亮的婴儿，婴儿的衣服上有一种绿色的东西。然后他注意到——此时他变得非常担心——婴儿的肠子露出来了，因为它作为鱼吞下的鱼钩损坏了它的肠子。病人对于绿色的联想是《国际精神分析图书馆》丛书的封面，病人说，篮子里的鱼代表我的一本书，显然是他偷来的。然而，进一步的联想表明，这条鱼不仅是我的作品和我的孩子，也代表着我自己。我吞下鱼钩，也就意味着吞下了鱼饵，这表达了他的感受，即我对他的评价比他应得的要好，而我却没有认识到他的自我中也有针对我的、极具破坏性的部分。虽然病人还不能完全承认他对待鱼、婴儿和我的方式意味着因嫉羡而毁掉我和我的工作，但他无意识地感知到了这一点。我还诠释说，在这个情境中，洗衣篮表达了他想成为女人、生孩子和从母亲那里夺走孩子的愿望。迈向整合的这一步带来的结果是，由于他不得不面对自己人格中的攻击性成分，他陷入了强烈的抑郁。虽然这在他分析的前半部分已经有所预示，但他现在对此感到震惊，并对自己感到恐惧。

第二天晚上，病人梦见了一条梭子鱼，他联想到了鲸鱼和鲨鱼，但他在梦中并没有感觉到这条梭子鱼是一种危险的生物。这条梭子鱼很老了，看起来疲惫不堪，非常破旧。在它身上有一条吸盘鱼，他马上提出，吸盘鱼不是吸梭子鱼或鲸鱼，而是把自己吸到水面上，从而保护自己不受其他鱼类的攻击。病人意识到，这种解释是为了防御他是吸盘鱼而我是老态龙钟的梭子鱼这种感觉，而我之所以处于这种状态，是因为我在前一晚的梦中受到了非常糟糕的对待，而且他觉得我被他吸干了。这让我不仅成了一个受伤的人，而且成了一个危险的客体。换句话说，受迫害焦虑和抑郁性焦虑都凸显出来了；与鲸鱼和鲨鱼的联系显示了梭子鱼迫害性的一面，而它陈旧破损的外表则表达了病人的罪疚感，因为他觉得他已经对我造成了伤害，而且正在伤害我。

这种洞察之后的强烈抑郁持续了几个星期，几乎没有间断过，但并没有影响病人的工作和家庭生活。据他描述，这种抑郁与他以前经历过的任何抑郁都不同，更加深刻。通过体力和脑力劳动表现出来的修复冲动因抑郁而增强，并为克服抑郁铺平了道路。这一阶段的分析成果非常明显。即使在经过修通，抑郁消失了之后，病人仍然坚信，他再也不会像以前那样看待自己了，这不再意味着沮丧，而是对自己有了更多的了解，对他人也有了更大的宽容。分析所取得的成果是在整合方面迈出的重要一步，这与病人能够面对自己的心理现实密不可分。然而，在分析过程中，这种态度有时无法保持。这就是说，就像所有病例一样，治疗是一个循序渐进的过程。

虽然他以前对人的观察和判断相当正常，但经过这一阶段的治疗，他的情况有了明显改善。进一步的结果是，他对童年的回忆和对兄弟姐妹的态度在分析中表现得更加强烈，并开始回想起早年与母亲的关系。在我提到的抑郁状态中，他认识到，他在很大程度上失去了分析的乐趣和兴趣；但当抑郁消除后，他又完全恢复了这些兴趣。不久，他带来了一个梦，在他自己看来，这个梦是对分析师的温和贬低，但通过分析，这个梦实际上表达了一种强烈的贬低。在梦中，他不得不处理一个犯错的男孩，但他对自己的处理方式并不满意。男孩的父亲建议开车把他送到目的地。他发现自己被带到了离他想去的地方越来越远的地方。他向父亲道谢后下了车；但他并没有迷路，因为他像往常一样保持着大致的方向感。路过一幢相当特别的建筑时，他觉得这幢建筑看起来很有趣，适合举办展览，但住在里面并不舒适。他对此的联想与我的外表的某些方面有关。然后，他说到那栋建筑有两翼，并想起了"将某人置于自己的羽翼之下"这句话。他意识到，他所关注的那个不良少年就代表着他自己，而梦的延续则说明了他为什么是不良少年：当代表分析师的父亲带着他越来越远离他的目的地时，这表明了他利用他的怀疑部分是为了贬低我；他怀疑我带他走的方向是否正确，是否有必要走得这么深，我是否对他造成了伤害。当他提到他保持了方向感，没有感到迷失时，这就意味着与对男孩父亲（分析师）的指责恰恰相反：他知道分析对他非常有价值，是他对我的嫉羡增加了他的疑虑。

他还理解到，他不愿意住的那栋有趣的建筑代表了分析师。另外，他觉得通过分析，我将他置于我的羽翼之下，保护他免受冲突和焦虑的困扰。梦中对我的怀疑和指责被用来贬低我，这不仅与嫉羡有关，也与对嫉羡的绝望和因忘恩负义而感到的罪疚有关。

对这个梦还有另一种诠释，后来的梦也证实了这一点，这种诠释是基于这样一个事实：在分析情境中，我经常代表父亲，但很快又变成母亲，有时同时代表父母双方。这种诠释是对父亲把他带向错误方向的指责，与他早期对父亲的同性恋吸引有关。分析过程证明，这种吸引是与强烈的罪疚感联系在一起的，因为我能够向病人呈现，对母亲及其乳房的强烈嫉羡和憎恨导致他转向父亲，而他的同性恋欲望被认为是对母亲的敌对联盟。指责父亲把他带向了错误的方向，这与我们经常在病人身上发现的他被引诱成为同性恋者的普遍感觉有关。这里我们看到的是个体将自己的欲望投射到父母身上。

对他的罪疚感的分析产生了各种影响。他对父母的爱更深了，与此相关的是，他还意识到在他对于修复的需要中存在着强迫成分。对幻想中受到伤害的客体（最初是母亲）过分强烈的认同损害了他充分享受的能力，从而在某种程度上使他的生活变得贫乏。很明显，即使在他与母亲最早的关系中没有理由怀疑他在吮吸时是快乐的，但由于他害怕耗尽或剥夺乳房，他无法完全享受这种快乐。另一方面，对他的享受的干扰使他感到不满，并增加了他的受迫害感。这就是我在上一节中描述的一个过程，在发展的早期阶段，罪疚感（尤其是对母亲和分析师的破坏性嫉羡所引发的罪疚感）很容易转变为受迫害感。通过对原始嫉羡的分析，以及相应抑郁性和受迫害焦虑的减轻，他在深层次上享受和感恩的能力得到了提高。

我现在要提到另一个男病人的案例，他也有抑郁倾向，并伴有强迫性的修复需要；他的野心、好胜心和嫉羡与许多良好的性格特征共存，并已逐渐被分析出来。然而，几年后❶，病人才完全体验到对乳房及其创造力的嫉羡，以及对乳房的破坏欲望，这种欲望在很大程度被上分裂出去了。在他进行分析的初期，他做了一个被他形容为"滑稽可笑"的梦：他正在抽他的烟斗，烟斗里装满了我的论文，这些论文是从我的一本书里撕下来的。他首先对此表示非常惊讶，因为"没有人会用印有字的纸张吸烟"。我诠释说，这只是这个梦的一个次要特征，梦的主要意义是他撕毁了我的著作，并正在毁坏它。我还指出，毁坏我的纸张是一种肛门施虐性质的行为，暗含着吸入它们的意思。他否认了这种敌意满满的攻击；他有很强的否认能力，他分裂过程的力量也很强大。这个梦的另一个方面是，与分析有关的受迫害感觉出现了。我以前提供的诠释让他反感，觉得是他必须"放进烟斗里抽"的东西。对梦的分析帮助病人认识到他对分析师的破坏性冲动，也认识到这些冲动是由前一天出现的嫉羡情境引发的；其核心是觉得别人比他自己更受我的重视。但是，虽然他对分析师的嫉羡得到了诠释，但所获得的洞察并没有使他理解自己对分析师的嫉羡。然而，我毫不怀疑，这为后续的材料奠定了基础，此后他的破坏性冲动和嫉羡会变得越来越清晰。

在后期阶段，他的分析达到了一个高潮，所有这些与分析师有关的感觉都强烈地涌现在病人的脑海中。病人报告说他做了一个梦，他再次把这个梦描述为"滑稽可笑"：他在飞速前进，就像在一辆汽车里。他站在一个半圆形的装置上，这个装置是用金属丝或一些"原子材料"做成的。正如他所说，"这让我坚持了下来"。突然，他发现自己站立的东西正在碎裂，他非常痛苦。他把半圆形物体与乳房和勃起的阴茎联系起来，这代表着他的能力。他对没有正确利用他的分析和对

---

❶ 经验告诉我，当分析师完全相信情感生活的一个新方面的重要性时，他就能够在分析中更早地对其进行诠释。这样，只要材料允许，他就会给予足够的重视，从而使病人更快地意识到这种过程，这样就能提高分析的有效性。

我的破坏性冲动的罪疚感进入了这个梦境。他在抑郁中感到我无法得到保护，这与他在战争期间和后来父亲不在家时无法保护母亲的类似焦虑有许多联系，部分甚至是有意识的。他对母亲和我的罪疚感在当时已经被广泛分析了。但最近，他更明确地感觉到，是他的嫉羡在破坏我。他的罪疚感和不快感更加强烈，因为在他的内心里，有一部分他是感激分析师的。"这让我坚持了下来"这句话暗示了分析对他来说是多么重要，它是他发挥最大潜能的先决条件，也就是说，是他实现所有愿望的先决条件。

意识到他对我的嫉羡和憎恨后，他感到非常震惊，随之而来的是强烈的抑郁和不配感。我认为，我已经在几个案例中提及的这种震惊，是治愈自我分裂的一个重要步骤，因此也是自我整合的一个进展阶段。

在第二个梦之后的一次治疗中，他更充分地认识到了自己的野心和嫉羡。他说他知道自己的局限性，正如他所说的，他并不指望他和他的职业会光彩夺目。此时此刻，在梦境的影响下，他认识到他的这种表述显示了他的强烈野心和对我的嫉羡的比较。在最初的惊讶之后，他对这一认识深信不疑。

VI

我经常把我处理焦虑的方法描述为我技术的一个焦点。然而，从一开始，焦虑就离不开防御。正如我在前面的章节中所指出的，自我的首要功能就是处理焦虑。我甚至认为，内在死本能的威胁所产生的原始焦虑，很可能就是自我从出生开始就进入活动状态的原因。自我一直在保护自己，抵御焦虑带来的痛苦和紧张，因此婴儿从出生后一开始就在使用防御手段。我多年来一直认为，自我承受焦虑能力的强弱是一个体质因素，对防御能力的发展有很大影响。如果自我应对焦虑的能力不足，它可能会倒退回早期的防御机制，甚至过度使用适合其阶段的防御机制。因此，受迫害焦虑和应对该焦虑的方法可能会非常强烈，以至于随后抑郁心位的修通受到影响。在某些病例中，尤其是精神病类型的病例中，我们从一开始就面临着明显难以克服的防御，以至于在一段时间内似乎无法对其进行分析。

现在，我将列举一些我在工作中遇到的对嫉羡的防御。以前经常描述的一些最早的防御方式，如全能、否认和分裂，都因嫉羡而得到加强。在前面的章节中，我曾提出，**理想化**不仅是对迫害的一种防御，也是对嫉羡的一种防御。在婴儿身上，如果好的和坏的客体之间的正常分裂最初没有成功，这种失败与过度的嫉羡结合在一起，往往会导致全能理想化的原始客体和全坏的原始客体之间的分裂。对客体及其品质的强烈赞扬是为了减少嫉羡。然而，如果嫉羡非常强烈，那么它迟早会转而反对原始理想化的客体，反对在发展过程中代表它的其他人。

如前所述，从根本上将客体分成爱与恨、好与坏的正常分裂过程如果不成功，就会出现好坏客体混淆的情况。❶我认为这是任何混乱（无论是严重的，还是优柔寡断等轻微的混乱状态）的基础，即在得出结论和清晰思考的能力上遇到困难。但是，混乱也被用于防御：这在各个发展阶段都可以看到。对原始客体的替代物是好还是坏感到困惑，在一定程度上抵消了因嫉羡而产生的受迫害感，以及对破坏和攻击原始客体的罪疚感。当抑郁心位和严重的罪疚感一起出现时，与嫉羡的斗争就会呈现出另一种特点。即使对那些嫉羡并不过分强烈的人来说，对所嫉羡的客体的关注、认同，以及对所嫉羡的客体的丧失和对其创造性受到损害的恐惧，也是导致他们难以修通抑郁心位的一个重要因素。

为了避免对最重要的被嫉羡（因此也被憎恨）的客体——乳房——产生敌意，**从母亲那里逃到其他人那里去**，成为一种保护乳房（这也意味着保护母亲）的手段。❷我经常指出，从第一个客体转向第二个客体（父亲）的方式非常重要。如果嫉羡和仇恨占主导地位，这些情绪就会在一定程度上转移到父亲或兄弟姐妹身上，然后再转移到其他人身上，此后逃避机制就会失效。

与逃离原始客体相联系的是对原始客体情感的分散，这种情感在发展的后期阶段可能会导致滥交。婴儿期客体关系的扩大是一个正常的过程。只要与新客体的关系在某种程度上是对母亲的爱的替代，而不主要是对母亲的恨的逃避，那么新客体就是有帮助的，是对失去原初独特客体的不可避免的丧失感（这种感觉是在抑郁心位下产生的）的修复。在新的关系中，爱和感激在不同程度上得以保留，尽管这些情感在某种程度上与对母亲的情感割裂开来。然而，如果情感的分散主要是为了防御嫉羡和仇恨，那么这种防御就不是稳定的客体关系的基础，因为它们受到对原初客体的持续敌意的影响。

防御嫉羡的方式往往是贬低被嫉羡的客体的价值。我曾说过，破坏和贬低是嫉羡所固有的。被贬低的客体无需再被嫉羡。这很快也适用于理想化的客体，因为它被贬低了，因此不再理想化。这种理想化破灭的速度取决于嫉羡的强度。但是，贬低和忘恩负义在每个发展阶段都会被用来防御嫉羡，而且在某些人身上仍然是他们客体关系的特征。我曾提到过这样一些病人，他们在移情情境中，在得到某种诠释的明显帮助后，又对其进行批判，直到其一无是处。举个例子：一个病人在一次分析会谈中圆满解决了一个外部问题，但在下一次治疗开始时，他说他对我感到非常恼火——我在前一天让他面对这个特定问题时，激起了他极大的焦虑。他似乎还觉得受到了我的指责和贬低，因为直到问题得到分析后，他才想到了解决办法。只有在反思之后，他才承认分析实际上是有帮助的。

自我贬低是抑郁病人特有的一种防御方式。有些人可能无法开发自己的天赋，

---

❶ 参见罗森菲尔德的《关于慢性精神分裂症中混乱状态的精神病理学说明》（1950）。

❷ 参见《婴儿的情感生活》。

也无法成功地利用它们。在另一些情况下，这种态度只在某些场合下才会出现，如每当有与重要人物竞争的危险时。通过贬低自己的天赋，他们既否认了嫉羡，又惩罚了自己。然而，在分析中我们可以看到，对自我的贬低再次激起了对分析师的嫉羡，因为分析师被认为是优越的，尤其是因为病人已经强烈地贬低了自己。当然，剥夺自己的成功有许多决定因素，这适用于我提到的所有态度。❶但我发现，这种防御的最深层根源之一，是对因嫉羡而未能保住好客体的罪疚感和不快。那些极不稳定地建立起好客体的人，会因为担心好客体会被竞争和嫉羡破坏并丢失而感到焦虑，因此不得不回避成功和竞争。

另一种防止嫉羡的方法与贪婪密切相关。通过**贪婪地将乳房内化**，在婴儿的心目中，乳房就完全成为他的所有物，并由他控制，他就会觉得乳房赋予他的一切好处都将是他自己的。这被用来抵消嫉羡。正是这种内化过程中的贪婪蕴含着失败的萌芽。正如我在前面所说的，一个建立得牢固的好客体因此得到了同化，那么它不仅会爱主体，而且会被主体所爱。我认为，这是与好客体的关系的特征，但不适用于理想化的客体，或只在很小的程度上适用于理想化的客体。强大而粗暴的占有会导致好客体被体验为一个被摧毁的迫害者，而嫉羡的后果却没有得到充分的阻止。相比之下，如果对所爱的人表现出宽容，这种宽容也会被投射到其他人身上，从而使他们成为好的客体。

一种常见的防御方法是通过自己的成功、财产和好运来**激起他人的嫉羡**，从而扭转嫉羡的局面。这种方法的无效性源于它所引起的受迫害焦虑。被嫉羡的人，尤其是被嫉羡的内在客体，会被体验为最可怕的迫害者。这种防御方法之所以不稳定，另一个最终原因来自抑郁心位。想让其他人，尤其是所爱的人嫉羡并战胜他们的欲望，会让人产生罪疚感，并害怕伤害他们。由此产生的焦虑影响了对自己所拥有的东西的享受，并再次增加嫉羡。

还有一种并不少见的防御方式，即**压抑爱的情感，并相应地强化恨的情感**，因为这比承受由爱、恨和嫉羡结合在一起所产生的罪疚感要少一些痛苦。这可能并不表现为恨，而表现为漠不关心。与之相伴的一种防御方式就是避免与人接触。我们知道，独立的需求是一种正常的发展现象，但为了避免感激或对忘恩负义和嫉羡的罪疚感，这种需求可能会得到加强。通过分析，我们会发现，这种无意识的独立性实际上是非常虚假的：病人仍然依赖于他的内在客体。

赫伯特·罗森菲尔德❷描述了一种特殊的处理方法，当人格分裂的部分（包括最嫉妒和最具破坏性的部分）聚集在一起时，就会出现整合的步骤。他指出，"付

---

❶ 参见弗洛伊德的《精神分析工作中遇到的一些性格类型》（Some Character-Types Met with in Psycho-Analytic Work，1915）。

❷《关于神经症和精神病病人在分析中付诸行动的需要的研究》（An Investigation of the Need of Neurotic and Psychotic Patients to Act Out during Analysis，1955）。

诸行动"（acting out）被用来回避分裂的解除（undoing）；在我看来，"付诸行动"只要是为了回避整合，就会成为一种防御手段，以防御因接受自我嫉羡的部分而产生的焦虑。

我并没有描述所有针对嫉羡的防御手段，因为它们种类繁多。它们与针对破坏性冲动、受迫害焦虑和抑郁性焦虑的防御密切相关。它们的成功与否取决于许多外部和内部因素。如前所述，当嫉羡很强，因而有可能在所有客体关系中再次出现时，对嫉羡的防御就显得岌岌可危；而在不受嫉羡支配的情况下，针对破坏性冲动的防御似乎要有效得多，尽管这可能意味着人格的抑制和限制。

当分裂和偏执的特征占据上风时，对嫉羡的防御就不会成功，因为主体的攻击会导致受迫害感的增加，而这种受迫害感只能通过再次攻击来解决，也就是说，通过加强破坏性冲动来解决。这样就形成了一个恶性循环，削弱了对抗嫉羡的能力。这一点尤其适用于精神分裂症病人，并在一定程度上解释了治愈这些病人所面临的困难。❶

如果在某种程度上存在着与好客体的关系，那么结果就会更加有利，因为这也意味着抑郁心位已经得到了部分修通。抑郁和罪疚感的体验意味着希望珍惜所爱之人，并限制嫉羡。

我列举的这些防御以及其他许多防御构成了负性治疗反应的一部分，因为它们极大地阻碍了病人接受分析师所提供的东西的能力。我在前面提到过嫉羡分析师的一些表现形式。当病人能够体验到感激之情时——这意味着在这种时候他不会那么嫉羡——他就能更好地从分析中获益，并巩固已经取得的成果。换句话说，抑郁特征比分裂和偏执特征占优势的程度越高，治愈的前景就越好。

修复的冲动和帮助被嫉羡的客体的需要也是抵制嫉羡的重要手段。归根结底，这就是通过调动爱的情感来抵制破坏性冲动。

既然我已经多次提到混乱，那么总结一下某些重要的混乱状态可能是有用的，因为它们通常出现在不同的发展阶段和方面。我多次指出❷，从婴儿出生后开始，尿道和肛门（甚至生殖器）的力比多欲望和攻击欲望就在起作用——尽管口腔欲望占主导——而且在几个月内，与部分客体的关系就会和与完整客体的关系重叠。

我已经讨论过这些因素，特别是强烈的偏执-分裂特征和过度的嫉羡，它们从一开始就模糊了好乳房和坏乳房之间的区别，并妨碍了成功的分裂；这因此加剧了婴儿的混乱。我认为，在分析中，我们必须将病人的所有混乱状态，甚至是精神分裂症中最严重的混乱状态，追溯到这种无法区分好坏原始客体的早期情境中，尽管我们也必须考虑到，混乱对嫉羡和破坏性冲动的防御作用。

---

❶ 我的一些分析精神分裂症病例的同事告诉我，他们现在十分强调嫉羡是一种破坏性的因素，这对于理解和治疗他们的病人都是非常重要的。

❷ 参见《儿童精神分析》第8章。

上面已经提到了这种早期困难的一些后果：过早地产生罪疚感、婴儿无法分别体验罪疚感和受迫害感，以及由此导致的受迫害焦虑的增加；我还提请大家注意，由于对联合父母形象的嫉羡而加剧的父母之间的混乱也很重要。我把过早出现生殖器趋势与逃避口腔欲望联系起来，这导致口腔、肛门和生殖器之间的趋势和幻想更加混乱。

投射性认同和内射性认同也是造成混淆和混乱心理状态的早期因素，因为它们可能会暂时模糊自我与客体、内部世界与外部世界之间的区别。这种混淆会干扰婴儿对心理现实的认识，而后者有助于对外部现实的理解和现实感知。

对精神食粮的不信任和恐惧，可以追溯到对被嫉羡和毁坏的乳房所提供的食物的不信任。如果把好的食物和坏的食物混为一谈，那么以后清晰思考和制定价值标准的能力就会受到损害。在我看来，所有这些干扰都与对焦虑和罪疚感的防御有关，它们是由仇恨和嫉羡引起的，表现为对学习和智力发展的抑制。在这里，我不考虑造成这些困难的其他各种因素。

我简要总结的混乱状态，在一定程度上是正常的，因为破坏（恨）与整合（爱）趋势之间的激烈冲突促成了这种混乱状态。随着整合趋势的增强，通过成功地修通抑郁心位（包括进一步澄清内部现实），对外部世界的感知才会变得更加现实——这种成果通常在第一年的下半年和第二年的年初就会出现。❶这些变化主要与投射性认同的减少有关，后者是偏执-分裂机制和焦虑的一部分。

VII

现在，我将尝试简要描述在分析过程中取得进展所遇到的困难。只有经过长期艰苦的工作，病人才有可能面对原始的嫉羡和憎恨。尽管大多数人都熟悉竞争和嫉羡的感觉，但在移情情境中体验到它们最深刻、最早期的含义，对病人来说是极其痛苦的，因此也是难以接受的。在分析俄狄浦斯式的嫉妒和敌意时，我们在男性和女性病例中发现的阻抗虽然非常强烈，但并不像分析对乳房的嫉羡和憎恨时遇到的那样强烈。帮助病人克服这些深刻的冲突和痛苦，是促进他的稳定和整合的最有效手段，因为这可以使他通过移情，更牢固地确立他的好客体和对它的爱，并获得对自己的一些信心。毋庸讳言，对这种最早关系的分析有助于对他后来关系的探索，并使分析师能够更全面地了解病人的成年人格。

在分析过程中，我们必须准备好遇到改善和挫折之间的波动。这可能表现在很多方面。例如，病人曾对分析师的技术表示感激和赞赏。这种技术本来是受钦佩的，但很快就会变成被嫉羡；嫉羡可能会被拥有一个好分析师的自豪感所抵消。

---

❶ 我曾提出（参见我 1952 年的论文），在生命的第二年，强迫机制开始凸显，自我组织在肛门冲动和幻想占主导的情况下形成。

如果自豪感激起了占有欲，那么婴儿期的贪婪就会复苏，可以用以下语句来表达：我拥有了我想要的一切；我拥有了这个好妈妈。这种贪婪和控制的态度很容易破坏与好客体的关系，并产生罪疚感，这种罪疚感可能很快导致另一种防御：比如，我不想伤害分析师（母亲），我宁愿不接受她的礼物。在这种情况下，早期因拒绝母亲提供的乳汁和爱而产生的罪疚感又会复活，因为分析师的帮助没有被接受。病人也会感到内疚，因为他剥夺了自己（自我中好的部分）的进步和帮助，他责备自己没有充分合作，给分析师带来了太大的负担；这样，他就觉得自己在剥削分析师。这种态度，与他的防御和情感、思想和所有理想被分析师剥夺的受迫害焦虑交替出现。在极度焦虑的状态下，病人的头脑中似乎别无选择，只能认为自己是在抢劫或被抢劫。

正如我所指出的那样，即使有了更多的洞察，防御也依然存在。每接近整合一步，由此激起的焦虑，都可能导致早期的防御以更大的力量出现，甚至产生新的防御。我们还必须预料到，原始的嫉羡会反复出现，因此我们要面对情绪状况的反复波动。例如，当病人觉得自己很卑鄙，因此不如分析师时，他对分析师的嫉羡很快又出现了。他自己的不快乐、经历的痛苦和冲突与他所感受到的分析师的平和心态——实际上是他的理智——形成了鲜明对比，这就是嫉羡的一个特殊原因。

病人无法心怀感激地接受治疗师的诠释，哪怕在他内心的某些部分，认为这种诠释是有帮助的，这是负性治疗反应的一个方面。在这个主题之下，还存在着许多其他的困难，我在此只列举其中的一部分。我们必须做好准备，一旦病人在整合方面取得进展，也就是说，当人格中嫉羡、憎恨和被憎恨的部分与自我的其他部分更加接近时，强烈的焦虑可能会凸显出来，并增加病人对其爱的冲动的不信任。我曾将爱的抑制描述为抑郁心位下的一种躁狂防御，其根源在于破坏性冲动和受迫害焦虑所带来的威胁。在成年人身上，对所爱之人的依赖会让人重新感受到婴儿时期的无助，并感到屈辱。但是，这不仅仅是婴儿期的无助：如果儿童的焦虑过于强烈，担心自己的破坏性冲动会把母亲变成一个迫害性或受损害的客体，那么他就会过度依赖母亲；而这种过度依赖又会在移情情境中重新出现。另一个抑制爱的冲动的原因是担心一个人如果向爱屈服，他的贪婪就会摧毁客体。还有一种担心是，爱会导致过多的责任，客体会提出过多的要求。病人在无意识中知道仇恨和破坏性冲动在起作用，这可能会让他在否认对自己或他人的爱意时，感到更真诚。

如果自我不采取任何防御措施，就不会产生焦虑，因此分裂过程作为对抗受迫害焦虑和抑郁性焦虑的方法，发挥着重要作用。当我们诠释这种分裂过程时，病人更能意识到自己的某些部分，由于这些部分被认为代表着破坏性冲动，所以病人会很害怕。对于早期分裂过程（总是与分裂-偏执特征联系在一起）不太明显的病人，冲动的压抑会更强烈，因此临床表现也会不同。也就是说，我们面对的是更神经症类型的病人，他们在某种程度上成功地克服了早期分裂，压抑已成为他们防御情感障碍的主要手段。

长期阻碍分析的另一个困难是病人对强烈的正性移情的顽固坚持；这在一定程度上具有欺骗性，因为它建立在理想化的基础上，掩盖了分裂出来的仇恨和嫉妒。其特点是，口腔焦虑经常被回避，而生殖器方面则被放在首位。

我曾在不同的场合试图说明，破坏性冲动——死本能的表现——首先被认为是针对自我的。面对这些冲动（尽管它们是逐渐发生的）时，病人在接受这些冲动作为自己的一部分并将其整合起来的过程中，会感到自己面临毁灭。也就是说，病人在某些时候会因为整合而面临几种巨大的危险：他的自我可能会被压垮；当他认识到人格中分裂的、具有破坏性的、令人憎恨的部分的存在时，他自我的理想部分可能会丧失；分析师可能会被体验为充满敌意，对病人不再受压抑的破坏性冲动进行报复，从而也成为一个危险的超我形象；或者，代表好客体的分析师受到毁灭的威胁。如果我们记得，婴儿觉得他的原始客体是"好"的，是生命的源泉，因此是不可替代的，那么精神分析师面临的危险就变得可以理解了。这种危险使我们在试图消除分裂、实现整合的过程中遇到强大的阻抗。病人担心自己破坏了原始客体，这种焦虑是造成重大情感困难的原因，也是抑郁心位下冲突的主要原因。由于认识到自己的破坏性嫉妒而产生的罪疚感，可能会暂时抑制病人的能力。

当为了对整合进行防御，全能甚至狂妄自大（megalomanic）的幻想增多时，我们会遇到一种截然不同的情境。这可能是一个关键阶段，因为病人可能会通过强化自己的敌对态度和投射来寻求庇护。因此，他认为自己比分析师优越，指责分析师低估了他的价值，这样他就找到了憎恨分析师的理由。他把迄今为止在分析中所取得的成就都归功于自己。回到早期的情境，在婴儿时期，病人可能会幻想自己比父母更强大，甚至幻想自己创造了母亲，或者生下了母亲并拥有了母亲的乳房。因此，是母亲抢走了病人的乳房，而不是病人抢走了母亲的乳房。这时，投射、全能和迫害达到了极致。每当科学或其他工作中的优越感非常强烈时，这些幻想就会发挥作用。还有其他一些因素也会激起对优越感的渴望，如来自各方面的野心，特别是罪疚感，这在本质上是与对原始客体或其后来的替代物的嫉妒和破坏联系在一起的。对于这种掠夺原始客体的罪疚感可能会导致否认，否认的形式是声称自己具有完全的原创性，从而排除了从客体那里获取或接受任何东西的可能性。

在上一段中，我强调了在分析那些天生嫉妒很强的病人时，在某些方面遇到的困难。然而，在许多情况下，对这些深层次的严重障碍进行分析，可以防止因过度嫉妒和全能的态度而发展为精神病的潜在危险。但重要的是，不要试图加快这些整合步骤。因为如果突然意识到自己人格的分裂，病人将难以应对。❶嫉羡和破坏性冲动越是被强烈地分裂出去，当病人意识到它们时，就会觉得它们越危险。在分析过程中，我们应该慢慢地、循序渐进地促进病人对自我的分裂进行痛苦的洞察。这就意味着，破坏性的方面会一次又一次地被分裂和恢复，直到出现更大的整合。这样，病人的责任感变得更加强烈，罪疚感和抑郁的体验也更加充分。当这种情况发生时，自我就会得到加强，破坏性冲动的全能性就会减弱，嫉羡会减弱，在分裂过程中被抑制的爱和感恩的能力就会得到释放。因此，分裂的方面逐渐变得更容易接受，病人也越来越能够压抑对所爱客体的破坏性冲动，而不是分裂自我。这意味着对分析师的投射——会使分析师变成一个危险的、报复性的人物——也会减少，分析师反过来会发现更容易帮助病人进一步整合。也就是说，负性治疗反应正在减弱。

这对分析师和病人都提出了很高的要求，需要分析分裂过程以及正性移情和负性移情中潜在的仇恨和嫉羡。这种困难造成的一个后果是，一些分析师倾向于强化正性移情，避免负性移情，并试图通过扮演病人过去无法稳固建立的好客体的角色来加强爱的感觉。这种方法与帮助病人更好地整合自我、以爱化解仇恨的方法有本质区别。我的观察表明，以安慰为基础的技术很少成功，尤其是其效果并不持久。事实上，每个人都有一种根深蒂固的对安慰的需求，这种需求可以追溯到与母亲的最初关系。婴儿不仅希望母亲能满足他的所有需求，而且每当他感到焦虑时，也渴望得到母亲的爱。这种对安慰的渴望是分析情境中的一个重要因素，我们绝不能低估它在我们的病人（成人和儿童）身上的重要性。我们发现，尽管病人在意识层面（也常常是无意识地）希望被分析，但病人从分析师那里得到爱和欣赏的证据，从而得到安慰的强烈愿望，从来没有被完全放弃过。即使是病人的合作（这种合作有助于对病人深层的心灵、破坏性冲动和受迫害焦虑的分析），也会在一定程度上受到满足分析师和被分析师所爱的冲动的影响。意识到这一点的分析师会分析这种愿望的婴儿期根源；否则，在与病人认同的过程中，早期的安慰需求可能会强烈地影响分析师的反移情，从而影响他的技术。这种认同也很容易诱使分析师站在母亲的立场上，屈服于立即减轻孩子（病人）焦虑的冲动。

当病人说"我能理解你告诉我的东西，但我感觉不到"时，就会出现整合步骤中的一个难点。我们意识到，我们实际上指的是人格的一部分，无论出于何种意图和目的，病人或精神分析师当时都无法充分接触到它。只有当我们能够通过现在和过去的材料，向病人展示他是如何以及为什么反复地分裂出自我的一部分时，我们帮助病人整合的努力才会有说服力。这种证据通常也可以通过治疗前的梦

---

❶ 一个人在意外犯罪或精神崩溃时，很可能会突然意识到自己分裂出去的危险部分。我们都知道，有人曾试图被捕，以防止自己犯下谋杀罪。

提供，也可以从整个分析情境中收集。如果对分裂的诠释通过我所描述的方式得到了充分的支持，那么在下一次治疗中，病人可能会报告一些梦或提供更多的材料来证实这种诠释。这些诠释累积起来，会逐渐使病人在整合和洞察方面取得一些进展。

分析师必须在移情情境中充分理解并诠释阻碍整合的焦虑。我在前面已经指出，如果在分析中重新获得自我的分裂部分，病人就会感觉受到威胁，这既是对自我的威胁，也是对分析师的威胁。在处理这种焦虑时，我们不应低估从材料中可以发现的爱的冲动。因为正是这些冲动最终使病人减轻了仇恨和嫉羡。

有时病人会认为诠释没有击中要害，这往往可能是一种阻抗表现。如果我们从分析一开始就充分注意到病人不断试图分裂人格中具有破坏性的部分，尤其是仇恨和嫉羡，那么事实上，至少在大多数情况下，我们已经帮助病人朝着整合的方向迈出了步伐。只有经过分析师艰苦、细致、持续的工作，我们才能期望病人获得更稳定的整合。

现在，我将通过两个梦来说明这一分析阶段。

我提到的第二位男性病人，在他分析的后期阶段，当他在各方面取得了更大的整合和改善时，他报告了下面这个梦，这个梦显示了抑郁的痛苦所导致的整合过程中的波动。他在楼上的公寓里，他朋友的朋友X在街上给他打电话，提议一起散步。病人没有和X一起去，因为公寓里的一条黑狗可能会跑出去被车撞死。他抚摸着狗。当他向窗外望去时，发现X已经"变得模糊"了。

一些联想把公寓和我的公寓联系起来，把黑狗和我的黑猫联系起来，他把黑猫描述为"她"。病人一直不喜欢他的老同学X，他说他风流倜傥，不诚实；X还经常借钱（虽然后来还了），而且借钱的方式让人觉得他完全有权利要求别人帮忙。然而，X在他的职业上表现得非常出色。

病人认识到，"朋友的朋友"是他自身的一个方面。我的诠释要点是，他更接近于认识到自己性格中令人不快和恐惧的部分；猫狗（分析师）的危险在于她会被X撞倒（即受伤）。当X邀请他一起散步时，这象征着向整合迈出了一步。在这个阶段，X的梦中出现了一个充满希望的元素，这体现在对梦的一个联想，即X尽管有缺点，但在他的职业中却表现很优秀。在这个梦中，他更接近自己的另一面，不像在以前的材料中那样具有破坏性和嫉羡，这是取得进步的另一个特征。

病人对狗猫安全的关注，表达了他希望保护分析师免受X所代表的自己的敌意和贪婪倾向的伤害，并导致已经部分愈合的分裂暂时扩大。然而，当X，即被排斥的那部分自己"变得模糊"时，这表明他并没有完全消失，整合过程只是暂时受到干扰。病人当时的心境呈现出抑郁特征；对分析师的罪疚感和保护分析师的愿望十分突出。在这里，对整合的恐惧是由这样一种感觉引起的，即必须保护分析师不受病人被压抑的贪婪和危险冲动的影响。我毫不怀疑他仍在分裂自己的部分人格，但对贪婪和破坏性冲动的**压抑**变得更加明显。因此，分析师的诠释必须同时处理分裂和压抑。

第一位男性病人在分析的后期阶段还报告了一个梦，这个梦显示出他在整合方面迈出了更大的步伐。他梦见自己有一个犯了重罪的弟弟。他被收留在一栋房子里，杀死了房子里的居民并抢劫了他们。病人对此深感不安，但他觉得自己必须忠于弟弟，救出他。他们一起逃到了一条船上。在这里，病人联想到维克多·雨果（Victor Hugo）的《悲惨世界》（Les Misérables），并提到了沙威（Javert），他一生都在迫害一个无辜的人，甚至跟踪他到了他藏身的巴黎下水道。但沙威最后自杀身亡，因为他认识到自己的一生都是在错误的道路上度过的。

病人接着讲述他的梦。他和他的弟弟被一名警察逮捕了，那名警察和蔼地看着他，于是病人希望自己最终不会被处死；他似乎想让他的兄弟听天由命。

病人马上意识到，这个"不良弟弟"就是他自己的一部分。他最近曾用"不良少年"这个词来指代自己行为中的一些小事。我们还应该记得，在之前的一个梦中，他提到了一个他无法应对的不良少年。

我所说的"整合"步骤，是指病人承担起对犯罪弟弟的责任，并与他"同舟共济"。我把他杀害和抢劫善待他的人的罪行诠释为他对分析师的幻想攻击，并提到他经常表达的焦虑，生怕他想从我这里尽可能多地得到东西的贪婪愿望会伤害到我。我把这一点与他早年对母亲的罪疚感联系起来。和蔼可亲的警察代表着分析师，分析师不会对他进行严厉的评判，并会帮助他摆脱自己身上的毛病。此外，我还指出，在整合的过程中，自我和客体的分裂再次出现。这表现在分析师扮演了双重角色：既是和蔼可亲的警察，又是充满迫害的沙威；沙威最后自杀了，而病人的"坏"也投射到了沙威身上。尽管病人已经明白自己对人格中的"不良"部分负有责任，但他仍在分裂自我。因为他是由"无辜"的人所代表的，而他被抓捕的那个下水道则意味着他的肛门和口腔破坏力的深渊。

分裂的再次发生不仅是由受迫害焦虑引起的，也是由抑郁性焦虑引起的，因为病人觉得他无法在不伤害分析师的情况下，将自己的坏的一面暴露给分析师（当她以和蔼可亲的角色出现时）。这也是他与警察联合起来对抗自己的坏的一面的原因之一，在这个时候，他想把那坏的一面消灭掉。

弗洛伊德很早就承认，某些个体发展上的差异是由体质因素造成的：例如，他在《性格与肛门性欲》（Character and Anal Erotism，1908）一文中表达了这样的观点：强烈的肛门性欲是许多人的体质特征。❶亚伯拉罕发现了口腔冲动强度的先天因素，并将其与躁郁症的病因联系起来。他说："……过于强烈的口腔欲望确实是先天性的和遗传性的，同样，在某些家庭中，肛门欲望似乎从一开始就占主导

---

❶ "从这些迹象中，我们可以推断出，在这些人先天的性欲构造中，肛门区域的性欲意义被强化了。"

地位。" ❶

我曾提出，与原始客体（母亲的乳房）有关的贪婪、仇恨和受迫害焦虑具有一种先天的基础。在这次讨论中，我还补充说，嫉羡也是口腔和肛门施虐冲动的一种强有力的表现形式，是一种体质因素。在我看来，这些体质因素强度的变化与弗洛伊德假设的生死本能融合中的某种本能占主导有关。我认为，无论是哪一种本能占主导地位都会影响到自我的强弱。我经常提到，自我的强弱与它必须应对的焦虑有关，这是一个体质因素。难以承受焦虑、紧张和挫折是自我的一种表现，从婴儿出生开始，自我的力量与它所经历的强烈的破坏性冲动和受迫害的感觉成正比。这些强加在弱小自我上的强烈焦虑，导致婴儿过度使用诸如否认、分裂和全能等防御手段，而这些手段在某种程度上总是最早发展时期的特征。为了与我的论点保持一致，我想补充的是，一个内在强大的自我不会轻易成为嫉羡的牺牲品，而且更有能力在好与坏之间进行分裂，我认为这是建立好客体的先决条件。这样一来，自我就不那么容易受到那些导致碎片化（fragmentation）的分裂过程的影响，这些分裂过程是典型的偏执-分裂特征。

从一开始就影响发展的另一个因素是婴儿所经历的各种外部体验。这在一定程度上解释了婴儿早期焦虑症的形成，这些焦虑在出生困难和喂养不理想的婴儿中尤为严重。然而，长期的观察使我确信，这些外部体验的影响与先天的破坏性冲动和随之而来的偏执性焦虑的体质强度成正比。许多婴儿并没有经历过非常不利的体验，但却在喂养和睡眠方面出现严重困难，我们可以从他们身上看到巨大焦虑的每一个迹象，而外部环境并不能充分解释这种焦虑。

同样众所周知的是，有些婴儿遭遇了巨大的剥夺和不利的环境，但并没有产生过度的焦虑，这表明他们的偏执和嫉羡特征并不占主导地位；他们后来的经历往往证实了这一点。

在我的分析工作中，我有很多机会将性格形成的根源追溯到先天因素的变化。关于产前影响，我们还有很多东西要学；但即使对它们有更多的了解，也不会减弱先天因素在决定自我和本能驱力强度方面的重要性。

上述先天因素的存在表明了精神分析治疗的局限性。虽然我充分认识到这一点，但我的经验告诉我，在许多情况下，即使是在体质基础不利的情况下，我们也能够产生根本性的积极变化。

结　语

多年来，我一直在分析对母亲乳房的嫉羡这一因素，它加剧了对原始客体的

---

❶《从精神障碍看力比多发展的简史》（1924）。

攻击。然而，直到最近，我才特别强调嫉羡的破坏性和毁灭性，因为嫉羡会妨碍建立与外部和内部好客体的安全关系，破坏感恩的感觉，并在许多方面混淆好与坏之间的区别。

在我所描述的所有案例中，与作为内部客体的分析师之间的关系至关重要。我发现这一点普遍适用。当对嫉羡及其后果的焦虑达到高潮时，病人会在不同程度上感觉到分析师作为一个内部怨恨和嫉羡的客体在迫害他，干扰他的工作、生活和活动。当这种情况发生时，病人就会感觉失去了好的客体，同时也失去了内心的安全感。我的观察表明，在人生的任何阶段，如果与好客体的关系受到严重干扰——嫉羡在其中扮演着重要角色——不仅会影响内心的安全与平静，还会导致性格退化。内心迫害性客体的普遍存在会强化破坏性冲动；相反，如果好客体已经确立，那么对它的认同就会增强爱、建设性冲动和感恩的能力。这与我在本文开头提出的假设是一致的：如果好客体是牢固的，就可以抵御暂时的干扰，为心理健康、性格形成和自我的成功发展奠定基础。

我曾在其他文章中描述过最早内化的迫害性客体（报复性的、吞噬性的、有毒的乳房）的重要性。我现在假定，婴儿嫉羡的投射使他对原始和后来的内在的受迫害焦虑变得特别复杂。"嫉羡的超我"被认为会扰乱或消灭所有的修复和创造性尝试。它还会对个体的感激不断提出过高的要求。除了迫害之外，还有一种罪疚感，即迫害的内部客体是个人自己的嫉羡和破坏性冲动所导致的结果，好客体受到这些冲动的伤害。惩罚的需要通过自我贬低的加剧而得到满足，从而导致恶性循环。

众所周知，精神分析的最终目的是整合病人的人格。弗洛伊德的结论是，"本我所在，自我相依"，这一结论指明了方向。分裂过程产生于发展的最初阶段。如果分裂过程过度，就会形成严重的偏执-分裂特征，这可能是精神分裂症的基础。在正常发展过程中，这些分裂倾向和偏执倾向（偏执-分裂心位）在很大程度上会在以抑郁心位为特征的时期内被克服，并顺利实现整合。在这一阶段引入的整合的重要步骤为自我的压抑能力做好了准备，我认为这种压抑能力在生命的第二年会越来越强。

在《婴儿的情感生活》一文中，我曾提出，如果早期阶段的分裂过程不是太强烈，婴儿能够通过压抑来处理情感上的困难，从而使心智中有意识和无意识的部分得到巩固。在早期阶段，分裂和其他防御机制始终是最重要的。弗洛伊德在《抑制、症状和焦虑》一书中已经提出，可能存在比压抑更早的防御方法。在本文中，我没有讨论压抑对正常发展的重要意义，因为我的主要研究课题是原始嫉羡的影响，及其与分裂过程的密切联系。

在技巧方面，我试图证明，通过反复分析病人与嫉羡和破坏性冲动相关的焦虑和防御，可以在整合方面取得进展。我始终坚信弗洛伊德的发现非常重要，即

"修通"是精神分析的主要任务之一，而我在处理分裂过程并追溯其根源方面的经验使我更加坚信这一点。我们分析的困难越深刻、越复杂，我们可能遇到的阻抗就越大，这就决定了必须给"修通"留出足够的空间。

这种必要性尤其体现在对原始客体的嫉羡上。病人可能会意识到自己对他人的嫉羡、嫉妒和竞争态度，以及伤害他人能力的愿望，但只有分析师坚持不懈地分析移情中的这些敌对情绪，从而让病人重新体验最早期关系中的这些情绪，才能减少自我内部的分裂。

我的经验告诉我，对这些基本冲动、幻觉和情绪的分析失败，部分原因是，有些人表现出来的痛苦和抑郁性焦虑超过了对探索真相的渴望，最终也超过了希望得到帮助的渴望。我认为，如果病人要接受和吸收分析师对这些早期心智水平的诠释，他的合作必须建立在发现自己真相的坚定决心之上。因为这些诠释如果足够深入，就会调动起自我的一部分，而这一部分被认为是自我和所爱客体的敌人，因此被分裂和消灭了。我发现，对原始客体的憎恨和嫉羡的诠释所引发的焦虑，以及被分析师迫害的感觉（分析师的工作激起了这些情绪），比我们诠释任何其他材料都要令人痛苦。

这些困难尤其适用于具有强烈偏执焦虑和分裂机制的病人，因为他们不太能够在体验到由诠释所激起的受迫害焦虑的同时，还体验到正性移情和对分析师的信任——最终，他们不太能保持爱的感觉。根据我们现阶段的认识，我倾向于认为这些病人不一定属于明显的精神病类型，对他们的分析只能取得有限的成功，甚至可能无法取得成功。当分析可以深入到这样的深度时，嫉羡和对嫉羡的恐惧就会减少，从而更加信任建设性和修复的力量，实际上就是信任爱的能力。这会使病人对自身的局限性更宽容，改善与客体的关系，对内外现实的感知也更清晰了。

在整合过程中获得的洞察使病人在分析过程中认识到自我中存在潜在的危险部分。但是，当爱能够与分裂出来的仇恨和嫉羡充分整合在一起时，这些情感就会变得可以承受，并因为爱的缓解而减弱。前面提到的各种焦虑内容也会减轻，比如被自我分裂出的破坏性部分压垮的危险。这种危险似乎会由于早期过度的全能感而被放大，在幻想中造成的伤害似乎是不可挽回的。当这些感觉被更好地了解并整合进人格中时，那种担心敌对情感会破坏所爱客体的焦虑就会减轻。病人在分析过程中经历的痛苦，也会随着整合过程中的进步而逐渐减轻，比如重新获得一些主动性，能够做出以前无法做出的决定，以及更自由地使用自己的天赋。这与他的修复能力受到的抑制减少了有关。他的享受能力在许多方面都得到了提高，希望再次出现了，尽管它可能仍然与抑郁交替出现。我发现，创造力的增长与牢固地建立好客体的能力成正比，在成功的情况下，这是对嫉羡和破坏性进行分析带来的结果。

同样，就像在婴儿时期，反复体验被喂养和被爱的快乐有助于牢固地建立好客体一样，在分析过程中，反复体验分析师所给出的诠释的有效性和真实性，也会使分析师（以及回溯起来的原始客体）在病人那里重新建立起好的形象。

所有这些变化都丰富了人格。在分析过程中，除了憎恨、嫉羡和破坏性之外，病人还重新找回了失去的其他重要的自我部分。此外，病人感觉自己更像一个完整的人，获得了对自我的控制，对整个世界有了更深的安全感，这也是一种相当大的解脱。在《关于一些分裂机制的说明》一文中，我曾提出精神分裂症病人由于感觉自己被分裂成了碎片而遭受的痛苦是最强烈的。这些痛苦之所以被低估，是因为他的焦虑以不同于神经症病人的形式出现。即使我们不是在与精神病病人打交道，而是在分析那些整合受到干扰、对自己和他人都感到不确定的人，他们也会经历类似的焦虑，而当实现更全面的整合时，这种焦虑就会得到缓解。在我看来，完全和永久的整合是不可能的。因为在来自外部或内部的压力下，即使是整合得很好的人也可能会被驱使进入更强的分裂过程，尽管这可能只是一个短暂的阶段。

在《论认同》一文中，我提出，在早期的分裂过程中，碎片化（fragmentation）不应占主导地位，这对心理健康和人格的发展至关重要。我在那篇文章中写道："拥有未受伤害的乳头和乳房的感觉——虽然与乳房被吞食因而变成碎片的幻想同时存在——会产生这样的效果，即分裂和投射并不主要与人格中支离破碎的部分有关，而是与自我中更加连贯的部分有关。这意味着自我不会因分散而受到致命的削弱，因此更有能力在与客体的关系中一次又一次地消除分裂，并实现整合。"❶

我认为，这种重新获得人格分裂部分的能力是正常发展的先决条件。这意味着，在抑郁心位下，分裂在某种程度上被克服了，对冲动和幻想的压抑逐渐取而代之。

性格分析一直是分析治疗中重要而又非常困难的部分。❷我相信，通过将性格形成的某些方面追溯到我所描述的早期过程，我们可以在许多情况下对性格和人格产生深远的影响。我们可以从另一个角度来考虑我在这里试图表达的技术方面。从一开始，所有的情绪都会依附于原初客体。如果破坏性冲动、嫉羡和偏执性焦

---

❶ 参见《关于力比多发展的一个简短研究》。

❷ 弗洛伊德、琼斯和亚伯拉罕对这一主题做出了最重要的贡献。例如，弗洛伊德的《性格与肛门性欲》（1908）、琼斯的《强迫性神经症中的恨与肛门情欲》（Hate and Anal-Erotism in the Obsessional Neuroses，1913）和《肛门情欲性格特征》（Anal-Erotic Character Traits，1918），以及亚伯拉罕的《对肛门性格理论的贡献》（Contributions to the Theory of the Anal Character，1921）、《口腔情欲对性格形成的影响》（The Influence of Oral Erotism on Character Formation，1924）和《性欲发展的生殖器层面上的性格形成》（Character Formation on the Genital Level of Libido Development，1925）。

虑过度，婴儿就会严重扭曲和放大来自外部的每一个挫折，母亲的乳房就会从外部和内部变成一个原始的迫害性客体。这时，即使是实际的满足也不足以抵消受迫害焦虑。将分析带回到最初的婴儿时期，我们就能让病人重拾基本的情境——我常说的"感觉中的记忆"。在这种复苏的过程中，病人有可能对其早期的挫折形成一种不同的态度。毫无疑问，如果婴儿实际上处于非常不利的环境中，那么回溯性地建立一个好客体并不能消除早期的不良经历。然而，将分析师作为一个好的客体，如果不是建立在理想化的基础上，那么在某种程度上，就能提供一个原本缺少的内在好客体。此外，投射的减弱，以及因此获得的更大的宽容，与更少的怨恨结合在一起，使病人有可能找到一些特征，并重新唤起对过去的愉快回忆，即使早期的情况非常不利。实现这一点的方法是分析负性和正性的移情，这将我们带回最早的客体关系。这一切之所以成为可能，是因为分析所带来的整合加强了生命之初的脆弱自我。对精神病病人的分析也正是基于这种思路而取得成功的。整合后的自我能够体验到婴儿时期无法面对的罪疚感和责任感；客体的整合也出现了，爱减轻了恨，贪婪和嫉妒——这些破坏性冲动的必然结果——失去了力量。

换一种说法就是，受迫害焦虑和分裂机制减弱了，病人能够修通抑郁心位。当他最初无法建立好客体的情况在一定程度上被克服后，嫉羡就会减少，他享受和感激的能力就会逐步增强。这些变化涉及病人人格的许多方面，从最初的情感生活到成年后的经历和关系。我认为，我们帮助病人的最大希望就在于分析早期干扰对整个发展过程的影响。

11

论心理功能的发展

On the Development of Mental Functioning

(1958)

我的这篇论文是对心理玄学（merapsychology）的一个贡献，是根据精神分析实践的进展所得出的结论，进一步发展弗洛伊德关于这一主题的基本理论。

弗洛伊德用本我、自我和超我来表述心理结构，这已成为所有精神分析思想的基础。他明确指出，自我的各部分并不是截然分开的，本我是所有心理功能的基础。自我从本我中发展而来，但弗洛伊德并没有一贯地指出这发生在哪个阶段；在整个生命过程中，自我深入地与本我保持接触，因此不断受到无意识过程的影响。

此外，他发现了生本能与死本能，这种本能从出生开始就具有两极性和融合性，这是心灵理解方面的巨大进步。通过观察小婴儿的心理过程，我认识到，在不可抑制的自我毁灭和自我拯救、攻击客体和保护客体的冲动之间，存在着相互斗争的原始力量。这让我更深刻地认识到弗洛伊德的生死本能概念在临床上的重要意义。当我撰写《儿童精神分析》❶一书时，我已经得出结论：在两种本能斗争的影响下，对焦虑的控制作为自我的一个主要功能，从生命的一开始就开始发挥作用。❷

弗洛伊德认为，有机体通过向外偏转死本能来保护自己免受来自内部的危险，而无法偏转的部分则受到力比多的束缚。他在《超越快乐原则》（1922）一书中把生死本能的运作视为生物过程。但是，人们并没有充分认识到，弗洛伊德在他的一些著作中，例如在《受虐的经济问题》（1924）一文中，是以两种本能的概念为基础进行临床思考的。请允许我回顾一下该论文的最后几句话。他说："因此，道德受虐成为本能融合存在的经典证据。它的危险性在于，它源于死本能，并对应着本能中没有作为毁灭本能向外转化的那一部分。但另一方面，由于它具有情欲成分的价值，即使是毁灭自身的主体也不能没有力比多的满足。"（*S.E.* 19，p.170）在《精神分析新论》（1933）中，他用更有力的语言阐述了自己新发现的心理学方面。他说："这一假设为我们打开了研究的前景，也许有一天会对理解病理过程产生重大意义。因为融合体也可能分崩离析，而且我们可以预料，其功能将受到这种分崩离析的严重影响。但这些概念仍然太新，还没有人尝试将它们应用到我们的工作中。"（*S.E.* 22，p.105）我想说的是，弗洛伊德将两种本能的融合与消解视为攻击性冲动与力比多冲动之间**心理**冲突的基础，这意味着消解了死本能的是自我，而不是有机体。

弗洛伊德曾说过，无意识中不存在对死亡的恐惧，但这似乎与他发现的死本能在人体内运作所产生的危险并不相符。在我看来，自我所对抗的原始焦虑就是

---

❶ 参见 pp.126-128。

❷ 在《关于一些分裂机制的说明》（1946）中，我提出，我们从后来的自我中了解到的一些功能，特别是处理焦虑的功能，在生命之初就已经开始运作了。由于有机体内死本能的运作而产生的焦虑，以及对毁灭（死亡）的恐惧，会以一种迫害性的形式表现出来。

死本能所带来的威胁。我在《关于焦虑与罪疚感的理论》（1948）❶中指出，我不同意弗洛伊德的观点，即"无意识中似乎没有任何东西可以为生命毁灭的概念提供实质内容"，因此，"对死亡的恐惧应被视为类似于对阉割的恐惧"。在《儿童良知的早期发展》（The Early Development of Conscience in the Child，1933）一文中，我提到了弗洛伊德的两种本能理论，根据这一理论，在生命之初，攻击本能或死本能就受到了力比多或生本能——爱神——的对抗和束缚，我说："被这种本能摧毁的危险，就像被阉割一样。我认为，被这种攻击本能摧毁的危险在自我中造成了过度的紧张，这种紧张被自我感觉为一种焦虑，因此它在发展之初就面临着调动力比多对抗死本能的任务。"我的结论是，被死本能摧毁的危险因此在自我中产生了原始的焦虑。❷

如果投射机制无法运作，小婴儿就有可能被自我毁灭的冲动压倒。在一定程度上，正是为了执行这一功能，自我在出生时就被生本能召唤了出来。原始的投射过程是将死本能向外转移的手段。❸投射也使原初客体具有了力比多。另一个原始过程是内摄，它在很大程度上也是为生本能服务的；它能与死本能抗衡，因为它能使自我摄取一些能维持生命的东西（首先是食物），从而束缚住内在的死本能。

从生命一开始，这两种本能就会依附于某些客体，首先是母亲的乳房。❹因此，我认为，根据我的假设，即母亲乳房的内摄为所有内化过程奠定了基础，自我的发展与这两种本能的运作之间可能会有一些联系。根据是破坏性冲动还是爱的感觉占主导地位，乳房（奶瓶可以象征性地代表乳房）时而被认为是好的，时而被认为是坏的。对乳房的力比多贯注，加上满足的体验，在婴儿的头脑中形成了原始的好客体，而对乳房的破坏性冲动的投射则形成了原始的坏客体。这两个方面都会被内摄，因此被投射出来的生与死的本能会再次在自我内部运作。控制受迫害焦虑的需要，推动婴儿将乳房和母亲从外部和内部分裂成一个有用的、被爱的

---

❶ 见本卷。

❷ 琼·里维埃（1952）提到"弗洛伊德断然拒绝了无意识的死亡恐惧的可能性"；她接着得出结论说："人类儿童的无助和依赖（与他们的幻想生活相结合）必然预设了死亡恐惧是他们经验中的一部分。"

❸ 在这里，我与弗洛伊德的观点不同，因为弗洛伊德似乎只把针对自我的死本能转化为针对客体的攻击性的过程理解为偏转。在我看来，这种特殊的偏转机制涉及两个过程。部分死本能被投射到客体中，客体因此成为迫害者，而保留在自我中的那部分死本能则导致了对迫害性客体的攻击。

❹ 我在《关于一些分裂机制的说明》中说过："对破坏性冲动的恐惧似乎会立即依附于一个客体，或者说，它被体验为对一个无法控制的压倒性客体的恐惧。原发性焦虑的其他重要来源是出生的创伤（分离焦虑）和身体需求受到挫折；这些体验从一开始也被认为是由客体引起的。"

客体，和一个可怕的、被憎恨的客体。这就是后来所有内化客体的原型。

我认为，自我的力量反映了两种本能之间的融合状态，是由体质决定的。如果在融合过程中，生本能占主导地位，也就是爱的能力占优势，那么自我就会相对强大，更能承受死本能带来的焦虑并与之抗衡。

自我的力量能在多大程度上得到保持和增强，在一定程度上受到外部因素的影响，特别是母亲对婴儿的态度。然而，即使在生本能和爱的能力占主导地位的情况下，破坏性冲动仍然会向外偏转，并导致了迫害性的和危险的客体的产生，而这些客体又会被重新内摄。此外，内摄和投射的原始过程导致自我与客体的关系不断变化，根据婴儿的幻想和情感，并在其实际经验的影响下，在内部和外部、好的和坏的客体之间波动。这两种本能的持续活动所产生的这些波动的复杂性，是自我与外部世界关系的发展和内部世界的建立的基础。

内化的好客体构成了自我的核心，它围绕着这个核心扩充和发展。因为当自我得到内化的好客体的支持时，它就更有能力控制焦虑，并通过力比多束缚住内心的死本能的某些部分来保护生命。

然而，正如弗洛伊德在《精神分析新论》（1933）中所描述的那样，自我的一部分由于自我的分裂而"凌驾"于另一部分之上。他明确指出，这个分裂出来的部分发挥着多种功能，这就是超我。他还指出，超我由内摄父母的某些方面组成，在很大程度上是无意识的。

我同意这些观点。我的不同之处在于，我把作为超我基础的内摄过程放在了出生时。超我比俄狄浦斯情结的开始要早几个月❶，我把俄狄浦斯情结的开始和抑郁心位的开始一起定在第一年的第二个季度。因此，好乳房和坏乳房的早期内摄是超我的基础，并影响着俄狄浦斯情结的发展。这种关于超我形成的概念与弗洛伊德的明确论述形成了鲜明对比，弗洛伊德认为对父母的认同是俄狄浦斯情结的继承者，只有成功克服了俄狄浦斯情结，对父母的认同才会成功。

在我看来，自我的分裂，即超我的形成，是两种本能的两极化所导致的自我冲突的结果。❷这种冲突由于本能的投射，以及由此产生的好坏客体的内摄而加剧。自我在内化的好客体的支持下，并通过对好客体的认同而得到加强，它将一部分死本能投射到自己分裂出来的那一部分——这一部分因此与自我的其他部分相对立，并形成了超我的基础。伴随着死本能部分的偏转，与之融合的那部分生本能也发生了偏转。伴随着这些偏转，部分好的和坏的客体从自我中分裂出来，进入超我。因此，超我既具有保护性，也具有威胁性。随着从一开始就存在于自

---

❶ 关于我对早期俄狄浦斯情结的看法的详细发展过程，请参阅《俄狄浦斯冲突的早期阶段》（1928）、《儿童精神分析》（1932）（尤其是第8章）、《从早期焦虑看俄狄浦斯情结》（1945）和《关于婴儿情感生活的一些理论结论》（1952，p.218）。

❷ 参见《关于焦虑与罪疚感的理论》（1948），本卷。

我和超我中的整合过程的进行，死本能在一定程度上被超我束缚住了。在束缚的过程中，死本能影响了超我中所包含的好客体的各个方面，结果超我的行动从抑制仇恨和破坏性冲动、保护好客体和自我批评，到威胁、禁止性地抱怨和迫害。超我——与好客体结合在一起，甚至努力保护它——接近于喂养和照顾孩子的真正的好母亲，但由于超我也受到死本能的影响，它部分地成为使孩子受挫的母亲的代表，它的禁止和指责引发了焦虑。在某种程度上，如果发展顺利，超我在很大程度上会被认为是有帮助的，而不会像一个过于严厉的良知那样发挥作用。年幼的孩子——甚至是小婴儿——都有一种内在的需要，即受到保护并服从于某些禁令，这相当于对破坏性冲动的控制。我在《嫉羡与感恩》一文中曾指出，婴儿对取之不尽、用之不竭的乳房的渴望，包括希望乳房能消除或控制婴儿的破坏性冲动，从而保护他的好客体，并使他免受受迫害焦虑的影响。然而，一旦婴儿的破坏性冲动和焦虑被唤起，超我就会被体验为严格和专横的，这时的自我，正如弗洛伊德所描述的那样，"就不得不为本我、超我和外部现实这三个苛刻的主人服务"。

二十年代初，我开始了一项新的尝试，用游戏技术分析三年级以上的儿童，我发现了一个意想不到的现象，那就是他们很早就有了严苛的超我。我还发现，幼儿以一种幻想的方式将他们的父母——首先是母亲和她的乳房——内摄，我是通过观察他们某些内化客体的可怕特征得出这一结论的。在婴儿早期，这些极其危险的客体会引发自我内部的冲突和焦虑；但在剧烈焦虑的压力下，它们和其他可怕的形象会以一种不同于超我形成的方式被分裂出来，并被归入无意识的更深层。这两种分裂方式的区别——这可能会揭示分裂过程中许多尚不清楚的方式——是在可怕形象的分裂中，分解（defusion）似乎占主导地位；而超我的形成则以两种本能的融合为主。因此，超我通常是与自我紧密联系在一起的，并分享同一好客体的不同方面。这使得自我可以或多或少地整合并接受超我。与此相反，极端可怕的形象则无法以这种方式被自我接受，并不断遭到自我的排斥。

然而，对于小婴儿（我认为婴儿年龄越小，这种情况就越明显）来说，分裂出来的形象与那些不那么可怕、自我更能容忍的形象之间的界限不是固定的。分裂通常只是暂时或部分成功。当分裂失败时，婴儿的受迫害焦虑就会非常强烈，这种情况在以偏执-分裂心位为特征的第一发展阶段尤为明显。在小婴儿的心灵中，好的乳房和坏的吞噬性乳房很快就会交替出现，甚至可能会觉得它们同时存在。

将构成无意识一部分的受迫害形象分裂出来，也是与将理想化形象分裂出来联系在一起的。理想化形象的形成是为了保护自我免受可怕形象的伤害。在这些过程中，生本能再次出现，并坚持自己的主张。迫害性客体与理想化客体、好客体与坏客体之间的对比，是生死本能的体现，也是幻想生活的基础，这种对比存在于自我的每一个层面。在早期自我试图抵御的憎恨和威胁客体中，也包括那些被认为受伤或被杀死的客体，它们因此变成了危险的迫害者。随着自我的加强及其整合能力的不断提高，就进入了抑郁心位。在这一阶段，受伤害的客体不再主要被视为迫害者，而是被视为所爱的客体，婴儿对其产生罪疚感和修复的冲动。❶这种与所爱的受伤害客体的关系构成了超我的一个重要因素。根据我的假设，抑郁心位在第一年中期达到顶峰。从那时起，如果受迫害焦虑没有过度，爱的能力也足够强，自我就会越来越意识到自己的心理现实，越来越觉得是自己的破坏性冲动导致了客体的毁坏。因此，被认为坏了的受伤客体在儿童的心目中变得更好了，更接近于真正的父母；自我逐渐发展出与外部世界打交道的基本功能。

就内部因素而言，这些基本过程的成功以及随后自我的整合和强化，取决于生本能在两种本能相互作用中所占的优势位置。但分裂过程仍在继续；在整个婴儿神经症阶段（这是表达和修通早期精神病性焦虑的手段），生死本能之间的两极分化表现为强烈的焦虑，这种焦虑来自受迫害的客体，自我试图通过分裂和后来的压抑来应对这种焦虑。

随着潜伏期的开始，超我的有组织部分虽然通常很严厉，但与其无意识部分的联系却少得多。在这一阶段，儿童通过将严苛的超我投射到他所处的环境中——换句话说，就是将超我外化——来处理他的超我，并试图与那些权威达成一致。然而，尽管在年长的儿童和成人身上，这些焦虑被改变了形式，被更强大的防御所抵挡，因此也比在年幼的儿童身上更不容易被分析，但当我们深入到无意识的更深一层时，我们会发现危险和迫害性的形象仍然与理想化的形象共存。

回到我关于原始分裂过程的概念上来，我最近提出了一个假设，即在婴儿早期，好客体与坏客体、爱与恨之间的分裂对于正常发展至关重要。在我看来，当这种划分不太绝对，但又足以区分好坏时，它就构成了稳定和心理健康的基本要素之一。这意味着自我足够强大，不会被焦虑所淹没，而且在分裂的同时，一些整合也在进行（尽管是初级形式的），这些整合只有当生本能比死本能占优势时才有可能发生。因此，最终可以更好地实现客体的整合。不过，我认为，即使在这种有利条件下，当内部或外部压力达到极致时，无意识深层中的可怕形象也会显现出来。总体而言，稳定的个体——这意味着他们已经牢固地确立了自己的客体，并因此与之紧密认同——能够克服这种深层无意识对自我的侵入，并恢复稳定。在神经症病人身上，尤其是在精神病病人身上，与这种来自无意识深层的危险的斗争在某种程度上是持续不断的，也是他们的不稳定或疾病的一部分。

近年来的临床发展使我们对精神分裂症病人的精神病理过程有了更多的了解，我们可以更清楚地看到，在他们身上，超我与他们的破坏性冲动和内在迫害者几

---

❶ 有关说明这一点的临床材料，请参阅《论躁郁状态的心理成因》（1935）。

乎没有什么区别。赫伯特·罗森菲尔德（1952）在其关于精神分裂症病人的超我的论文中描述了这种压倒性的超我在精神分裂症中所起的作用。我发现这些感觉所产生的受迫害焦虑也是疑病症的根源。❶我认为在躁郁症中，斗争及其结果是不同的，但在这里我无法做出更多阐述。

如果自我过度虚弱而导致破坏性冲动占主导地位，原始分裂过程过于剧烈，那么在后期阶段，客体的整合就会受到阻碍，抑郁心位就无法得到充分修通。

我已经强调过，心灵的动力是生死本能作用的结果，除了这些力量之外，无意识还包括无意识的自我和不久之后的无意识超我。我认为本我等同于两种本能，这也是这一概念的一部分。弗洛伊德在很多地方都谈到了本我，但他的定义有一些不一致的地方。但至少有一段话，他纯粹从本能的角度来定义本我；他在《精神分析新论》中说：“在我们看来，寻求释放的本能贯注就是本我的全部。这些本能冲动的能量似乎与心灵其他区域的能量处于不同的状态。”（*S.E.* 22，p.74）

从我撰写《儿童精神分析》（1933）开始，我对本我的概念就一直与上述引文中的定义保持一致；诚然，我偶尔也会在仅代表死本能或无意识的意义上更宽泛地使用“本我”一词。

弗洛伊德指出，自我通过压抑-阻抗屏障将自己与本我区分开来。我发现分裂是最初的防御之一，它先于压抑，我认为压抑大约在第二年开始起作用。通常情况下，分裂不是绝对的，压抑也不是绝对的。因此，自我的有意识和无意识部分并不像弗洛伊德在谈到心灵的不同领域时所描述的那样，被一道坚硬的屏障隔开，而是相互存在一些遮盖。

然而，当分裂产生了非常坚硬的屏障时，就意味着发展没有正常进行。这将导致死本能占主导地位。另一方面，当生本能占主导地位时，整合就能顺利进行。分裂的性质决定了压抑的性质。❷如果分裂过程不过分，意识和无意识之间仍然可以相互渗透。然而，在一个基本上还没有被组织起来的自我中，分裂并不能充分

---

❶ 例如，我曾在之前的脚注中提到，与内化客体（首先是部分客体）的攻击有关的焦虑，在我看来是疑病症的基础。我在《儿童精神分析》（pp.144，264，273）一书中提出了这一假设。同样，在《智力抑制理论》（The Theory of Intellectual Inhibition，1931）一文中，我在第238页指出：“一个人害怕自己的粪便成为迫害者，归根结底是源于他的施虐幻想……这些恐惧引起了对体内有许多迫害者和被毒害的恐惧，以及疑病症恐惧。”

❷ 参见我的论文《关于婴儿情感生活的一些理论结论》，我在文中说：“分裂机制是压抑的基础（正如弗洛伊德的概念所暗示的那样）；但与导致解体状态的最初形式的分裂不同，压抑通常不会导致自我解体。由于在这一阶段，心灵的意识和无意识部分有了更大的整合，而在压抑中，分裂主要是意识和无意识之间的分裂，因此自我的任何部分都不会出现前一阶段可能出现的解体程度。然而，生命最初几个月采用分裂过程的程度，会对后来压抑的使用产生至关重要的影响。”

地减轻焦虑，而在年长的儿童和成人中，压抑则是一种更成功的手段，既能抵御焦虑，又能减轻焦虑。在压抑过程中，被更好地组织起来的自我能更有效地将自己与无意识的想法、冲动和可怕的形象分离开来。

虽然我的结论是基于弗洛伊德对本能及其对心灵不同部分的影响的发现，但我在本文中提出的补充意见涉及一些不同之处，现在我想就这些不同之处发表一些结论性意见。

大家可能还记得，弗洛伊德对力比多的强调远远超过对攻击性的强调。尽管早在他发现生死本能之前，他就已经看到了性欲中以施虐形式存在的破坏性成分的重要性，但他并没有充分重视攻击性对情感生活的影响。因此，也许他从未完全阐明他对这两种本能的发现，似乎也不愿意将其扩展到整个心理功能。然而，正如我在前面所指出的，他将这一发现应用于临床材料的程度远远超出了人们的认识。然而，如果将弗洛伊德关于两种本能的概念推向最终的结论，就会发现生与死本能的相互作用支配着整个精神生活。

我已经说过，超我的形成先于俄狄浦斯情结，它始于原始客体的内摄。超我通过内化同一好客体的不同方面来保持与自我其他部分的联系，这一内化过程在自我的组织中也是极其重要的。我认为，自我从生命的一开始就不仅有分裂的需要和能力，也有整合的需要和能力。整合在抑郁心位下逐渐达到顶峰，它取决于生本能所占的优势，并在某种程度上意味着自我接受了死本能的运作。在我看来，自我作为一个实体的形成在很大程度上是由分裂和压抑，以及与客体的整合之间的交替决定的。

弗洛伊德指出，自我不断地从本我中充实自己。我在前面说过，在我看来，自我是由生本能召唤并发展起来的。实现这一目标的方式是通过最早的客体关系。乳房是生本能和死本能的投射对象，也是通过内摄而内化的第一个客体。通过这种方式，两种本能都找到了它们所依附的对象，从而通过投射和再内摄使自我得到丰富和强化。

自我越能整合其破坏性冲动，越能整合其客体的不同方面，它就会变得越丰富；因为自我的分裂部分和冲动的分裂部分虽然因引起焦虑和痛苦而被排斥，但它们也包含了人格和幻想生活的宝贵方面，这些方面因分裂而变得贫乏。虽然自我和内化客体被摒弃的方面会造成不稳定，但它们也是艺术创作和各种智力活动的灵感源泉。

我对最早的客体关系和超我发展的构想，符合我的假设——自我至少从婴儿出生起就开始运作，并且生死本能的力量是无处不在的。

12

成人世界及其婴儿期根源
Our Adult World and its Roots in Infancy

(1959)

在从精神分析的角度考虑人们在社会环境中的行为时，有必要研究个体是如何从婴儿期走向成熟的。一个群体，无论是小群体还是大群体，都是由相互联系的个体组成的；因此，对人格的理解是理解社会生活的基础。对个体发展的探索，需要精神分析师循序渐进地回溯到婴儿期；因此，我将首先详细介绍幼儿的基本发展趋势。

婴儿期的各种困难表现——暴怒、对周围环境缺乏兴趣、无法承受挫折以及短暂的悲伤——除了生理因素外，以前是无法解释的。因为在弗洛伊德做出重大发现之前，人们普遍倾向于把童年看作一个完全幸福的时期，儿童表现出的各种困难并没有得到认真对待。随着时间的推移，弗洛伊德的发现帮助我们了解了儿童情感的复杂性，揭示了儿童经历的严重冲突。这让我们更好地了解了幼儿的心理及其与成人心理过程的联系。

我在幼儿精神分析中开发的游戏技术，以及我的工作所带来的其他技术进步，使我能够对婴儿期的早期阶段和无意识的更深层次得出新的结论。这种回溯性的洞察基于弗洛伊德的一个重要发现，即移情情境，也就是说在精神分析中，病人与精神分析师的关系重演了早期（我想补充的是，甚至是非常早期）的情境和情感。因此，即使是成年人，与精神分析师的关系有时也会带有类似于儿童的特征，例如过度依赖、需要被引导，以及相当不理智的不信任。从这些表现中推断过去，是精神分析师技术的一部分。我们知道，弗洛伊德首先发现了成年人的俄狄浦斯情结，并能将其追溯到童年时期。由于我有幸对年幼的儿童进行过分析，我得以更深入地了解他们的精神生活，这又使我回到了对婴儿精神生活的理解。由于我对游戏技术中的移情作用给予了细致的关注，我得以更深入地了解儿童和成人的精神生活是如何受到最早的情感和无意识幻想的影响的。正是从这个角度出发，我将使用尽可能少的专业术语来描述我所得出的结论。

我曾提出过这样一个假设：新生儿在出生过程中和适应产后环境的过程中，都会经历受迫害焦虑。这可以用这样一个事实来解释：小婴儿在智力无法理解的情况下，会无意识地感觉到每一种不适，就好像是敌对势力强加给他的一样。如果能很快给予他安慰，特别是温暖、爱的抱抱和喂食的满足感，这会使他产生更快乐的情绪。我相信，这样的安慰会让婴儿感觉到这是来自善意的力量，也会让婴儿第一次与人建立起爱的关系，或者像精神分析学家所说的那样，与客体建立起爱的关系。我的假设是，婴儿天生就能无意识地意识到母亲的存在。我们知道，幼小的动物会自然而然地转向母亲，并从母亲那里寻找食物。人类作为动物在这方面也不例外，这种本能的认知是婴儿与母亲原始关系的基础。我们还可以观察到，婴儿在几周大的时候就会抬头看母亲的脸，认出母亲的脚步声、母亲的手的触感、母亲乳房或母亲给他的奶瓶的气味和感觉，所有这些都表明，婴儿与母亲已经建立了某种关系，无论这种关系是多么原始。

他不仅希望从母亲那里得到食物，还渴望得到爱和理解。在最初阶段，爱和理解是通过母亲对婴儿的照顾表现出来的，这种爱和理解带来了某种无意识的融合，这种融合是建立在母亲和婴儿彼此密切联结的无意识基础之上的。婴儿由此产生的被理解的感觉是他生命中第一种也是最基本的关系——与母亲的关系的基础。与此同时，挫折、不适和痛苦（我认为它们是一种受迫害的体验）也会进入婴儿对母亲的感受中，因为在最初的几个月里，母亲对婴儿来说代表着整个外部世界；因此，在他的心目中，母亲既有好的一面，也有坏的一面，这就导致了他对母亲的双重态度，即使在最好的条件下也是如此。

爱的能力和受迫害的感觉都深深扎根于婴儿最初的心理过程中。它们首先集中到母亲身上。破坏性冲动及其伴随而来的各种各样的情绪[如对挫折的怨恨、由挫折激起的仇恨、无法和解的感受以及对母亲这一全能客体（婴儿的生命和幸福都依赖于母亲）的嫉羡]会引起婴儿的受迫害焦虑。**经过适当的调整后**，这些情绪在以后的生活中仍然会发生作用。因为，你对指向他人的破坏性冲动注定会引发一种感觉，即他人也会变得对你充满敌意与报复性。

先天的攻击性必然会因不利的外部环境而增强，反之，则会因幼儿获得的爱和理解而减弱；这些因素在整个成长过程中都会继续发挥作用。尽管现在人们越来越认识到外部环境的重要性，但内部因素的重要性仍然被低估了。破坏性冲动因人而异，是精神生活不可分割的一部分，即使在有利的环境中也是如此，因此，我们必须把儿童的发展和成人的态度看作内外影响相互作用的结果。现在，我们了解婴儿的能力有所提高，通过仔细观察，我们可以在一定程度上认识到爱与恨之间的斗争。有些婴儿对任何挫折都会产生强烈的反感，并通过在被剥夺后不能接受满足表现出来。我认为，与那些偶尔爆发愤怒且情绪很快就会平复的婴儿相比，这些孩子天生具有更强的攻击性和贪婪性。如果婴儿表现出能够接受食物和爱，这就意味着他能够相对较快地克服对挫折的怨恨，并在再次得到满足时恢复爱的感觉。

在继续描述儿童的成长过程之前，我觉得我应该从精神分析的角度来简单定义一下**自体**（self）和**自我**（ego）这两个术语。弗洛伊德认为，自我是自体的有组织部分，不断受到本能冲动的影响，但它能通过压抑得到控制；此外，它还指导所有活动，建立并维持与外部世界的关系。自体被用来指代整个人格，其中不仅包括自我，还包括被弗洛伊德称为**本我**的本能生命。

根据我的研究，我认为自我从出生起就存在并开始运作，除了上述功能外，它还有一项重要任务，那就是抵御由内部斗争和外部影响引发的焦虑。此外，它还启动了一系列过程，我将首先从中选出**内摄**和**投射**来讨论。至于同样重要的**分裂**过程，也就是将冲动和客体分裂开来的过程，我将稍后再谈。

我们要感谢弗洛伊德和亚伯拉罕的伟大发现，即内摄和投射在严重的精神障碍和正常的精神生活中都具有重要意义。在这里，我无法描述弗洛伊德是如何从对躁郁症的研究中发现作为超我基础的内摄的。他还阐述了超我与自我、本我之间的重要关系。随着时间的推移，这些基本概念得到了进一步的发展。正如我在儿童精神分析工作中认识到的那样，内摄和投射从出生后一开始就起作用，是自我最早的一些活动。从这个角度来看，内摄意味着外部世界、外部世界的影响、婴儿所经历的情境以及他所遇到的客体，都不仅仅被体验为外部经验，而是被吸收进自我，成为他内心世界的一部分。即使是对成人来说，如果没有这些源于持续内摄的人格附加物，也无法评价其内在生活。同时进行的投射意味着，儿童有能力将各种情感（主要是爱与恨）赋予周围的其他人。

我的观点是，小婴儿对母亲的爱和恨，与他将自己的所有情感投射到母亲身上的能力密切相关，这些投射使母亲既成为一个好客体，也成为一个危险的客体。然而，内摄和投射虽然植根于婴儿期，却不仅仅是婴儿期的过程。在我看来，它们也是婴儿幻想的一部分，婴儿的幻想从一开始就在起作用，帮助塑造他对周围环境的印象；这种外部世界图景的变化，通过内摄作用影响着婴儿的思维。这样，一个部分反映外部世界的内心世界就建立起来了。也就是说，内摄和投射的双重过程促进了外部因素和内部因素之间的相互作用。这种相互作用贯穿人生的每一个阶段。同样，内摄和投射贯穿人的一生，并在成熟过程中发生变化；但它们在个人与周围世界的关系中一直都很重要。因此，即使是成年人，对现实的判断也从未完全摆脱其内心世界的影响。

我已经说过，从某个角度来看，我所描述的投射和内摄过程必须被视为无意识的幻想。正如我的已故的朋友苏珊·艾萨克斯在她关于这个问题的论文（1952）中所说："幻想（首先）是心理的必然结果，是本能的心理代表。所有冲动、本能的欲望或反应都是作为无意识的幻想被体验到的……幻想代表了当下主导着心灵的冲动或感受（例如愿望、恐惧、焦虑、胜利、爱或悲伤）的特定内容。"

无意识的幻想与白日梦不同（尽管它们与白日梦有联系），前者是一种发生在无意识深层的思维活动，伴随着婴儿经历的每一次冲动。例如，饥饿的婴儿可以通过幻想暂时缓解饥饿感，幻想中会出现吃奶的满足感，以及他通常能从中获得的所有快乐，如奶的味道、乳房的温暖触感、被母亲抱着和爱着的感觉。但无意识的幻想也有相反的形式，即婴儿感觉被剥夺了，或受到乳房的迫害，因为乳房拒绝满足婴儿。幻想会越来越复杂，涉及的客体和情境也会越来越多，在整个发展过程中，幻想将一直存在，并伴随着所有的活动。它们在精神生活中的作用从未停止过。无意识幻想对艺术、科学工作和日常生活活动的影响，其重要性怎么强调都不过分。

我已经提到过，婴儿对母亲的内摄是发展的一个基本因素。在我看来，客体关系几乎从出生时就开始了。母亲的好的方面——爱孩子、帮助孩子、喂养孩子——是婴儿内心世界的第一个好的客体。我认为，婴儿的这种能力是与生俱来的。在某种程度上，好客体是否能充分地成为自我的一部分，取决于受迫害焦虑——以及相应的怨恨——是否过于强烈；同时，母亲的慈爱态度对孩子的成长过程也大有裨益。如果母亲作为一个好的、可靠的客体被婴儿内摄进内心世界，就会给自我增添力量。因为我认为，自我主要是围绕着这个好客体发展起来的，而对母亲好的特征的认同则成为进一步有益认同的基础。对好客体的认同表现在幼儿对母亲的活动和态度的模仿上；这可以从他的游戏中看出来，通常也可以从他对年幼孩子的行为中看出来。对好母亲的强烈认同会使儿童更容易认同好父亲，并在以后认同其他友好的人物。这样，他的内心世界就会主要包含着好客体和好的情感，而这些好客体也会对婴儿的爱做出回应。所有这一切都有助于形成稳定的人格，并有可能对他人产生同情和友好的情感。显然，父母之间和父母与孩子之间的良好关系，以及快乐的家庭氛围，对这一过程的成功起着至关重要的作用。

然而，无论孩子对父母双方的感情有多好，攻击性和仇恨仍然存在。其中一种表现形式就是与父亲的竞争，这种竞争源于男孩对母亲的渴望以及与之相关的所有幻想。这种对抗表现为俄狄浦斯情结，在三岁、四岁或五岁的儿童身上可以清楚地观察到。不过，这种情结出现的时间要早得多，其根源在于婴儿最初怀疑父亲夺走了母亲对他的爱和关注。女孩的俄狄浦斯情结和男孩的俄狄浦斯情结有很大的不同，我只想说，男孩在生殖器发展过程中会回到他最初的客体——母亲，因此他会寻找女性客体，并因此嫉羡父亲和其他男性；而女孩则在某种程度上不得不离开母亲，在父亲身上寻找她的欲望客体，后来又在其他男人身上寻找。不过，我的说法过于简单，因为男孩也会被父亲吸引并认同他；因此，正常发展中也会出现同性恋的因素。女孩的情况也是如此，对她们来说，与母亲的关系以及与女性的关系永远不会失去其重要性。因此，俄狄浦斯情结不仅仅是对父母一方的恨和竞争以及对另一方的爱，爱的感觉和罪疚感也与被视为竞争对手的父母有关。因此，许多相互冲突的情感都集中在俄狄浦斯情结上。

现在我们再来谈谈投射。通过把自己或自己的部分冲动和情感投射到另一个人身上，就实现了对这个人的认同，尽管这种认同不同于内摄所产生的认同。因为如果把一个客体吸收进自我（内摄），重点就在于获得这个客体的某些特征并受其影响。然而，把自己的一部分放到他人身上（投射）时，认同的基础是把自己的某些品质归于他人。我们倾向于把自己的一些情感和想法赋予他人，从某种意义上说，是放进他人身体里；很明显，这种投射是友好的还是敌对的，取决于我们的平衡程度或受迫害的程度。通过把自己的部分感受归因于对方，我们就能理解对方的感受、需求和满足；换句话说，我们是在设身处地地为对方着想。有些人在这方面走得太远，以至于完全迷失其中，无法做出客观的判断。同时，过度的投射会危及自我的力量，因为自我会完全被投射客体所支配。如果投射主要是敌对的，那么对他人真正的共情和理解就会受到损害。因此，投射的性质在我们与他人的关系中非常重要。如果内摄和投射之间的相互作用不被敌意或过度依赖所支配，并且保持良好的平衡，那么我们的内心世界就会变得丰富多彩，与外部世界的关系也会得到改善。

我在前面提到了婴儿期的自我将冲动和客体分裂开来的倾向，我认为这是自我的另一种原始活动。这种分裂倾向的部分原因是早期的自我在很大程度上缺乏连贯性。但是，在这里我必须再次提到我自己的观念，即受迫害焦虑强化了将所爱客体与危险客体分开（从而将爱与恨分开）的需要。因为小婴儿的自我保护取决于他对好母亲的信任。通过把这两方面分开并紧紧抓住好的方面，他就能保持对好客体的信念和爱它的能力——这是维持生命的基本条件。因为如果没有这种感觉，他就会暴露在一个完全充满敌意的世界中，他担心这个世界会毁灭他。这个充满敌意的世界也会在他的内心建立起来。我们知道，有些婴儿缺乏活力，无法维持活力，这可能是因为他们未能发展出与好母亲之间的信任关系。与此相反，还有一些婴儿经历了巨大的困难，但仍然保持着足够的活力，可以利用母亲提供的帮助和食物。据我所知，有一个婴儿经历了漫长而艰难的分娩，在分娩过程中还受了伤，但当他被放到乳房上时，却非常喜欢吃奶。据报道，出生后不久就进行了重大手术的婴儿也有同样的情况。其他婴儿在这种情况下无法存活，是因为他们难以接受营养和爱，这意味着他们无法建立对母亲的信任和爱。

分裂过程的形式和内容会随着儿童的成长而发生变化，但在某些方面却从未完全被放弃。在我看来，全能的破坏性冲动、受迫害焦虑和分裂在婴儿出生后的头三四个月是最主要的。我曾把这种机制和焦虑的结合描述为偏执-分裂心位，在极端情况下，这种心位成为偏执和精神分裂症的基础。在这一早期阶段，伴随而来的破坏性情感非常重要，我将特别指出贪婪和嫉羡是造成严重干扰的因素，首先是在与母亲的关系中，其次是在与其他家庭成员的关系中，事实上是在整个生命过程中。

每个婴儿的贪婪程度不同。有些婴儿永远不会满足，因为他们的贪婪超越了他们可能得到的一切。有了贪欲，就会有掏空母亲乳房的冲动，利用一切满足的源泉，而不考虑任何人。非常贪婪的婴儿可能会暂时享受他所得到的一切；但一旦满足感消失，他就会变得不满足，首先会去剥削母亲，很快就会去剥削家里所有能给他关心、食物或其他满足感的人。毫无疑问，焦虑会加剧贪婪，这种焦虑是担心被剥夺、被抢夺，担心自己不够好而不值得被爱。对爱和关注如此贪婪的婴儿对自己的爱的能力也缺乏安全感，所有这些焦虑都会强化贪婪。这种情况在大孩子和成年人的贪婪中基本保持不变。

至于嫉羡，很难解释喂养和照顾婴儿的母亲怎么会成为嫉羡的对象。但是，每当他感到饥饿或被忽视时，孩子的挫折感就会使他产生一种幻想，认为母亲故意不给他奶吃和爱，或者是只顾着她自己。这种猜疑是嫉羡的基础。嫉羡中的固有感觉不仅是渴望占有某个客体，还有一种强烈的冲动，那就是破坏别人对这个他渴望占有的客体的享受——这种冲动往往会破坏该客体本身。如果嫉羡很强，它的破坏性就会导致与母亲以及后来与其他人的关系受到干扰，这也意味着无法充分享受任何东西，因为想要的东西已经被嫉羡破坏了。此外，如果嫉羡很强，好的东西就无法被同化，无法成为一个人内心生活的一部分，也就无法产生感激之情。与此相反，充分享受所得到的东西的能力以及对给予者的感激之情，会对一个人的性格和与他人的关系产生强烈的影响。在饭前祷告时，基督徒会说"愿我们在享用它的同时，能感受到神的恩典和爱"，这不是没有道理的。这些话意味着，人们祈求的是一种品质——感恩，它将使人快乐，没有怨恨和嫉羡。我曾听一个小女孩说，她最爱她的母亲，因为：如果不是母亲生她养她，她该怎么办？这种强烈的感激之情与她的享乐能力息息相关，并在她的性格和与他人的关系中表现出来，特别是在慷慨和体贴方面。在她的一生中，这种享受和感恩的能力使她有可能获得各种兴趣和乐趣。

在正常发展过程中，随着自我整合能力的增强，分裂过程逐渐减少，婴儿对外部现实的理解能力增强，并更能在一定程度上调和婴儿期相互矛盾的冲动，这也会使婴儿对客体的好坏方面有更大的整合能力。这就意味着，尽管人有缺点，但还是可以被爱的，世界也不是非黑即白的。

根据我的观点，超我——自我中批判和控制危险冲动的部分——的运作时间要早得多。我的假设是，在婴儿出生后的第五或第六个月，他就开始害怕他的破坏性冲动和贪婪可能或已经对他所爱的客体造成伤害。因为他还不能区分自己的欲望和冲动与它们的实际后果。他有罪疚感，有保护这些客体的冲动，也有对这些客体所受伤害进行修复的冲动。现在的焦虑主要是抑郁性质的；我认为，伴随着这种焦虑的情感，以及针对这些情感所形成的防御，是正常发展的一部分，我称之为"抑郁心位"。我们每个人偶尔都会产生罪疚感，这种罪疚感在婴儿时期就存在了，而修复的倾向在我们的升华和客体关系中起着重要的作用。

当我们从这个角度观察小婴儿时，会发现他们有时会在没有任何特殊外部原因的情况下显得情绪低落。在这个阶段，他们试图用各种方式（微笑、嬉戏的手势）取悦周围的人，甚至试图把装有食物的勺子放进妈妈的嘴里喂她。同时，这一时期也是出现对食物的抑制和经常做噩梦的时期，所有这些症状在断奶时都会出现。对于年龄较大的孩子来说，处理罪疚感的需要表现得更为明显；他们会使用各种建设性活动达成这一目的，在与父母或兄弟姐妹的关系中，他们表现出一种对取悦和帮助他人的过度需要，所有这些不仅表达了爱，也表达了修复的需要。

弗洛伊德提出，"修通"的过程是精神分析过程的重要组成部分。简而言之，这意味着让病人在与分析师的关系中，以及在与病人现在和过去生活中不同的人际关系和情境中反复体验自己的情绪、焦虑和过去的情境。然而，在某种程度上，在正常的个体发展过程中也会出现一个修通过程。婴儿对外界现实的适应性增强，对周围世界的幻想也随之减少。母亲离开又回来的反复体验使婴儿对母亲的离开不再那么恐惧，对母亲离开他的怀疑也逐渐减少。通过这种方式，他逐渐克服了早期的恐惧，并接受了自己矛盾的冲动和情感。在这一阶段，抑郁性焦虑占主导地位，而受迫害焦虑则有所减轻。我认为，在幼儿身上可以观察到的许多明显奇怪的表现、无法解释的恐惧症和特质都是抑郁心位的表现，也是修通抑郁心位的方式。如果儿童产生的罪疚感不过度，那么作为成长一部分的修复冲动和其他过程，就会有助于其缓解。然而，抑郁和受迫害焦虑是永远无法被完全克服的；它们可能会在内部或外部压力下暂时复发，尽管一个相对正常的人可以应付这种复发，并恢复平衡。但是，如果压力过大，可能会不利于一个坚强和平衡的人格的发展。

在讨论了偏执性焦虑和抑郁性焦虑及其影响之后——虽然我恐怕过于简单化了——我想考虑一下我所描述的过程对社会关系的影响。我已经谈到了对外部世界的内摄，并指出这一过程将持续一生。每当我们钦佩和热爱某个人，或者憎恨和鄙视某个人的时候，我们也会把他们的某些东西吸收进我们自己，我们最深刻的态度就是由这些经历形成的。一种情况是，它丰富了我们，成为我们的珍贵回忆的基础；在另一种情况下，我们有时会觉得外在世界被我们毁坏了，我们的内心世界也因此变得贫乏。

在这里，我只能谈谈婴儿从一开始所获得的实际有利和不利经验的重要性，它们首先来自他的父母，其次是其他人。外部经验对人的一生都至关重要。然而，即使在婴儿时期，这在很大程度上也取决于儿童对外界影响的解释和吸收方式，而这反过来又在很大程度上取决于破坏性冲动、受迫害焦虑和抑郁性焦虑的强烈程度。同样，我们成年后的经历也会受到我们基本态度的影响，我们的基本态度要么帮助我们更好地应对不幸，要么，如果我们过于猜疑和自怜，即使是轻微的失望也会变成灾难。

弗洛伊德对童年的发现加深了人们对教养问题的理解，但这些发现常常被曲解。虽然过于严苛的教养确实会加强孩子的压抑倾向，但我们必须记住，过度放纵对孩子的伤害可能与过度约束一样大。所谓的"充分自我表达"（full self-expression）对父母和孩子都有很大的坏处。以前，孩子往往是父母管教态度的受害者，而现在，父母可能会为孩子所害。有一个古老的笑话说，有一个人从未吃过鸡胸肉，因为当他是个孩子的时候，他的父母吃鸡胸肉，而当他长大后，他的孩子们吃鸡胸肉。在对待我们的孩子时，必须在过多和过少的管教之间保持平衡。对一些较小的错误行为视而不见是一种非常健康的态度。但如果这些行为发展成持续不顾及他人感受，就有必要表示不赞同，并对孩子提出要求。

我们还得换一个视角来看待父母的溺爱：虽然儿童可能会利用父母的态度，但他也会因利用父母而产生罪疚感，并感到需要一些能给他带来安全感的约束。这也会让他感受到对父母的尊重，这对于与父母建立良好的关系和培养对他人的尊重至关重要。此外，我们还必须考虑到，父母如果在孩子无节制的自我表达中承受了太多的痛苦（无论他们如何努力去顺从），就必然会产生一些怨恨，而这种怨恨会影响到他们对孩子的态度。

我已经描述过这样一种幼儿，他对每一次挫折都有强烈的反应——而某些挫折在任何成长过程中都是不可避免的，他很容易对所处环境中的任何失败和不足产生强烈的怨恨，并低估他所得到的善意。因此，他会把自己的不满强烈地投射到周围的人身上。成人也有类似的态度。如果我们把那些能够承受挫折而不怨天尤人，并能在失望之后很快恢复平衡的人与那些倾向于把所有责任都推给外部世界的人进行对比，我们就能看到敌意投射的有害影响。因为对于怨恨的投射会激起他人的敌意。很少有人能忍受被指责是在某种程度上有罪的一方，即使这种指责没有用语言表达出来。事实上，这常常会让我们对那些人产生厌恶，我们在他们眼里更像是敌人；这带来的结果是，他们对我们的迫害情绪和猜疑越来越多，关系也越来越糟糕。

应对过度猜疑的一种方法是设法安抚假想的或实际的敌人。这种做法很少成功。当然，有些人可以通过奉承和安抚来赢得信任，特别是当他们自己的受迫害感使他们需要被安抚时。但这种关系很容易破裂，变成彼此相互敌视。顺便提一下，政坛领袖的这种态度变化可能在国际事务中造成困难。

如果受迫害焦虑不那么强烈，而投射（主要是把好的感觉归于他人）成为共情的基础，那么外部世界的反应就会截然不同。我们都知道有些人有被人喜欢的能力；因为我们的印象是，他们对我们有一定的信任，从而唤起我们的友善感。我说的并不是那些试图以不真诚的方式使自己受欢迎的人。恰恰相反，我认为，从长远来看，那些真诚并有勇气坚持自己信念的人，才会受到人们的尊重甚至喜欢。

早期态度对人的一生产生影响的一个有趣的例子是，与早期人物的关系会不断重现，在婴儿期或幼儿期尚未解决的问题会重新出现，尽管形式有所改变。例如，对下级或上级的态度会在一定程度上重复与弟弟妹妹或父母的关系。如果我们遇到一个友善、乐于助人的长辈，我们会不自觉地恢复与深爱的父母或祖父母的关系；而一个居高临下、不讨人喜欢的长辈则会重新激起孩子对父母的叛逆态度。这些人不一定要在身体上、精神上，甚至实际年龄上与原来的人物相似；只要他们在态度上有共同点就足够了。当一个人完全受其早期情境和关系的左右时，他对人和事的判断必然会受到干扰。通常情况下，这种早期情境的激活会受到客观判断的限制和纠正。也就是说，我们每个人都有可能受到非理性因素的影响，但在正常生活中，我们不会受其支配。

爱和奉献的能力，首先是对母亲的爱和奉献，在许多方面会发展成对各种被认为是好的和有价值的事业的奉献。这意味着，过去婴儿因为感到被爱和爱而体验到的快乐，在以后的生活中不仅会转移到他与人的关系上（这一点非常重要），还会转移到他的工作和他认为值得为之奋斗的一切上。这也意味着人格的丰富和具有享受工作的能力，并开辟了各种满足感的来源。

在我们为实现目标而奋斗的过程中，以及在我们与他人的关系中，早期的修复愿望与爱的能力相辅相成。我已经说过，在我们的升华过程中（升华源于儿童最初的兴趣），建设性的活动获得了更大的动力，因为儿童会不自觉地感到，通过这种方式，他正在修复被他伤害过的所爱的人。这种动力永远不会消失，尽管在日常生活中它常常不被人们所认识。我们每个人都无法完全摆脱罪疚感，这一无可挽回的事实具有非常宝贵的意义，因为它意味着我们永远不会完全放弃以任何方式进行修复和创造的愿望。

所有形式的社会服务都受益于这种冲动。在极端情况下，罪疚感会驱使人们为某项事业或同伴完全牺牲自己，并可能导致一种狂热。然而，我们知道，有些人为了拯救他人而不惜牺牲自己的生命，这并不一定是同样的情况。可能在这种情况下，起作用的与其说是罪疚感，不如说是爱的能力、慷慨和对面临危险的同胞的认同。

我已经强调过对父母的认同以及随后对其他人的认同对幼儿成长的重要性，现在我想强调成功认同的一个特殊方面，它一直延续到成年。当嫉羡和竞争不太严重时，就有可能间接地享受他人的快乐。在童年时期，俄狄浦斯情结的敌意和竞争被间接享受父母幸福的能力所抵消。在成人生活中，父母可以分享儿童的快乐，避免干涉他们，因为他们能够认同自己的孩子。他们能够看着自己的孩子长大成人，而不会感到嫉羡。

当人上了年纪，年轻时的快乐越来越少时，这种态度就变得尤为重要。如果对过去所获得的满足的感激之情还没有消失，老年人就可以享受他们还能得到的一切。此外，有了这种态度，他们会变得平和，并能让自己认同于年轻人。例如，任何关注青年才俊并帮助他们发展的人，无论是作为教师或评论家，还是在过去作为艺术和文化赞助者的那些人，都是因为能够认同他人才能做到这一点；从某种意义上说，他的人生有机会重来一次，有时甚至是间接地实现了自己生活中未能实现的目标。

在每个阶段，认同的能力都能让我们享受到欣赏他人品格或成就的快乐。如果我们不能让自己欣赏他人的成就和品质——这意味着我们无法忍受自己永远无法像他们那样，我们就会失去非凡幸福和滋养的源泉。如果我们没有机会认识到伟大的存在及其将在未来继续存在，那么在我们眼中，这个世界将变得更加贫乏。这种欣赏也会激起我们心中的某种东西，间接增强我们对自己的信心。这是源自婴儿期的认同成为我们人格重要组成部分的众多方式之一。

欣赏他人成就的能力是团队工作取得成功的因素之一。如果嫉羡不是太强，我们可以在与有时能力超过我们的人一起工作时感到愉悦和自豪，因为我们能够对团队中的这些杰出成员产生认同。

然而，认同问题非常复杂。当弗洛伊德发现超我时，他把它看作父母对孩子的影响所产生的心理结构的一部分，这种影响成为孩子基本态度的一部分。我对幼儿的研究表明，即使早在婴儿时期，母亲以及幼儿周围的其他人很快就会被吸收进幼儿的自我中，这构成了各种有利和不利认同的基础。我在上文举例说明了对儿童和成人都有帮助的认同。但是，早期环境的重要影响也会产生这样的效果，即成人对儿童的态度中不利的方面会对他的成长产生不利影响，因为这些方面会激起他的仇恨和叛逆，或者使他过于顺从。同时，他也会将成人的敌意和愤怒的态度内化。在这种经历中，过分管教孩子的父母，或者缺乏理解和爱的父母，会通过认同影响孩子的性格形成，并可能导致他在以后的生活中重复自己所经历的一切。因此，父亲有时会用错误的方法对待他的孩子，就像他的父亲对待他一样。另外，对童年时期所经历的不公的反抗可能会导致相反的反应，即做任何事都与父母的做法不同。这将导致另一个极端，比如我前面提到的对孩子的过度溺爱。从童年的经历中吸取教训，从而对自己的孩子以及家庭以外的人更加理解和宽容，是成熟和成功发展的标志。但宽容并不意味着对他人的缺点视而不见。它意味着认识到这些缺点，但不丧失与人合作的能力，甚至对其中一些人产生爱。

在描述儿童的成长过程时，我特别强调了贪婪的重要性。现在，让我们来看看贪婪在性格形成中扮演着怎样的角色，它又是如何影响成人的态度的。我们不难发现，贪婪是社会生活中极具破坏性的因素。贪婪的人想要的越来越多，甚至不惜牺牲其他人的利益。他无法真正做到为他人着想和慷慨大方。在这里，我指的不仅仅是物质财富，还有地位和声望。

非常贪婪的人很可能野心勃勃。无论我们在哪里观察人类的行为，都会发现野心的作用，既有其有益的一面，也有其造成干扰的一面。毫无疑问，野心是取得成就的动力，但如果野心成为主要驱动力，就会危及与他人的合作。野心勃勃的人，尽管取得了所有的成功，却总是不满足，就像贪婪的婴儿永远不会满足一样。我们都知道，有一类公众人物，他们渴望获得越来越多的成功，似乎永远不会满足于自己所取得的成就。在这种态度中，嫉羡也起着重要作用，其特点之一就是不能让他人充分发挥作用。只要他人不挑战野心家的至高无上的地位，就可以让他们发挥辅助作用。我们还发现，这些人不能也不愿激励和鼓励年轻人，因为一些年轻人可能会成为他们的接班人。他们无法从表面上的巨大成功中获得满足感的原因之一是，他们的兴趣并不在于他们所工作的领域，而在于他们的个人声望。这种描述指出了贪婪与嫉羡之间的联系。对手不仅被看作掠夺和剥夺了自己的地位或财产的人，而且被看作拥有宝贵品质的人，这些品质会激起嫉羡和破坏它们的愿望。

在贪婪和嫉羡不过度的情况下，即使是一个野心勃勃的人，也会在帮助他人做出贡献的过程中得到满足感。这就是成功领导的基本态度之一。同样，在某种程度上，这在幼儿园里已经可以看到。大一点的孩子可能会为弟弟或妹妹的成就感到骄傲，并尽一切努力帮助他们。有些孩子甚至会对整个家庭生活产生整合作用；他们总体上是友善和乐于助人的，这会改善家庭氛围。我曾看到，原本非常不耐烦、不能容忍困难的母亲，在这样的孩子的影响下，也得到了改善。同样的道理也适用于学校生活，有时只是一两个孩子，通过一种道德领导力，就对其他所有孩子的态度产生了有益的影响，这种领导力建立在与其他孩子友好合作的基础上，而不会试图让他们感到低人一等。

回到领导力的话题。如果领导者——这也可能适用于团体中的任何成员——怀疑自己是仇恨的对象，那么他所有的反社会态度都会因这种感觉而加剧。我们会发现，一个无法忍受批评的人（因为批评一下子就会触动他的受迫害焦虑）不仅会遭受痛苦，而且在与他人相处时也会遇到困难，甚至会危及他为之奋斗的事业——无论这个事业属于什么行业，他会表现出没有能力改正错误，也没有能力向他人学习。

如果我们从婴儿期的视角来审视我们的成人世界，我们就能洞察到我们的思想、习惯和观点是如何从最早的婴儿期幻想和情感，发展到最复杂、最精密的成人表现形式的。我们还可以得出一个结论，那就是无意识中的任何东西都不会完全失去对人格的影响。

我要讨论的儿童发展的另一个方面是其性格的形成。我举了一些例子，说明嫉羡和贪婪等破坏性冲动以及由此产生的受迫害焦虑是如何扰乱儿童的情感平衡和社会关系的。我还提到了与之相反的发展的有益方面，并试图说明它们是如何产生的。我试图表达先天因素和环境影响之间相互作用的重要性。充分重视这种相互作用，我们就能更深入地了解儿童性格的形成过程。在成功的分析过程中，病人的性格会发生有利的变化，这一直是精神分析工作最重要的方面。

平衡发展的结果之一就是形成正直和坚强的性格。这种品质对个人的自立和与外界的关系都有深远的影响。真正真诚和真实的性格对他人的影响是很容易观察到的。即使不具备同样品质的人也会被打动，不由自主地对正直和真诚产生敬意。因为这些品质唤起了他们对自己原本可能成为的人，或仍然可能成为的人的想象。这样的人格让他们对整个世界充满希望，对"好"（goodness）更加信任。

在本文的最后，我讨论了性格的重要性，因为在我看来，性格是人类取得一切成就的基础。良好的性格对他人的影响是社会健康发展的根本。

后　记

当我与一位人类学家讨论我对性格发展的看法时，他不认为关于性格发展存在一个普适、基础的假设。他提及了他的经验，说他在实地工作中遇到过对性格的完全不同的评价。例如，他曾在一个社区工作过，在那里，欺骗他人被认为是值得钦佩的。在回答我的一些问题时，他还介绍说，在那个社区，对对手手下留情被视为一种软弱。我问他是否在任何情况下都不会手下留情。他回答说，如果一个人可以把自己藏在一个女人的身后，让她的裙子遮住他，他就可以免于一死。在回答进一步的问题时，他告诉我，如果敌人设法进入一个人的帐篷，他就不会被杀死；在避难所内也是安全的。

当我提出帐篷、女人的裙子和避难所象征了好的、保护性的母亲时，人类学家表示同意。他还接受了我的诠释，即母亲的保护延伸到了可恨的兄弟姐妹——躲在女人裙子后面的男人身上，而且禁止在自己的帐篷内杀人与好客的规则有关。关于最后一点，我的结论是，从根本上讲，好客与家庭生活、子女之间的关系，尤其是与母亲的关系息息相关。正如我前面所说，帐篷代表着保护家庭的母亲。

我引用这个例子，是为了说明看似完全不同的文化之间可能存在的联系，并表明这些联系存在于与最原始的好客体（母亲）的关系中，无论某些扭曲的性格以何种形式被接受甚至被推崇。

13

精神分裂症病人的抑郁

A Note on Depression in the Schizophrenic

(1960)

在本文中，我将主要集中讨论偏执型精神分裂症病人所经历的抑郁。我的第一个观点源于我在1935年提出的论点，即偏执心位（我后来称之为偏执-分裂心位）与分裂过程相联系，包含了精神分裂症群体的固着点，而抑郁心位则包含了躁郁症的固着点。我还认为，偏执-分裂焦虑和抑郁情感在外部或内部压力下可能会出现在正常人身上，这些焦虑和情感可以追溯到婴儿早期的位置，并在压力情况下重新被激活。

　　在我看来，精神分裂症和躁郁症这两类疾病之间经常出现的联系，可以用婴儿期存在的偏执-分裂心位和抑郁心位之间的发展联系来解释。偏执-分裂心位所特有的受迫害焦虑和分裂过程，虽然在强度和形式上有所改变，但在抑郁心位中依然存在。抑郁情绪和罪疚感在抑郁心位出现的阶段发展得更为充分，但根据我的新构想，它们在偏执-分裂心位已经在某种程度上发挥作用了。这两种心位之间的联系——以及相对应的自我的所有变化——是，它们都是生死本能之间斗争的结果。在早期阶段（生命的最初三四个月），这种斗争所产生的焦虑以偏执的形式出现，仍然不连贯的自我被驱使着不断加强分裂过程。随着自我力量的增强，抑郁心位也随之出现。在这一阶段，偏执焦虑和分裂机制减弱，抑郁性焦虑增强。在这里，我们也可以看到生死本能之间冲突的作用。所发生的变化是两种本能融合状态改变的结果。

　　在第一阶段，原始客体（母亲）的好坏方面就已经被内化了。我经常说，如果好的客体没有至少在某种程度上成为自我的一部分，生命就无法继续。然而，与客体的关系在出生后第一年的第四个月到第六个月发生了变化，保护这个好客体正是抑郁性焦虑的本质所在。分裂过程也发生了变化。一开始，好客体和坏客体之间会发生分裂，但与此同时，自我和客体也会发生强烈的分裂。随着分裂过程的减少，受伤或死亡的客体与活着的客体之间的区分变得更加突出。碎片化程度的降低和对客体的关心，伴随着向整合迈进的步伐，这意味着两种本能日益融合，其中生本能占据了主导地位。

　　在下文中，我将就偏执型精神分裂症病人的抑郁特征为何不像躁郁状态那样容易识别提出一些说明，并就这两类疾病所经历的抑郁性质的不同提出一些解释。在过去，我曾强调过偏执性焦虑和抑郁性焦虑的区别，偏执性焦虑被我定义为以保护自我为中心，而抑郁性焦虑则以保护内在和外在的好客体为中心。现在看来，这种区分过于模式化。因为我多年来一直认为，从婴儿出生开始，对客体的内化就是发展的基础。这就意味着，在偏执型精神分裂症病人身上也会出现某些对好客体的内化。然而，从出生开始，在一个缺乏力量并经历了暴力分裂过程的自我中，对好客体的内化在性质和力量上都与躁郁症病人不同。它不那么持久、不那么稳定，认同也不充分。尽管如此，由于对客体的某些内化确实发生了，保护自我的焦虑，也就是偏执性焦虑，必然也包含着某些对客体的关心。

还有一个新的观点需要补充：抑郁性焦虑和罪疚感（我将其定义为与被内化的好客体有关的体验）已经出现在偏执-分裂心位，它们也指向自我的一部分，即被认为包含好客体的那一部分（因此也是自我的好的部分）。也就是说，精神分裂症病人的罪疚感源于他破坏了自己内心的好客体，同时也源于分裂过程削弱了他的自我。

第二个原因是，精神分裂症病人的罪疚感是以一种非常特殊的形式出现的，因此很难被察觉。由于分裂的过程——在此我要提醒大家，施莱柏（Schreber）有能力把自己分成六十个灵魂——以及这种分裂在精神分裂症病人身上出现的暴力特征，抑郁性焦虑和罪疚感被非常强烈地分裂开来。偏执性焦虑在分裂自我的大多数部分都会被体验到，因此占主导地位，而罪疚感和抑郁则只在精神分裂症病人感到其无法触及的某些部分被体验到，直到分析将它们带入意识。

此外，由于抑郁主要是将好的和坏的客体整合在一起的结果，并伴随着更强的自我整合，精神分裂症病人抑郁的性质必然与躁郁症病人不同。

抑郁在精神分裂症病人身上十分难以察觉的第三个原因是，他身上非常强烈的投射性认同被用来把抑郁和罪疚感投射到一个客体身上——在分析过程中主要是投射到分析师身上。由于在投射性认同之后会发生再内摄，因此对抑郁进行持久投射的尝试并不成功。

汉娜·西格尔（Hanna Segal，1956）在最近的一篇论文中列举了精神分裂症病人如何通过投射性认同处理抑郁的有趣例子。在这篇论文中，作者举例说明了精神分裂症病人的改善过程，通过深层次的分析，帮助他们减少分裂和投射，从而更接近于体验抑郁心位，并随之产生罪疚感和修复的冲动。

只有通过深层的分析，我们才会发现精神分裂症病人对自己的混乱和支离破碎感到绝望。在某些情况下，通过进一步的探索，我们可以触及精神分裂症病人因被破坏性冲动所支配，以及因分裂过程毁灭了自己和自己的好客体所产生的罪疚感和抑郁。我们可能会发现，分裂现象作为对这种痛苦的一种防御，再次出现；只有反复经历这种痛苦并对其进行分析，才能取得进步。

在这里，我想简要地谈谈对一个重病的九岁男孩的分析，他没有学习能力，在客体关系方面也深受困扰。在一次治疗中，他强烈地体验到一种绝望和罪疚感，因为他把自己弄得支离破碎，毁掉了自己内在的美好。那一刻，他从口袋里掏出自己心爱的手表，扔在地上，并用力踩踏，直到手表变成碎片。这意味着他既表达了自我的破碎，又重复了自我的破碎。现在我的结论是，这种分裂也是为了防御整合带来的痛苦。在对成年人的分析中，我也有过类似的经历，只是不同的是，他们不是通过毁坏心爱之物来表达的。

如果对破坏性冲动和分裂过程的分析，能够调动起病人的修复动力，进步，有时甚至是治愈就会发生。精神分裂症病人自我的加强，以及对被分裂出去的好自我和好客体的体验，都基于能在一定程度上治愈分裂过程，这也能够减轻分裂的程度，这意味着他可以更容易地接触到被遗失的那部分自我。相比之下，我认为，虽然通过让精神分裂症病人从事建设性活动来帮助他的治疗方法是有用的，但它们不如对心灵深层和分裂过程的分析来得持久。

14

论心理健康
On Mental Health

(1960)

整合的人格是心理健康的基础。我将首先列举整合人格的几个要素：情感成熟、性格坚强、有能力处理相互冲突的情感、内心生活与适应现实之间的平衡，以及成功地将人格的不同部分结合为一个整体。

在某种程度上，即使是情感成熟的人，其婴儿期的幻想和欲望也会持续存在。如果这些幻想和欲望得到了自由的体验和成功的修通——首先是通过儿童的游戏，那么它们就是兴趣和活动的源泉，从而使人格变得丰富。但是，如果对未被实现的欲望的不满情绪过于强烈，从而阻碍了它们的修通，那么人际关系和来自各方面的享受就会受到干扰，儿童就很难接受那些更适合后期发展阶段的替代物，现实感也会受到损害。

即使一个人的发展是令人满意的，并从各种来源获得了乐趣，但在其心灵深处仍会发现一些对无可挽回地失去乐趣和无法实现可能性的哀悼感。虽然接近中年的人常常会有意识地体验到童年和青春一去不复返的遗憾，但在精神分析中，我们发现即使是婴儿期及其快乐，也仍然在无意识中被渴望着。情感成熟意味着这些丧失感在一定程度上可以被接受替代物的能力所抵消，婴儿期的幻想不会干扰成年后的情感生活。在任何年龄段，能够享受现有的快乐都与在一定程度上免于嫉羡和怨恨有关。因此，在晚年生活中获得满足感的方法之一，就是间接享受年轻人——特别是子女和孙辈——的快乐。甚至在年老之际，满足感的另一个来源是丰富的回忆，这些回忆让过去永存。

性格的力量基于一些非常早期的过程。在与母亲的关系中，婴儿体验到爱与恨的情感，这是第一种也是最基本的关系。母亲不仅是一个外部客体，婴儿还把母亲人格的某些方面吸收进来（弗洛伊德所说的内摄）。如果婴儿感觉被内摄的母亲的好的方面比令人沮丧的方面更占优势，那么这种被内化的母亲就会成为人格力量的基础，因为自我可以在此基础上发展自己的潜能。因为，如果婴儿能感觉到母亲是在引导和保护自己，而不是在支配自己，那么对母亲的认同就会使其内心变得平静。原初关系的成功会延伸到与家庭其他成员的关系，首先是与父亲的关系上，并反映在成年后对家庭和一般人的态度上。

对好父母的内化和对他们的认同，是对人和事业的忠诚以及为自己的信念做出牺牲的能力的基础。对所爱之人或所认为正确之事的忠诚意味着，与焦虑（这种焦虑永远不会被完全消除）联系在一起的敌意冲动，会转向那些危及好客体的对象。这个过程永远不会完全成功，焦虑依然存在，因为破坏性可能会危及内部和外部的好客体。

许多表面上看起来很平衡的人却没有人格力量。他们通过回避内在和外在的冲突让自己活得轻松。因此，他们以成功或权宜之计为目标，无法形成牢固的信念。

然而，如果不为他人着想，坚强的性格就不是平衡人格的特征。对他人的理解、同情、怜悯和宽容，丰富了我们对世界的体验，使我们更有安全感，减少孤独感。

平衡取决于我们对各种相互矛盾的冲动和情感的洞察，以及处理这些内心冲突的能力。平衡的一个方面是对外部世界的适应——一种不妨碍我们自身情感和思想自由的适应。这意味着一种相互作用：内心生活总是影响对外部现实的态度，反过来又受到对现实世界的适应的影响。婴儿已经将他最初的经历和周围的人内化，这些内化影响着他的内心生活。如果客体的"好"在这些过程中占主导地位并成为人格的一部分，那么他对外部世界经验的态度就会受到有利的影响。这样的婴儿感知到的不一定是一个完美的世界，但肯定是一个更有价值的世界，因为他的内心会更加幸福。这种成功的相互作用，有助于平衡，也有助于与外部世界形成良好关系。

平衡并不意味着一个人完全没有冲突，而是意味着他有力量在痛苦的情感中生存并应对它们。如果痛苦的情感被过度分裂出去，就会限制人格，并导致各种抑制。尤其是对幻想生活的压抑会对人的发展产生强烈的影响，因为它会导致才能和智力上的抑制；它还阻碍了对他人成就的欣赏以及从中获得乐趣。在工作和休闲以及与他人的接触中缺乏乐趣，会使人格变得贫瘠，激起焦虑和不满。这种焦虑既有迫害性的，也有抑郁性的，如果过度，就会成为精神疾病的基础。

有些人一生相当顺利，尤其是成功人士，但如果他们从未面临过内心深处的冲突，则并不排除他们患精神疾病的可能性。在某些关键阶段，如青春期、中年期或老年期，这些尚未解决的冲突会表现得尤为明显，而心理健康的人则更有可能在人生的任何阶段都保持平衡，较少依赖外在的成功。

从我的描述中可以看出，心理健康与肤浅（shallowness）是完全不同的。因为肤浅是与否认内心冲突和外部困难联系在一起的。过度否认是因为自我不够强大，无法应对痛苦。虽然在某些情况下，否认似乎是正常人格的一部分，但如果它占主导地位，就会导致缺乏深度，因为它阻碍了对自己内心世界的洞察，从而阻碍了对他人的真正理解。这会导致失去一种满足感，即给予和接受的能力，也就是体验感恩和慷慨的能力。

隐藏在强烈否认背后的不安全感也是对自己缺乏信任的原因，因为在无意识中，缺乏足够的洞察会导致人格的某些部分无法被觉察。为了摆脱这种不安全感，他们会转向外部世界；然而，如果在成就和人际关系方面出现不幸或失败，这些人就无法应对。

相比之下，一个能够深刻体验悲伤的人，也能够分担他人的悲伤和不幸。同时，不被悲伤或他人的不快乐所淹没，重新获得并保持平衡也是心理健康的一部分。同情他人悲伤的最初体验与幼儿最亲近的人——父母和兄弟姐妹有关。成年后，父母如果能理解孩子的冲突，分担他们偶尔的悲伤，就能更深刻地洞察孩子复杂的内心世界。这意味着他们也能充分分享孩子的快乐，并从这种亲密联结中获得幸福。

如果不把追求外在的成功作为生活满意度的重点，那么追求外在的成功与坚强的性格是完全一致的。根据我的观察，如果一个人把外在成功作为主要目标，而我前面提到的其他态度没有发展起来，心理平衡就没有保障。外在的满足并不能弥补内心的不平静。只有当内部冲突减少，从而建立起对自己和他人的信任时，才能实现这种平静。如果缺乏这种内心的平静，个人就很容易对外部的挫折产生强烈的被迫害和被剥夺的感觉。

我对心理健康的描述表明了它的多面性和复杂性。因为，正如我试图指出的那样，它是基于精神生活的基本源泉——爱与恨的冲动——之间的相互作用，在这种相互作用中，爱的能力占主导地位。

为了阐明心理健康的起源，我将简要介绍一下婴儿和幼儿的情感生活。小婴儿与母亲的良好关系以及母亲提供的食物、爱和关怀是情感稳定发展的基础。然而，即使在这个早期阶段，即使在非常有利的条件下，爱与恨之间的冲突（或者用弗洛伊德的话说，破坏性冲动与力比多之间的冲突）在这种关系中也起着重要的作用。挫折在某种程度上是不可避免的，它强化了仇恨和攻击性。我所说的挫折并不仅仅是指婴儿想吃奶的时候总是吃不到；我们在回溯性的分析中，会发现婴儿有一些无意识的欲望——这些欲望在婴儿的行为中并不总是能被察觉到，这些欲望集中在母亲的持续存在和她独有的爱上。这是婴儿情感生活的一部分，他是贪婪的，他的欲望即使在最好的外部环境下也无法被满足。除了破坏性冲动外，婴儿还会产生嫉羡，这种情感会强化他的贪婪，妨碍他享受现有的满足。破坏性情感会引起对报复和迫害的恐惧，这是婴儿焦虑的最初形式。

这种挣扎的结果是，婴儿要想保持好母亲（内在和外在的）的被爱的方面，他就必须持续把爱和恨分裂开来，从而把母亲分裂为好母亲和坏母亲。这使他能够从与所爱母亲的关系中获得一定的安全感，从而发展他的爱的能力。如果分裂的程度不是太深，而且不妨碍以后的整合，这就是与母亲建立良好关系和正常发展的先决条件。

我已经提到过迫害感是焦虑的第一种形式，但抑郁性质的感觉从生命的一开始也会偶尔出现。随着自我的成长和现实感的增强，抑郁情感的强度也随之增强，并在第一年的下半年（抑郁心位）达到顶峰。在这个阶段，婴儿会更充分地体验到抑郁性焦虑，并对自己指向所爱母亲的攻击冲动产生罪疚感。幼儿身上出现的许多严重程度不一的问题，如睡眠不安、进食困难、无法自我满足、不断要求母亲的关注和陪伴等，从根本上说都是这种冲突的结果。再往后，另一个问题就是孩子们在适应养育中的要求方面出现困难。

在罪疚感得到进一步发展的同时，他还会产生一种修复的愿望，这种倾向会使婴儿感到宽慰，因为通过取悦母亲，他感到自己消除了在攻击性幻想中对母亲造成的伤害。在一定程度上，帮助幼儿克服抑郁和罪疚感的主要因素之一，就是幼儿有能力——不管这种能力有多原始——实现这种修复冲动。如果他不能感受和表达自己的修复愿望，这就意味着他的爱的能力还不够强，那么婴儿就可能会诉诸更多的分裂过程。因此，他可能会显得过分乖巧和顺从。但是，这种分裂可能会损害孩子的天赋和才能，因为这些天赋和才能往往与孩子冲突中的痛苦情感一起被压抑。因此，在婴儿时期无法体验痛苦的冲突，也就意味着失去了其他方面的很多东西，比如兴趣的发展、欣赏他人的能力以及体验各种快乐的能力。

尽管有这些内部和外部的困难，幼儿通常都能找到一种方法来处理他的基本矛盾，这使他在其他时候也能体验到快乐和对幸福的感激。如果他幸运地拥有善解人意的父母，他的问题就会减少，反之，过于严格或过于宽松的教养方式可能会增加他的问题。孩子应对冲突的能力会延续到青春期和成年期，这是心理健康的基础。因此，个体的心理健康不仅依赖于其人格的成熟，也依赖于每一个成长阶段的正常发展。

我已经提到了儿童的背景的重要性，但这只是内部和外部因素之间非常复杂的相互作用的一个方面。我所说的内部因素是指，有些孩子从一开始就比其他孩子有更强的爱的能力，而这种能力是与更强大的自我联系在一起的，他们的幻想生活更加丰富，使兴趣和天赋得以发展。因此，我们可能会发现，有些儿童即使在有利的条件下，也无法获得作为心理健康基础的平衡，而有些儿童在不利的条件下却能获得平衡。

在早期阶段表现突出的某些态度，会在不同程度上延续到成人生活中。只有充分改变这些态度，心理健康才有可能实现。例如，婴儿有一种无所不能的感觉，这种感觉使他的憎恨和爱的冲动都显得极其强烈。这种态度的残余也很容易在成人身上观察到，尽管通常情况下，对现实的更好适应会减少这种"心想事成"的感觉。

早期发展的另一个因素是对痛苦的否认，在这里我们再次意识到，这种态度在成人生活中并没有完全消失。将自我和客体理想化的冲动，是婴儿需要将好坏两方面（包括自我和客体）分裂开来的结果。对理想化的需要与受迫害焦虑之间有着密切的联系。理想化具有安抚的作用，这一过程在成人身上仍然有效，它仍然可以达到抵消受迫害焦虑的目的。对敌人和敌意攻击的恐惧会因他人"好"的力量的增强而减轻。

所有这些态度在童年和成年时改变得越多，个体的心理平衡就越可能实现。当判断力不被受迫害焦虑和理想化所干扰时，就有可能形成成熟的观点。

我所列举的这些态度，由于它们从未被完全克服，因此在自我为对抗焦虑而采取的多种防御中发挥了作用。例如，分裂被用来保护好的客体和好的冲动，以抵御那些危险和可怕的破坏性冲动，后者导致了报复性客体的产生。这种机制在焦虑增加时得到加强。我在对幼儿进行分析时还发现，当他们受到惊吓时，他们会大大地加强自己的全能性。儿童觉得自己很坏，并试图通过把自己的坏归咎于他人来摆脱罪疚感，这意味着他自己的受迫害焦虑被强化。内摄作为一种防御方式，把那些希望能保护自己免受坏人伤害的客体吸收进自己的身体里。受迫害焦虑的一个必然结果就是理想化，因为受迫害焦虑越强烈，对理想化的需要就越强烈。因此，理想化的母亲就成了对抗迫害性母亲的帮手。所有这些防御都包含着某种否认的因素，它是应对各种恐惧或痛苦情境的一种手段。

自我发展得越充分，所使用的防御手段就越复杂，它们配合得也就越好，而不那么僵硬。当洞察力不被防御所扼杀时，心理健康就成为可能。一个心理健康的人能够意识到自己需要从更愉快的角度看待任何不愉快的情境，并能纠正自己美化不愉快情境的倾向。这样，他就不会那么痛苦地经历理想化破灭、受迫害焦虑和抑郁性焦虑占据上风的情境，他也更有能力应对来自外部世界的痛苦经历。

心理健康的一个重要因素是整合，它体现在将自我的不同部分结合在一起。整合的需要源于一种无意识的感觉，即自我的某些部分是未知的，并且由于自我被剥夺了某些部分而产生了一种贫乏感。无意识地感觉到自我的某些部分是未知的，这会增强对整合的渴望。此外，整合的需要还源于一种无意识的认知，即仇恨只能通过爱来缓解；如果将两者分开，这种缓解就无法成功。尽管有这种渴望，但整合总是意味着痛苦，因为面对被分裂出去的恨及其后果是极其痛苦的；如果无法承受这种痛苦，便会重新唤起一种分裂倾向，即将冲动中具有威胁性和干扰性的部分分裂出去。在一个正常人身上，尽管存在这些冲突，但仍然可以进行相当程度的整合，当这种整合由于外部或内部原因而受到干扰时，一个正常人可以找到回归整合的途径。整合还具有容忍自己冲动的效果，因此也能容忍他人的缺陷。我的经验告诉我，完全的整合永远不存在，但越接近于整合，个体就越能洞察自己的焦虑和冲动，性格就越坚强，也就越能获得心理平衡。

对《俄瑞斯忒亚》的一些思考

Some Reflections on "The Oresteia"

（1963）

下面的讨论基于吉尔伯特·默里（Gilbert Murray）著名的《俄瑞斯忒亚》（Oresteia）译本。我打算从一个主要角度来探讨这个三部曲，该角度是剧中人物所扮演的各种象征性角色。

首先让我简要概述一下这三部戏剧。在第一部《阿伽门农》（Agamemnon）中，主人公在特洛伊被攻陷后凯旋归来，他的妻子克莱特涅斯特拉（Clytemnestra）用虚假的赞美和崇拜接待了他，并劝他跨过珍贵的挂毯走进家门。有迹象表明，她后来在阿伽门农沐浴时用同一块挂毯把他包裹起来，使他无力反抗。她用战斧杀死了阿伽门农，并以胜利者的姿态出现在长老们面前。她为自己的谋杀辩解说，这是为牺牲的伊菲革涅亚（Iphigenia）复仇。因为伊菲革涅亚是在阿伽门农的命令下被杀死的，目的是使风向有利于前往特洛伊的航行。

然而，克莱特涅斯特拉对阿伽门农的复仇并不仅仅是因为对失去孩子的悲痛。她在阿伽门农不在的时候，把他的宿敌当作自己的情人，因此面临着被阿伽门农复仇的恐惧。很明显，要么克莱特涅斯特拉和她的情人被杀，要么她必须杀死自己的丈夫。除了这些动机之外，她给人的印象是深深地憎恨他，这一点在她与长老们交谈并以胜利者姿态对待他的死时表现得很明显。这种情绪很快转变为抑郁。埃吉赛忒斯（Aegisthus）想要立即用暴力镇压长老们的反对，她阻止了他，并恳求他："让我们不要让自己染上鲜血。"

三部曲的下一部，即《诃俄波罗》（Cheophoroe），讲述了幼年时被母亲送走的俄瑞斯忒斯（Orestes）的故事。他在父亲的坟冢旁遇到了伊莱克特拉（Electra）。伊莱克特拉对母亲充满敌意，在做了一个可怕的梦之后，她和克莱特涅斯特拉派来的女奴一起，为阿伽门农的坟墓送祭品。正是这些敬酒人的首领向伊莱克特拉和俄瑞斯忒斯建议，要想彻底复仇，就必须杀死克莱特涅斯特拉和埃吉赛忒斯。她的话向俄瑞斯忒斯证实了德尔斐（Delphic）神谕给他的命令——这个命令最终来自阿波罗（Apollo）本人。

俄瑞斯忒斯乔装成一个旅行商人，在朋友皮拉德斯（Pylades）的陪同下前往王宫，在那里，他仗着自己没有被认出来，告诉克莱特涅斯特拉俄瑞斯忒斯已经死了。克莱特涅斯特拉悲痛欲绝。然而，她并没有完全相信，因为她派人去找埃吉赛忒斯，让他带着长矛兵来。女奴的首领压下了这一消息；埃吉赛忒斯独自一人手无寸铁地来了，俄瑞斯忒斯杀了他。一个奴隶把埃吉赛忒斯的死讯告诉了克莱特涅斯特拉，她感到自己处于危险之中，于是召唤她的战斧。俄瑞斯忒斯威胁要杀死她；但她没有反抗，而是恳求他饶她一命。她还警告他，复仇女神厄尼诺斯（Erinnyes）会惩罚他。俄瑞斯忒斯不顾她的警告，杀死了母亲，复仇女神立刻出现在他面前。

当第三部戏剧《欧米尼德斯》（Eumenides）开始时，已经过去了许多年——在这些年里，俄瑞斯忒斯被复仇女神追捕，远离了他的家和他父亲的王位。他试图前往德尔斐，希望在那里得到赦免。阿波罗建议他向代表正义和智慧的女神雅典娜（Athena）求助。雅典娜安排了一个法庭，召集了雅典最有智慧的人，阿波罗、俄瑞斯忒斯和复仇女神在法庭上作证。赞成和反对俄瑞斯忒斯的票数相同，雅典娜投了决定票，支持赦免俄瑞斯忒斯。在诉讼过程中，复仇女神顽固地认为必须惩罚俄瑞斯忒斯，他们不会放弃猎物。然而，雅典娜向她们承诺，她将与她们分享她在雅典的权力，她们将永远是法律和秩序的守护者，因此将受到尊敬和爱戴。雅典娜的承诺和论证让复仇女神发生了变化，她们变成了"善良的人"——欧米尼德斯。她们同意赦免俄瑞斯忒斯，俄瑞斯忒斯回到家乡，成为父亲的继承人。

在试图讨论《俄瑞斯忒亚》中我特别感兴趣的那些方面之前，我想重申一下我对婴儿早期发展的一些发现。在对幼儿的分析中，我发现了一种无情的、迫害性的超我，它与和所爱的甚至是理想化的父母的关系并存。回溯过去，我发现在破坏性冲动、投射和分裂达到顶峰的头三个月，恐怖和迫害性的形象是婴儿情感生活的一部分。首先，它们代表了母亲可怕的一面，并以各种恶意威胁着婴儿，而婴儿在憎恨和愤怒的状态下会把这些恶意指向他的原始客体。虽然这些可怕人物形象会被对母亲的爱所抵消，但它们仍然是造成巨大焦虑的原因。❶从婴儿出生开始，内摄和投射就在起作用，并且是内化第一个基本客体（母亲的乳房和母亲）的基础，这种内化既包括母亲可怕的一面，也包括了好的一面。正是这种内化构成了超我的基础。我试图说明，即使是与母亲关系亲密的孩子，也会无意识地害怕被母亲吞噬、撕裂和毁灭。❷这些焦虑虽然会随着现实感的增强而有所改变，但或多或少会持续整个幼儿期。

这种性质的受迫害焦虑是偏执-分裂心位的一部分，后者是婴儿出生后最初几个月的特征。它包括一定程度的分裂样退缩；也包括强烈的破坏性冲动（这种冲动的投射会产生迫害性客体），以及将母亲的形象分裂成一个非常坏的部分和一个理想化的好部分。还有许多其他的分裂过程，如碎片化和将可怕的人物压入无意识深层的强烈冲动。❸在这一阶段，最重要的机制是对所有可怕情境的否认，这是与理想化联系在一起的。从最初的阶段开始，这些过程就被一次又一次的挫折经历所强化，而挫折是永远无法完全避免的。

小婴儿焦虑情境的一个部分是他们无法将可怕的人物完全分裂开来。此外，憎恨和破坏性冲动的投射只能在一定程度上成功，而所爱和所恨的母亲之间的分裂也无法被完全维持。因此，婴儿无法完全摆脱罪疚感，尽管在早期阶段，这种罪疚感还很微弱。

所有这些过程都与婴儿的象征形成（symbol formation）的动力联系在一起，

---

❶ 我在论文《俄狄浦斯冲突的早期阶段》（1928）中首次描述了这些焦虑。

❷ 我在《儿童精神分析》一书中更全面地论述了这一点，并举例说明了这些焦虑。

❸ 参见我的论文《论心理功能的发展》（On the Development of Mental Functioning，1958）。

构成了他幻想生活的一部分。在焦虑、挫折和对所爱客体表达情感的能力不足的影响下，婴儿会被驱使着把自己的情感和焦虑转移到周围的客体上。这种转移首先发生在他自己的身体部位和他母亲的身体部位上。

婴儿从一出生就经历的冲突来自生死本能之间的斗争，表现为爱的冲动和破坏性冲动之间的冲突。这两种冲突具有不同的表现形式和不同的影响。例如，怨恨会增强婴儿的匮乏感，而这种匮乏感在任何婴儿的生命中都会存在。虽然母亲的哺育能力让婴儿崇拜，但对这种能力的嫉羡却会强烈引发破坏性冲动。嫉羡的内在目的是摧毁和破坏母亲的创造力，而婴儿同时又依赖于母亲的创造力；这种依赖强化了婴儿的憎恨和嫉羡。一旦与父亲建立关系，儿童就会对父亲的能力和权力产生崇拜，这又会导致嫉羡。逆转这些早期处境和战胜父母的幻想是幼儿情感生活中的一个要素。来自口腔、尿道和肛门的施虐冲动在这些针对父母的敌对情绪中得到了表达，反过来又引起了更强的受迫害感和对父母报复的恐惧。

我发现，幼儿经常做噩梦和患恐惧症的原因是他们对父母的恐惧，而对父母的内化构成了严苛的超我的基础。一个惊人的事实是，尽管父母充满爱意，但孩子们还是会形成具有威胁性的内化形象；正如我已经指出的那样，我发现这种现象的解释是，儿童将自己的仇恨投射到了父母身上，而这种仇恨又因对父母权力的不满而加剧。这种观点似乎一度与弗洛伊德的超我概念相矛盾，弗洛伊德认为超我主要是由于对施加惩罚和约束性的父母的内摄而产生的。弗洛伊德后来同意了我的观点，即儿童对父母的仇恨和攻击性投射在超我的形成过程中起着重要作用。

在工作过程中，我更清楚地认识到，被内化的父母的迫害性必然会带来对父母的理想化。从一开始，在生本能的影响下，婴儿也会将一个好客体内化，而焦虑的压力会引发将这个客体理想化的倾向。这对超我的发展产生了影响。在这里，我们可以联想到弗洛伊德（1928）在他的论文《幽默》（Humour, *S.E.* 21, p.166）中表达的观点，即父母的亲切态度会进入儿童的超我。

当受迫害焦虑仍处于上升阶段时，早期的罪疚感和抑郁在某种程度上被体验为受迫害。渐渐地，随着自我力量的增强、与完整客体的关系进一步整合和进步，受迫害焦虑减弱，而抑郁性焦虑占据了主导地位。更大程度的整合意味着恨在某种程度上被爱所减轻，爱的能力得到加强，所恨的客体（因此也是可怕的客体）和所爱的客体之间的分裂减少。与无力阻止破坏性冲动伤害所爱客体的感觉相关联的罪疚感逐渐增强，并变得更加强烈。我把这一阶段描述为抑郁心位，我对儿童和成人的精神分析经验证实了我的结论，即经历抑郁心位会产生非常痛苦的感觉。在此，我无法讨论变得更强的自我为应对抑郁和罪疚感而发展出的多重防御。

在这一阶段，超我被体验为自己的良知；它代表着对谋杀和破坏倾向的禁止，并与儿童需要父母的指导和约束联系在一起。超我是人类普遍存在的道德法则的基础。然而，即使是正常的成年人，在强大的内部和外部压力下，分裂出来的冲动和分裂出来的危险的、受迫害的形象也会暂时重现，并影响超我。这时的焦虑与婴儿时期的恐惧近似，只是形式不同而已。

儿童的神经官能症越严重，他向抑郁心位过渡的能力就越弱，而且在受迫害焦虑和抑郁性焦虑之间摇摆不定，阻碍了抑郁心位的修通。在这一早期发展过程中，婴儿可能会出现向偏执-分裂心位的倒退，而更强大的自我和更强的承受痛苦的能力则会使他对自己的心理现实有更深刻的洞察，并使他能够修通抑郁状态。正如我所指出的，这并不意味着在这一阶段他没有受迫害焦虑。事实上，尽管抑郁占主导地位，但受迫害焦虑仍然是抑郁心位的一部分。

痛苦、抑郁和罪疚感的体验与对客体的更大的爱联系在一起，这激发了婴儿的修复冲动。这种冲动减弱了与客体相关的受迫害焦虑，从而使客体更值得信赖。所有这些变化都表现为一种希望，都与超我的严苛性的减弱有关。

如果抑郁心位得到了成功的修通——不仅是在婴儿期的顶峰阶段，而且是在整个童年和成年期——超我就会被认为主要是在引导和抑制破坏性冲动，其严苛性质就会有所减轻。当超我不过分严厉时，个体就会得到它的支持和帮助，因为它加强了爱的冲动和修复的倾向。与这一内部过程相对应的是，当儿童表现出更多的创造性和建设性倾向，与环境的关系有所改善时，会得到父母的鼓励。

在回到《俄瑞斯忒亚》以及我将从中得出的有关精神生活的结论之前，我想先谈谈希腊人对傲慢（hubris）的看法。根据吉尔伯特·默里的定义，"万物只要有生命，就会犯下诗歌中的典型罪过"——Hubris，这个词一般被翻译为"insolence"或"pride"……Hubris代表着更多占有，冲破了界限，打破了秩序；紧随其后的是Dike（正义），它重建了秩序。这种模式——傲慢与正义（Hubris-Dike）、骄傲及其堕落、罪恶与惩罚——是希腊悲剧特征的哲学抒情诗中最常见的主题。

在我看来，傲慢之所以显得如此罪恶，是因为它基于某些情感，而这些情感被认为对他人和自己都是危险的。这些情感中最重要的一种是贪婪，首先是对母亲的贪婪；它伴随着被受到剥削的母亲惩罚的预期。贪婪与吉尔伯特·默里在导言中阐述的"莫伊拉"（Moira）概念有关。莫伊拉代表着众神分配给每个人的份额。当莫伊拉被逾越时，神的惩罚就随之而来。对这种惩罚的恐惧可以追溯到这样一个事实，即贪婪和嫉羡首先是对母亲的体验，母亲被这些情感伤害，在投射的作用下，母亲在孩子的心目中变成了一个贪婪和充满怨恨的人物。因此，她被当作惩罚的来源而令人恐惧，是上帝的原型。任何对莫伊拉的逾越都会被认为与对他人财产的嫉羡密切相关；因此，通过投射，人们会产生迫害性恐惧，害怕他人会嫉羡并破坏自己的成就或财产。

"……有句谚语说：'没有多少人，
会不带嫉羡地爱一个幸运的朋友；

嫉羡者的心里有一种冰冷的毒药，

它紧紧地附在身上，使生活给他带来的痛苦加倍。

他必须照顾自己的伤痛，感觉别人的快乐就像诅咒。'"

战胜他人、憎恨、想要毁灭他人、羞辱他人、因为被人嫉羡而以毁灭他人为乐，所有这些与父母和兄弟姐妹有关的早期情感都是**傲慢**的一部分。每个孩子有时都会有一些嫉羡心理，都想拥有首先是母亲，然后是父亲的特质和能力。嫉羡的主要对象是母亲的乳房和她能提供的食物，实际上是她的创造力。强烈嫉羡的后果之一是希望扭转局面，让父母变得无助和幼稚，并从这种扭转中获得施虐快感。当婴儿被这些敌意的冲动所支配，在他的脑海中摧毁了母亲的"好"和爱时，他不仅感觉受到了母亲的迫害，而且还感觉内疚和丧失了美好的客体。这些幻想之所以会对人的一生产生如此大的影响，其中一个原因是它们是以一种全能的方式被体验到的。换句话说，在婴儿的脑海中，这些幻想已经成为现实，或者可能会成为现实，他要为父母遭遇的所有麻烦或疾病负责。这就导致了对丧失的持续恐惧，这种恐惧会增强受迫害焦虑，也是害怕因**傲慢**而受到惩罚的基础。

在日后，如果嫉羡和破坏性占据主导地位，那么作为傲慢组成部分的好胜心和野心就会成为内疚的深层来源。这种罪疚感可能会被否认所覆盖，但在否认的背后，来自超我的责备仍然在起作用。我想说的是，我所描述的这些过程就是希腊人认为**傲慢**应受到严厉禁止和惩罚的原因。

婴儿期的焦虑是怕战胜他人和破坏他人的能力会使他们变得嫉羡和危险，这种焦虑在以后的生活中会产生重要的影响。有些人通过抑制自己的天赋来应对这种焦虑。弗洛伊德（1916）曾描述过这样一种人，他们无法忍受成功，因为成功会激起他们的罪疚感，他尤其将这种罪疚感与俄狄浦斯情结联系在一起。在我看来，这类人的本意是要超越和破坏母亲的生育能力。其中的一些情感会转移到父亲和兄弟姐妹身上，后来又转移到其他人身上，而其他人的嫉羡和恨又会让他们感到恐惧；这方面的罪疚感可能会导致对天赋和潜能的强烈抑制。克莱特涅斯特拉的一句话总结了这种恐惧："那些害怕嫉羡的人，会害怕成为伟大的人。"

现在，我将通过对幼儿的一些分析来证实我的结论。当一个孩子在游戏中通过让小火车比大火车开得更快，或者让小火车攻击大火车来表达他与父亲的竞争时，其后果往往是产生一种受迫害感和罪疚感。我在《儿童分析的故事》（*Narrative of a Child Analysis*，1961）一书中描述道，有一段时间内，这个男孩的每次治疗都以他所说的"灾难"结束，即所有玩具都被打翻。从象征意义上讲，这对孩子来说意味着他已经强大到足以摧毁他的世界。在许多次治疗中，通常只有一个幸存者——他自己，这些"灾难"带来的结果是，他感到孤独、焦虑，并渴望他的好客体回来。

另一个例子来自对一个成年人的分析。这位病人一生都在克制自己的野心和高人一等的愿望，因此无法充分发挥自己的天赋。他梦见自己站在一根旗杆旁，周围都是孩子。他自己是唯一的成年人。孩子们轮流试图爬上旗杆顶端，但都失败了。他在梦中想，如果他也试着爬上去，但也失败了，孩子们一定会很高兴。然而，他还是违背自己的意愿，完成了这一壮举，并发现自己已经站在了旗杆顶端。

这个梦证实并加强了他从以前的材料中得出的洞察，即他的野心和竞争力比他以前允许自己知道的要大得多，也更具破坏性。在梦中，他轻蔑地把自己的父母、分析师和所有潜在的竞争对手都变成了无能和无助的孩子。只有他一个人是成年人。同时，他还试图阻止自己获得成功，因为他的成功意味着伤害和羞辱他同样爱戴和尊敬的人，而这些人会变成嫉羡和危险的迫害者——那些会因为他的失败而高兴的孩子。然而，正如梦中所显示的那样，他抑制自己天赋的企图失败了，他爬到了顶端，却担心后果。

在《俄瑞斯忒亚》中，阿伽门农充分显示出了他的**傲慢**。他不同情被他杀害的特洛伊人民，似乎觉得自己有权毁灭他们。只有在对克莱特涅斯特拉谈到卡珊德拉（Cassandra）时，他才提到征服者应该同情被征服者的戒律。然而，显然由于卡珊德拉是他的情人，他所表达的不仅仅是怜悯，还有保留她供自己享乐的愿望。如果不是这样的话，他显然会为自己造成的可怕破坏感到自豪。但是，他发动的这场旷日持久的战争也给阿尔戈斯（Argos）人民带来了苦难，因为许多妇女成为寡妇，许多母亲悼念自己的儿子；他自己的家庭也因被遗弃而受苦十年。因此，他归来时引以为豪的一些破坏，最终也损害了那些他对其怀有某种爱的人们。他的破坏行为涉及他最亲近的人，可以解释为针对他早年所爱的客体。他之所以犯下这些罪行，表面上是为他哥哥所受的侮辱复仇，帮助他夺回海伦（Helen）。然而，埃斯库罗斯（Aeschylus）明确表示，阿伽门农也被野心所驱使，"万王之王"的称号满足了他的**傲慢**。

然而，他的成功不仅满足了他的傲慢，还加剧了他的傲慢，导致了他性格冷酷和堕落。我们了解到，守望者对他忠心耿耿，他的家人和长老都爱戴他，他的臣民也渴望他的归来。这表明，在过去，他比赢得胜利之后更仁慈。阿伽门农在报告他的胜利和特洛伊的毁灭时，似乎既不被爱，也无法去爱别人。我将再次引用埃斯库罗斯的话：

"罪恶就在那里。因为显而易见，
傲慢会给傲慢的人带来报应，
当他们的房子装满了幸福的财富时，
心中就会总是充满愤怒和鲜血。"

在我看来，他肆无忌惮的破坏、对权力的炫耀和残酷是一种退行。年幼的孩子，尤其是男孩，不仅崇拜好的东西，也崇尚权力和残酷，并将这些品质归于他与之认同的、同时又令他恐惧的强大的父亲。在成年人身上，退行会使这种婴儿式的态度复活，并削弱其同情心。

考虑到阿伽门农所表现出的过度**傲慢**，克莱特涅斯特拉在某种意义上代表着**正义**。在《阿伽门农》中有一段话很能说明问题，她在丈夫到来之前，向长老们描述了她所看到的特洛伊人民的苦难，她的描述充满同情，丝毫没有对阿伽门农的功绩表示崇拜。反过来，当她谋杀阿伽门农时，傲慢支配了她的感情，没有任何悔恨的迹象。当她再次与长老们交谈时，她为自己所犯下的谋杀罪感到骄傲，并对此感到得意。她支持埃吉赛忒斯篡夺阿伽门农的王权。

阿伽门农的**傲慢**之后遭到了正义的惩罚，然后是克莱特涅斯特拉的**傲慢**，后者再次受到以俄瑞斯忒斯为代表的**正义**的惩罚。

我想就阿伽门农在赢得胜利后对臣民和家人态度的转变提出一些看法。正如我在前面提到的，他对长期战争给特洛伊人民带来的苦难缺乏同情，这一点非常突出。然而，他对诸神和即将到来的厄运感到恐惧，因此他只是不情愿地同意踩着克莱特涅斯特拉的侍女为他铺好的美丽挂毯进屋。当他说一个人应该小心谨慎，不要招致众神的愤怒时，他只是在表达自己的受迫害焦虑，而不是罪疚感。也许我前面提到的退行是有可能的，因为善良和同情从未充分地成为他性格的一部分。

相比之下，俄瑞斯忒斯一旦犯下杀母之罪，就会产生罪疚感。这也是我认为雅典娜最终能够帮助他的原因。虽然他对谋杀埃吉赛忒斯没有罪疚感，但对于杀害母亲的行为，他内心充满了激烈的冲突。他这样做是出于责任，也是出于对死去父亲的爱，他认同了父亲。很少有迹象表明他想战胜母亲。这说明他并没有过分的傲慢及其伴随物。我们知道，他谋杀母亲的部分原因是伊莱克特拉的影响和阿波罗的命令。在他杀死母亲之后，他立即产生了悔恨和对自己的恐惧，这就是复仇女神所象征的，她立即攻击了他。女奴的首领非常鼓励俄瑞斯忒斯杀母，但她看不到复仇女神，她试图安慰俄瑞斯忒斯，指出他的所作所为是正当的，秩序已经恢复了。除了俄瑞斯忒斯，没有人能够看到复仇女神，这表明这是一种来自内部的迫害。

我们知道，俄瑞斯忒斯是遵照阿波罗在德尔斐下达的命令杀死自己的母亲的。这也可以看作他内心处境的一部分。阿波罗在这里从一个侧面代表了俄瑞斯忒斯自身的残忍和复仇的冲动，因此我们发现了俄瑞斯忒斯的破坏情感。然而，**傲慢**所包含的主要因素，如嫉妒和胜利的需要，在他身上似乎并不占主导地位。

重要的是，俄瑞斯忒斯强烈同情被忽视、不幸和哀伤的伊莱克特拉。因为他对母亲忽视他的怨恨激发了他自己的破坏性。她把他送到陌生人那里，换句话说，她给他的爱太少了。伊莱克特拉仇恨的主要动机显然是她没有得到母亲足够的爱，她渴望被母亲爱的愿望落空了。伊莱克特拉对母亲的恨——虽然因阿伽门农被杀而加剧——也包含了女儿对母亲的敌意，这种敌意的焦点是她的性欲没有得到父亲的满足。女孩与母亲的关系受到的这些早期的干扰是她俄狄浦斯情结发展的一

个重要因素。❶

俄狄浦斯情结的另一个方面表现在卡珊德拉和克莱特涅斯特拉之间的敌意上。她们对阿伽门农的直接争夺说明了女儿和母亲关系的一个特点——两个女人对同一个男人的性满足的争夺。由于卡珊德拉曾是阿伽门农的情人，她也会觉得自己是一个女儿，真正成功地从母亲那里夺走了父亲，因此希望得到母亲的惩罚。这是俄狄浦斯情境的一部分，即母亲对女儿的俄狄浦斯欲望做出了回应，或被认为做出了回应，并怀恨在心。

如果我们考虑一下阿波罗的态度，有迹象表明他对宙斯（Zeus）的完全服从是与对女性的憎恨和反向的俄狄浦斯情结联系在一起的。以下段落反映了他对女性生育能力的蔑视：

"不曾在黑暗的子宫里孕育，

但这样的生命之花，

女神从未孕育过……（谈及雅典娜）

人们虽然称呼她为孩子的母亲，

但她并不是真正的生命创造者，

她只是在照顾一颗活种子。

唯有播种的人能创造生命……"

他对女人的憎恨还体现在他命令俄瑞斯忒斯杀死自己的母亲，以及他坚持不懈地迫害卡珊德拉，而不管卡珊德拉对他做错了什么上。他滥交的事实与他反向的俄狄浦斯情结并不矛盾。相比之下，他所赞美的雅典娜几乎没有任何女性特质，完全是她父亲的化身。同时，他对姐姐的崇拜也表明了他对母亲形象的积极态度。也就是说，一些正向的俄狄浦斯情结的迹象并没有完全消失。

善良、乐于助人的雅典娜没有母亲，她是宙斯所生。她没有表现出对女性的敌意，但我认为这种没有竞争和仇恨的表现与她占有了父亲有一定的关系；宙斯回报了她的奉献，因为她在众神中拥有特殊的地位，是众所周知的宙斯的宠儿。她对宙斯的完全服从和奉献可以被视为她俄狄浦斯情结的一种表现。她表面上没有冲突，这可能是因为她把全部的爱都集中在一个客体上了。

俄瑞斯忒斯的俄狄浦斯情结也可以从三部曲中的多个段落中看出。他斥责母亲对他的忽视，并表达了对母亲的怨恨。尽管如此，有迹象表明他与母亲的关系并不完全是负面的。克莱特涅斯特拉献给阿伽门农的酒显然受到了俄瑞斯忒斯的重视，因为他相信这些酒能让父亲复活。当她告诉俄瑞斯忒斯，在他还是婴儿的时候，她就养育并爱着他，俄瑞斯忒斯动摇了杀死她的决定，并向他的朋友皮拉

---

❶ 参见《儿童精神分析》第11章。

德斯寻求建议。也有迹象表明了他的嫉妒，这代表着正向的俄狄浦斯关系。克莱特涅斯特拉对埃吉赛忒斯之死的悲痛和她对埃吉赛忒斯的爱激起了俄瑞斯忒斯的愤怒。俄狄浦斯情境中对父亲的憎恨可以转移到另一个人身上，例如哈姆雷特对叔叔的憎恨。❶俄瑞斯忒斯把自己的父亲理想化了，对死去的父亲的敌意和仇恨往往比对活着的父亲的敌意和仇恨更容易被克制。他将阿伽门农的"伟大"理想化——伊莱克特拉也经历过这种理想化，这使他否认阿伽门农牺牲了伊菲涅亚，并对特洛伊人的苦难表现出无情。在崇拜阿伽门农的同时，俄瑞斯忒斯也认同了理想化的父亲，而这正是许多儿子克服与父亲的对抗和对父亲的嫉妒的方式。母亲的忽视和对阿伽门农的谋杀加剧了俄瑞斯忒斯的这种态度，构成了俄瑞斯忒斯反向的俄狄浦斯情结的一部分。

我在上文提到过，俄瑞斯忒斯相对来说没有那么**傲慢**，尽管他认同了自己的父亲，但更容易产生罪疚感。在我看来，他在谋杀克莱特涅斯特拉后所遭受的痛苦代表了受迫害焦虑和罪疚感，而后者正是抑郁心位的一部分。这种解释似乎表明，俄瑞斯忒斯患有躁郁症——吉尔伯特·默里称他为疯子，因为他有过度的罪疚感（以复仇女神为代表）。另一方面，我们可以认为埃斯库罗斯以放大的形式展示了正常发展的一个方面。因为作为躁郁症基础的某些特征在俄瑞斯忒斯身上并不明显。在我看来，他所表现出的精神状态，我认为是偏执-分裂心位和抑郁心位之间的过渡阶段的特征，这个阶段的罪疚感基本上被体验为迫害。当达到抑郁心位并修通时——在三部曲中俄瑞斯忒斯在阿雷奥帕格斯（Areopagus）的举止变化象征着这一点，罪疚感就会占据主导地位，受迫害感就会减弱。

这部剧告诉我，俄瑞斯忒斯之所以能够克服受迫害焦虑，修通抑郁心位，是因为他从未放弃过洗刷自己的罪行和回到他的人民身边的冲动，他大概希望以仁慈的方式统治他的人民。这些意图表明了一种修复的动力，而这种动力正是克服抑郁心位的标志。他与伊莱克特拉的关系（后者激发了他的怜悯和爱），以及他尽管遭受苦难，但从未放弃希望，还有他对众神的整个态度，特别是他对雅典娜的感激之情，所有这一切都表明，他对好客体的内化是相对稳定的，并为正常发展奠定了基础。我们只能猜测，在最早的阶段，这些情感以某种方式进入了他与母亲的关系中，因为克莱特涅斯特拉提醒他：

"我的孩子，你不怕折磨这乳房吗？

你难道没有在这里沉睡，

你的牙龈没有吸吮我给你的乳汁吗？"

此时，俄瑞斯忒斯放下剑，犹豫不决。奶妈对他表现出的温暖暗示了婴儿时期被给予和接受的爱。奶妈可能是母亲的替代品，但在某种程度上，这种爱的关

---

❶ 参阅琼斯的《哈姆雷特与俄狄浦斯》（Hamlet and Oedipus，1949）。

系也可能适用于母亲。俄瑞斯忒斯被从一个地方赶到另一个地方时所遭受的精神和肉体上的痛苦，生动地描绘了罪疚感和受迫害感达到顶峰时所经历的痛苦。迫害他的复仇女神是坏良心的化身，丝毫不顾及他受命杀人的事实。我在上文已经指出，阿波罗下达命令时代表了俄瑞斯忒斯自身的残忍，从这个角度来看，我们就能理解复仇女神为什么不体谅是阿波罗命令他实施谋杀这一事实，因为无情的超我的特点就是不会原谅破坏性行为。

我认为，超我的不原谅及其引起的受迫害焦虑在希腊神话中得到了体现，即复仇女神的力量甚至在死后仍会继续。这被视为惩罚罪人的一种方式，也是大多数宗教的共同要素。在《欧米尼德斯》中，雅典娜说：

"……伟大的埃里涅斯（Erinyes）

拥有最有力的双手，

她们管辖着不死的神祇

和死去的灵魂。"

复仇女神也宣称：

"他将流亡至死，

永生不得自由，

死亦无法解脱……"

希腊信仰的另一个特点是，如果死亡是暴力造成的，死者就会有一种复仇的需要。我认为，这种复仇的需要源于早期的受迫害焦虑，这种焦虑因儿童对父母的死亡愿望而加剧，并破坏了他的安全感和满足感。因此，发动攻击的敌人就成了所有邪恶的化身，婴儿预期这些邪恶会对他的破坏性冲动进行报复。

我曾在其他地方[1]讨论过人们对死亡的过度恐惧，对他们来说，死亡意味着来自内外敌人的迫害，也是对被内化的好客体的毁灭威胁。在哈迪斯（Hades），为死前受到的伤害复仇是死后安宁的必要条件。俄瑞斯忒斯和伊莱克特拉都坚信，他们死去的父亲支持他们完成复仇任务；俄瑞斯忒斯在向阿雷奥帕格斯描述他的冲突时指出，阿波罗预言如果他不为父亲报仇，就会受到惩罚。克莱特涅斯特拉的鬼魂敦促复仇女神继续追捕俄瑞斯忒斯，她抱怨自己在冥府受到蔑视，因为杀害她的凶手没有受到惩罚。她显然是被对俄瑞斯忒斯的持续仇恨所影响，因此我们可以得出结论，对死后复仇的需要是仇恨在坟墓之外的延续。还有一种可能是，由于怀疑他们的后代对他们不够关心，所以当杀害他们的凶手逍遥法外时，死者才会感到被人鄙视。

吉尔伯特·默里在导言中暗示了死者要求复仇的另一个原因，他认为地球母亲被洒在她身上的鲜血污染了，她和她体内的克顿人（Chtonian people，死

---

[1]《论认同》（On Identification，1955b）。

者）要求复仇。我将克顿人解释为母亲体内未出生的婴儿，孩子认为他在嫉羡和敌意的幻想中摧毁了这些婴儿。大量的精神分析资料显示，儿童会对母亲的流产或在他出生后没有再生育这一事实深感内疚，❶并担心这个受伤的母亲会报复自己。

然而，吉尔伯特·默里也提到地球母亲给予无辜者生命和果实。在这方面，她代表了善良、哺育和慈爱的母亲。多年来，我一直认为，将母亲分为好母亲和坏母亲，是婴儿与母亲之间关系发展的一个最初阶段。

希腊人认为，死者并没有消失，而是在冥府中继续着一种阴暗的存在，并对活着的人施加影响，这种观念让人想起对于鬼魂的信仰，鬼魂被驱使迫害活着的人，因为他们得不到安宁，除非能够复仇。我们还可以把这种关于死人能够影响和控制活着的人的信仰，与这样一种观念联系起来，即死人继续作为内化客体存在，他们同时被认为是死人，并以好的方式或坏的方式活跃在自我之中。与好的内在客体——首先是好母亲——的关系，意味着它被认为是有帮助和有指导意义的。尤其是在悲伤和哀悼的过程中，个体会努力维护之前存在的良好关系，并通过这种内在的陪伴来感受力量和安慰。当哀悼失败时——原因可能有很多，就是因为这种内化无法成功，有益的认同受到干扰。伊莱克特拉和俄瑞斯忒斯祈求土丘下死去的父亲给予他们支持和力量，这与他们希望与好客体结合的愿望是一致的，这个好客体在外部因死亡而被失去，必须在内部被建立起来。这个被求助的好客体构成了超我的一部分，具有引导和帮助的作用。这种与内化客体的良好关系是一种身份认同的基础，后者对于内化客体的稳定具有重要意义。

我认为，奠酒能"打开死者干渴的嘴唇"这一信念源自一种基本的感觉，即母亲给婴儿乳汁不仅是维持婴儿生命的一种手段，也是维持婴儿内在客体生命的一种手段。由于内化的母亲（首先是乳房）成为婴儿自我的一部分，他感觉到自己的生命与母亲的生命息息相关，所以从某种意义上说，外在的母亲给予孩子乳汁、爱和关怀也会使内在的母亲受益。这也适用于其他内化客体。剧中克莱特涅斯特拉的祭奠被埃莱克特拉和俄瑞斯忒斯认为是一种迹象，表明通过喂养内化的父亲，她使他复活，尽管她也是一个坏母亲。

在精神分析中，我们会发现这样一种感觉，即无论个人体验到什么快乐，内部客体都会参与其中。这也是让所爱的丧失客体复活的一种手段。当死去的内化客体被爱时，它就会保持自己的生命——提供帮助、安慰、指导，这种幻想与俄瑞斯忒斯和伊莱克特拉的信念是一致的，即他们会得到被复活的死去父亲的帮助。

我认为，未被唤醒的死者代表着内化的死亡客体，成为具有威胁性的内化形

---

❶ 参见《儿童分析的故事》。

象。他们控诉主体在仇恨中对他们造成的伤害。对于病人来说，这些可怕的形象构成了超我的一部分，并与关于命运的信念紧密相连，命运驱使人作恶，然后惩罚作恶者。

"谁……

不知道你们，

你们这些天上的神灵！

你们引领我们踏入人间，

你们让穷人成为罪人，

然后让他受尽折磨：

因为所有的罪都会在人间得到报复。"

歌德（Goethe），《迷娘》（Mignon）

这些迫害性的形象在复仇女神身上也被人格化了。在早期的精神生活中，即使在正常情况下，分裂也不会完全成功，因此，令人恐惧的内部客体在某种程度上仍然起作用。也就是说，儿童会经历不同程度的精神病性焦虑。根据基于投射的"以眼还眼原则"（talion principle），儿童会因为害怕自己在幻想中对父母所做的事情也会发生在自己身上，而备受折磨；这可能是导致儿童的攻击性增强的一个诱因。由于他感到自己受到了内部和外部的迫害，他就会被迫将惩罚向外投射，从而通过外部现实来检验自己内心的焦虑和对实际惩罚的恐惧。儿童的罪疚感和受迫害感越强，也就是说，病得越重，往往就越具有攻击性。我们不得不相信，类似的过程也在不良少年或罪犯身上起作用。

由于破坏性冲动主要是针对父母的，因此人们认为最根本的罪过就是杀害父母。这一点在《欧米尼德斯》中被表达得很清楚，在雅典娜的干预下，复仇女神描述了如果她们不再对弑母和弑父的罪行起到威慑作用，并在这些罪行发生时对其进行惩罚，将会出现的混乱局面。

"是啊，对父母来说，从今以后，

等待他们的是欺骗和极大的痛苦；

他们的胸膛将被孩子手中的刀割裂。"

我在前面说过，婴儿的残忍和破坏性冲动创造了原始而可怕的超我。关于复仇女神实施攻击的方式，有各种暗示：

"我们将活生生地，从你的每一根血管中

畅饮你那浓郁和殷红的鲜血。

我们干渴的嘴唇要用你的血来滋润，

直到正义的心被你的鲜血和苦痛喂饱；

直到把你像死人一样践踏，

把你丢在被杀的人中间……" ❶

复仇女神对俄瑞斯忒斯的折磨是最原始的口腔和肛门方式。我们被告知，她们的呼吸"像燃烧的火焰一样四散开来"，从她们的身体里散发出有毒的蒸气。婴儿最早使用的一些破坏手段是屁和粪便攻击，他觉得这样做会毒害母亲，还会用尿（火）烧母亲。因此，早期的超我用同样的毁灭威胁着他。当复仇女神担心自己的力量会被雅典娜夺走时，她们用下面的话表达了自己的愤怒和担忧："我的伤痛难道不应该转过来压垮这些人吗？我的心在燃烧，这痛苦的毒汁，难道不应该像雨点一样落在他们身上吗？"这让我们联想到，儿童对挫折的怨恨以及挫折带来的痛苦，会增加他的破坏性冲动，促使他强化自己的攻击幻想。

然而，残酷的复仇女神也与超我中基于控诉的、受伤的形象的那一面联系在一起。我们知道，复仇女神的眼睛和嘴唇都在滴血，这表明她们自己也在受折磨。婴儿认为这些被内化的受伤人物具有报复性和威胁性，并试图将它们分裂出去。然而，这些形象却进入了婴儿早期的焦虑和噩梦中，并在婴儿期恐惧症中发挥着作用。由于俄瑞斯忒斯伤害并杀害了他的母亲，她成了他害怕报复的受伤客体之一。他说复仇女神是他母亲的"愤怒的猎犬"。

克莱特涅斯特拉似乎没有受到超我的迫害，因为复仇女神没有追杀她。然而，她在杀死阿伽门农后发表了得意扬扬的演说，之后却表现出抑郁和罪疚感。因此，她说："我们不要被血玷污。"她还体验到了受迫害焦虑，这种焦虑清楚地表现在她梦见自己给怪物喂奶，怪物猛烈地咬她，鲜血和乳汁混合在一起。由于这个梦所表达的焦虑，她给阿伽门农的坟墓送去了祭品。因此，虽然她没有被复仇女神追杀，但也无法避免受迫害焦虑和罪疚感。

复仇女神的另一个特点是，她们依恋自己的母亲——黑夜，将其视为唯一的保护神，并一再向母亲发出呼吁，以对抗太阳神阿波罗——黑夜的敌人，阿波罗想要剥夺她们的权力，她们感觉受到了阿波罗的迫害。从这个角度，我们可以发现，反向的俄狄浦斯情结甚至在她们身上也发挥了作用。我认为，对母亲的破坏性冲动在某种程度上转移到了父亲身上，转移到了一般男人身上，只有通过这种转移才能维持对母亲的理想化和她们的反向俄狄浦斯情结。她们特别关注母亲受到的任何伤害，似乎只为弑母者复仇。这就是她们不迫害杀害丈夫的克莱特涅斯特拉的原因。她们认为，她没有杀害有血缘关系的人，因此她的罪行不足以让她们对她进行迫害。我认为这种说法存在着很大的否认性质。她们否认的是，任何谋杀最终都是源于对父母的破坏性情感，任何谋杀都是不被允许的。

值得注意的是，正是一个女人——雅典娜——的影响使复仇女神从无情的仇

---

❶ 这种吸出受害者血液的描述让人想起亚伯拉罕（1924）的观点，即在婴儿口腔吸吮阶段，也会出现这种残忍的特质；他曾说过"吸血鬼般的吸吮"。

恨转变为温和的情感。然而，她们没有父亲；或者说，本可以作为父亲的宙斯背叛了她们。她们说，由于她们散布的恐怖"和我们所承受的世人的仇恨，神把我们从他的殿堂里赶走了"。阿波罗充满蔑视地告诉她们，她们从未被人或神亲吻过。

我认为，由于没有父亲，或者由于父亲对她们的憎恨和忽视，她们的反向俄狄浦斯情结加重了。雅典娜向她们许诺，她们将受到雅典人——既有男人也有女人——的爱戴和尊敬。由男人组成的阿雷奥帕格斯（Areopagus）陪伴她们前往她们将在雅典居住的地方。我的推测是，雅典娜在这里代表母亲，现在与女儿们分享男人的爱，也就是父亲的爱，使她们的感情和冲动以及整个性格都发生了变化。

从三部曲的整体来看，我们会发现超我由不同的人物所代表。例如，阿伽门农被认为复活并抚养着他的孩子们，这是超我的一个方面，是基于对父亲的爱和崇拜。复仇女神被描述为属于旧神时期，即以野蛮和暴力方式统治的泰坦时期。在我看来，它们与最早期、最无情的超我有关，代表着可怕的形象，这主要是儿童将其破坏性幻想投射到其客体身上的结果。然而，与好客体或理想化客体之间的关系却以一种分裂的方式抵消了这些形象的影响。我已经说过，母亲与孩子的关系——在很大程度上也包括父亲与孩子的关系——影响着超我的发展，因为它影响着父母的内化。在俄瑞斯忒斯身上，父亲的内化是建立在崇拜和爱的基础上的，这对他今后的行为具有重大意义；死去的父亲是俄瑞斯忒斯的超我中非常重要的一部分。

当我第一次定义抑郁心位的概念时，我认为受伤的内化客体会抱怨，从而产生罪疚感，进而形成超我。根据我后来发展出来的观点，这种罪疚感——虽然还不明显，还没有形成抑郁心位——在某种程度上会在偏执-分裂心位中发挥作用。我们可以看到，有些婴儿不咬乳房，甚至在四五个月大的时候就断奶了，且没有任何外部原因；而有些婴儿则会弄伤乳房，使母亲无法喂养他们。我认为，这种克制表明，小婴儿无意识地意识到自己的贪婪会给母亲带来伤害。因此，婴儿觉得母亲被他贪婪的吮吸或撕咬所伤害和掏空了，所以在他的脑海中，母亲或母亲的乳房处于受伤的状态。从对儿童甚至成人的精神分析中获得的许多证据表明，母亲很早就被认为是一个受伤的客体，不论是内在的还是外在的。❶我认为，这个表达着抱怨的受伤客体构成了超我的一部分。

与这个受伤和被爱的客体的关系中不仅有罪疚感，也有怜悯，是所有同情他人和为他人着想的根本源泉。在三部曲中，不幸的卡珊德拉代表了超我的这个方面。阿伽门农伤害了卡珊德拉，并导致她受到克莱特涅斯特拉的控制，他对卡珊德拉心怀同情，并劝告克莱特涅斯特拉怜悯她（这是他唯一表现出同情的场合）。

---

❶ 参见《儿童精神分析》第8章。

卡珊德拉作为超我受伤的一面，与她是一位著名的女预言家，主要任务是发出警告这一事实联系在一起。长老团的领袖被她的命运所感动，试图安慰她，同时对她的预言充满敬畏。

卡珊德拉作为超我，预言了即将到来的灾难，并警告说惩罚将接踵而至，悲痛也将随之而来。她预先知道自己的命运，也知道阿伽门农和他的家族将遭受的灾难；但没有人听从她的警告，这种怀疑被认为是阿波罗的诅咒。长老们非常同情卡珊德拉，部分相信了她；然而，尽管他们意识到卡珊德拉预言的阿伽门农、她自己和阿尔戈斯人民的危险是正确的，他们还是否认了她的预言。他们拒绝相信自己明明知道的事情，这表达了一种普遍的否认倾向。否认是一种有效的防御手段，可以抵御因破坏性冲动从未被完全控制而产生的受迫害焦虑和罪疚感。否认总是与受迫害焦虑联系在一起，可能会扼杀爱和罪疚感，破坏对内部和外部客体的同情和关心，扰乱判断能力和现实感。

我们知道，否认是一种无处不在的机制，也是防御破坏性的重要手段。克莱特涅斯特拉以丈夫杀死了他们的女儿为由，为自己的杀夫行为开脱，并否认自己杀夫还有其他动机。阿伽门农的兄弟失去了妻子，这让他觉得自己的残忍是合理的，他甚至摧毁了特洛伊城中的神庙。俄瑞斯忒斯认为，他完全有理由不仅杀死篡位者埃吉赛忒斯，甚至杀死自己的母亲。我提到的这些理由是对罪疚感和破坏性冲动的强烈否认。那些对自己的内心过程有更多洞察的人，会更少使用否认的方式，他们更不容易屈服于自己的破坏性冲动；因此，他们对他人也更宽容。

卡珊德拉作为超我的角色还可以从另一个有趣的角度来考虑。在《阿伽门农》中，她处于梦境中，起初无法集中精神。她克服了这种状态，清楚地说出了她之前一直以一种混乱的方式试图传达的信息。我们可以认为，超我的无意识部分已经被意识到，这是将其视为良知的必要步骤。

阿波罗代表了超我的另一个方面，如上文所述，阿波罗代表了俄瑞斯忒斯投射到超我之上的毁灭性冲动。超我的这个方面驱使俄瑞斯忒斯使用暴力，并威胁如果他不杀死自己的母亲，就会受到惩罚。由于阿伽门农因没有得到复仇而怨恨，阿波罗和父亲都代表了残忍的超我。这种对复仇的要求与阿伽门农摧毁特洛伊时的无情是一致的，他甚至对自己人民的苦难也毫无怜悯之心。我已经提到，希腊人认为复仇是子孙后代义不容辞的责任，这与超我驱使犯罪之间存在联系。矛盾的是，超我同时又将复仇视为一种犯罪，因此后人因谋杀而受到惩罚，尽管谋杀是他们的义务。

罪与罚、傲慢与正义的循环往复，在屋中的恶魔身上体现得淋漓尽致。正如我们所知，他一代又一代地活着，直到俄瑞斯忒斯得到宽恕并返回阿尔戈斯时，他才安息。对屋中恶魔的信仰源于一种恶性循环，它是指向客体的仇恨、嫉羡和怨恨的结果；这些情感增加了受迫害焦虑，因为被攻击的客体被认为是报复性的，进而引发对它的进一步攻击。也就是说，破坏性因受迫害焦虑而增加，受迫害感又因破坏性而被加强。

有趣的是，这个从珀罗普斯时代起就在阿尔戈斯王室统治的恶魔，在俄瑞斯忒斯得到宽恕、不再受苦之后，便安息了（传说就是如此），我们可以假定他恢复了正常而有益的生活。我的解释是，罪疚感和修复的冲动、抑郁心位的修通，打破了恶性循环，因为破坏性冲动及其受迫害焦虑的影响已经减弱，与所爱客体的关系已经被重新建立。

然而，统治德尔斐的阿波罗在三部曲中代表的不仅仅是俄瑞斯忒斯的破坏性冲动和残忍的超我。正如吉尔伯特·默里所说，他作为太阳神，同时也通过德尔斐的女祭司传达神谕，成为"神的先知"。在《阿伽门农》中，卡珊德拉称他为"人类道路之光"和"万物之光"。然而，他对卡珊德拉的无情态度以及长老们对他的评价"他不爱悲伤，也不倾听悲伤"都表明，尽管他说自己代表了宙斯的思想，但他无法对苦难产生同情和怜悯。从这个角度看，太阳神阿波罗让人联想到一些人，他们逃避任何悲伤，以此来防御同情，并过度使用对抑郁情感的否认。他们不同情年老无助的人，这就是他们的典型特征。复仇女神的首领用下面的话描述了阿波罗：

"我们是女人，而且上了年纪；

你年轻而骄傲，却骑在我们头上践踏我们。"

我们还可以从另一个角度来看待这些诗句。如果我们看一下她们与阿波罗的关系，复仇女神就像一个年老的母亲，被年轻而忘恩负义的儿子虐待。这种缺乏怜悯与阿波罗的角色有关，阿波罗代表了超我的无情方面，这一点我在前面已经描述过了。

宙斯所代表的超我还有另一个非常重要的方面。他是父亲（众神之父），在苦难中学会了对子女更加宽容。我们得知，宙斯曾对自己的父亲犯过罪，并因此而内疚，因此他对祈求者很仁慈。宙斯代表了超我的一个重要部分，即被内摄的温和的父亲，也代表了抑郁心位的修通。如果一个人认识到并理解了自己对所爱父母的破坏性倾向，他就会对自己和他人的不足之处有更大的宽容，有更好的判断能力和更高的智慧。

正如埃斯库罗斯所说：

"人在苦难中学习。

回忆令他痛苦，

心中滴血，他彻夜难眠，

直到克服执念，智慧降临。"

宙斯也象征着自我的理想和全能部分，即自我理想，弗洛伊德（1914）在充分发展其关于超我的观点之前就提出了这一概念。在我看来，自我的理想化部分和内化客体的理想化部分与自我的坏的部分和客体的坏的部分被分裂开来，个体保持这种理想化是为了处理他的焦虑。

我还想讨论三部曲的另一个方面，即内部和外部事件之间的关系。我曾将复仇女神描述为内部过程的象征，埃斯库罗斯通过以下诗句表明了这一点：

"有时，恐惧是好事，

心中的守望者，

必以主宰之姿统治。"

然而，在三部曲中，复仇女神是作为外在形象出现的。

从克莱特涅斯特拉的整体性格可以看出，埃斯库罗斯在深入挖掘人类心灵的同时，也关注作为外在形象的人物。他多次暗示克莱特涅斯特拉其实是个坏母亲。俄瑞斯忒斯指责她缺乏爱，我们也知道她放逐了自己的小儿子，虐待了伊莱克特拉。克莱特涅斯特拉被她对埃吉赛忒斯的性欲所驱使，忽视了她的孩子。在三部曲中，虽然没有太多的语言描述，但很明显，克莱特涅斯特拉之所以要除掉俄瑞斯忒斯，是因为她从俄瑞斯忒斯身上看到了为父报仇者的影子，这是她和埃吉赛忒斯的关系所致。事实上，当她对俄瑞斯忒斯说的话产生怀疑时，她叫来了埃吉赛忒斯和他的长矛兵。当她得知埃吉赛忒斯被杀时，她立刻召唤了她的战斧，并威胁要杀死俄瑞斯忒斯。

"不，那是我的战斧！

让我们来试试谁征服了谁，是他还是我……"

然而，有迹象表明，克莱特涅斯特拉并不总是一个坏母亲。她把儿子当婴儿喂养，且她对女儿伊菲革涅亚的哀悼可能是真诚的。但外部环境的改变使她的性格发生了变化。我的结论是，早期的仇恨和怨恨，在外部环境的刺激下，重新唤起了破坏性冲动；它们会取代爱的冲动，这就涉及生死本能之间融合状态的变化。

从复仇女神到欧米尼德斯的转变在某种程度上也受到外部环境的影响。她们非常担心自己会失去权力，雅典娜安慰她们，告诉她们在改变角色后，她们将对雅典施加影响，帮助维护法律和秩序。外部环境影响的另一个例子是阿伽门农性格的改变，因为他在远征中取得了成功，成为"万王之王"。成功，尤其是当它的最大价值在于提高声望时，正如我们在日常生活中看到的那样，往往是危险的，因为它强化了野心和竞争，干扰了谦逊和爱的情感。

雅典娜，就像她经常说的那样，代表着宙斯的思想和情感。她代表着睿智的、缓和的超我，与复仇女神所象征的早期超我形成鲜明对比。

我们看到雅典娜扮演了很多角色：她是宙斯的传声筒，表达了宙斯的想法和愿望；她是一个缓和了的超我；她也是没有母亲的女儿，从而避免了俄狄浦斯情结。但她还有另一个非常基本的功能，那就是促进和平与平衡。她表达了雅典人避免内斗的希望，象征着家庭内部避免敌对。她使复仇女神转向宽恕与和平。这种态度表达了和解与整合的趋势。

这些特征是内化的好客体——主要是好母亲——的特征，她成为生本能的载体。这样，雅典娜作为好母亲就与代表坏母亲的克莱特涅斯特拉形成了对比。这一角色也体现在阿波罗与她的关系中，她是阿波罗唯一仰慕的女性形象。他对她赞不绝口，并完全服从她的判断。虽然她似乎只代表一个尤其受父亲宠爱的姐姐，但我认为她也代表了他心中母亲好的一面。

如果好的客体在婴儿身上得到充分确立，超我就会变得温和；我认为，整合的动力从生命之初就开始起作用，它使恨被爱所减轻，并增强了力量。但是，即使是温和的超我也要求控制破坏性冲动，并力求在破坏性情感和爱的情感之间取得平衡。因此，我们发现雅典娜代表了超我的成熟阶段，其目的是调和相互对立的冲动；这与更稳固地确立好客体息息相关，也是整合的基础。雅典娜用下面的话表达了控制破坏性冲动的必要性：

"抛弃恐惧，但不要全抛弃；

因为若没有恐惧，谁能免于犯罪？

恐惧是内心的规则和法律，

愿你拥有它，并保护你的城邦……"

雅典娜的指导而非主宰的态度，是围绕着好客体而建立起来的成熟的超我的特征，表现在她不承担决定俄瑞斯忒斯命运的权利。她召集阿雷奥帕格斯会议，选出雅典最有智慧的人，给予他们充分的投票自由，自己只保留决定性的一票。如果我再次将三部曲中的这一部分看作内部过程，我会得出这样的结论：对立的投票代表着自我不容易统一，破坏性冲动是一种驱动力，而爱以及修复和同情的能力则是另一种驱动力。内在的和平是不容易建立的。

自我的整合是通过自我的不同部分——在三部曲中以阿雷奥帕格斯的成员为代表——能够在相互冲突的倾向中走到一起来实现的。这并不意味着它们可以变得完全相同，因为一方面是破坏性冲动，另一方面是爱和修复的需要，两者是相互矛盾的。但是，自我在其最佳状态下能够承认这些不同的方面，并使它们更紧密地结合在一起，而在婴儿期，它们曾被强烈地分裂开来。超我的力量也没有被消除；因为即使以更温和的形式出现，它仍然会引发罪疚感。整合与平衡是更充实、更丰富的生活的基础。在埃斯库罗斯那里，三部曲结尾的欢乐之歌就体现了这种心理状态。

埃斯库罗斯为我们展现了一幅人类从初始阶段到最高层次的发展图景。埃斯库罗斯对人性深层理解的表现方式之一，就是诸神所扮演的各种象征性角色。这种多样性对应着存在于无意识中的各种不同的、往往是相互冲突的冲动和幻想，而这些冲动和幻想最终来自生死本能在不断变化的融合状态中的两极分化。

为了理解象征在心理生活中的作用，我们必须考虑成长中的自我处理冲突和挫折的多种方式。表达怨恨和满足感的方式，以及婴儿期的各种情感，都会逐渐发生变化。由于幻想从一开始就充斥于婴儿的精神生活，因此有一种强大的驱动力把幻想附着在各种客体（真实的和幻想的）上。这些客体成为象征，为婴儿的情感提供了一个出口。这些象征最初代表的是部分客体，几个月后则代表完整客体（即人）。儿童把他的爱与恨、冲突、满足和渴望都投入到对这些内部和外部象征的创造中，这些象征已成为他世界的一部分。创造象征的动力之所以如此强大，是因为即使是最慈爱的母亲也无法满足婴儿强大的情感需求。事实上，任何现实环境都无法满足儿童幻想生活中往往相互矛盾的冲动和愿望。只有在童年时期，象征形成能够得到充分的发展和多样化，并且不受禁忌的阻碍，艺术家后来才能利用象征背后的情感力量。在早期的一篇论文（1923b）中，我曾讨论过象征形成在婴儿心理生活中的普遍重要性，并指出如果象征形成特别丰富，它将有助于天赋的发展甚至天才的养成。

在对成人的分析中，我们发现象征形成仍然在起作用；成人也被象征性的客体所包围。但与此同时，成人更能区分幻想和现实，更能看清人和事的本质。

有创造力的艺术家会充分利用象征；象征越是有助于表达爱与恨、破坏与修复、生死本能之间的冲突，就越是具有普遍性。因此，艺术家浓缩了各种婴儿期的象征，同时充分汲取了其中所表达的情感和幻想的力量。戏剧家有能力将这些普遍的象征转移到他的人物创作中，同时将他们塑造成真实的人，这是他的一个伟大之处。象征与艺术创作之间的联系经常被讨论，但我主要关注的是探索最早的婴儿期过程与艺术家后来的创作之间的联系。

埃斯库罗斯在他的三部曲中让众神扮演各种象征性角色，我试图说明这如何增加了他的戏剧的丰富性和意义。最后，我将试探着提出，埃斯库罗斯这部悲剧作品的伟大之处——对于其他伟大诗人来说，这可能具有普遍适用性——在于他对无穷无尽的深层无意识的直观理解，以及这种理解如何影响他所塑造的人物和情节。

16

论孤独感

On the Sense of Loneliness

（1963）

本文将尝试研究孤独感的来源。我所说的孤独感并不是指失去外部陪伴的客观情境。我指的是内心的孤独感——无论外部环境如何，都会感到孤独，即使在朋友中间或接受爱的时候也会感到孤独。我想说的是，这种内心孤独的状态，源于一种无处不在的、对无法实现的完美内心状态的渴望。每个人都会在某种程度上体验到这种孤独感，这种孤独感源于偏执性焦虑和抑郁性焦虑，它们是婴儿期精神病性焦虑的衍生物。这些焦虑在一定程度上存在于每个人的身上，但在某些精神疾病中却表现得异常强烈；因此，孤独也是这些精神疾病的一部分，无论是精神分裂症还是抑郁症。

为了了解孤独感是如何产生的，我们必须和研究其他态度和情感一样，追溯到婴幼儿时期，并追踪它对以后人生阶段的影响。正如我经常描述的那样，自我从婴儿出生开始就存在和运作。起初，它在很大程度上缺乏凝聚力，受分裂机制的支配。自我面临着被死本能毁灭的危险，这促使它将冲动分裂为好的和坏的；由于这些冲动被投射到原始客体身上，原始客体也被分裂成好的和坏的。因此，在最初的阶段，好的自我部分和好的客体在某种程度上受到了保护，因为攻击是远离它们的。这些就是我所描述的特殊分裂过程，也是小婴儿获得相对安全的基础，如果后者在这个阶段可以实现的话；而其他分裂过程，如导致碎片化（fragmentation）的过程，则对自我及其力量有害。

除了分裂的冲动之外，从生命之初就有一种整合的动力，这种动力随着自我的成长而增强。这一整合过程的基础是对好客体——主要是一个部分客体（母亲的乳房）——的内摄，尽管母亲的其他方面也会进入甚至是最早期的关系中。如果好的内在客体相对安全地建立起来，它就会成为发展中的自我的核心。

与母亲之间令人满意的早期关系（不一定以母乳喂养为基础，因为奶瓶也可以象征性地代表乳房）意味着母亲和孩子的无意识之间的密切接触。这是关于"被理解"的最完整体验的基础，本质上与前语言阶段有关。无论在以后的生活中，我们可以多么满意地向亲近的人表达思想和情感，都仍会有一种无法满足的对获得"无言的理解"的渴望，后者归根结底是与母亲的最早的关系。这种渴望助长了孤独感，它来源于由无法挽回的丧失所导致的抑郁感觉。

然而，即使在最理想的情况下，与母亲和母亲乳房的幸福关系也不会不受干扰，因为受迫害焦虑必然会出现。受迫害焦虑在婴儿出生后的头三个月达到顶峰，也就是偏执-分裂心位的时期；它从生命的一开始就出现了，一方面它是生死本能之间冲突的结果，另一方面出生的体验则促成了它的出现。每当强烈的破坏性冲动出现时，母亲和她的乳房就会由于投射而被视为具有迫害性，因此婴儿不可避免地会体验到一些不安全感。这种偏执的不安全感是孤独的根源之一。

当抑郁心位出现时——通常是在婴儿出生后的第一年中间——自我已经更加整合。这表现在婴儿有了更强的整体感，这样他就能更好地把母亲（以及后来的其他人）作为一个完整的人来建立关系。然后，作为孤独的因素之一的偏执性焦虑会逐渐让位于抑郁性焦虑。但是，实际的整合过程也会带来新的问题，我将讨论其中的一些问题及其与孤独的关系。

刺激整合的因素之一是，早期自我试图对抗不安全感的分裂过程从来都只是暂时有效，自我被驱使着试图与破坏性冲动达成协议。这种驱动力促成了整合的需要。如果能够实现整合，就能以爱化解恨，从而减轻破坏性冲动的力量。这样，自我不仅会对自己的生存感到更安全，也会对保护自己的好客体感到更安全。这就是缺乏整合会令人极其痛苦的原因之一。

然而，整合是难以被接受的。破坏性冲动和爱的冲动，以及客体的好坏方面结合在一起，会引起婴儿的焦虑，担心破坏性情感会压倒爱的情感，危及好客体。因此，在寻求整合以抵御破坏性冲动，和害怕整合，唯恐破坏性冲动伤害好客体和好的自我部分之间，存在着冲突。我曾听病人用孤独和被遗弃的感觉来表达整合的痛苦，因为对他们来说，整合后的自我是不好的。当苛刻的超我对破坏性冲动产生了强烈的压抑并试图维持这种压抑时，这个过程就会变得更加痛苦。

整合只能一步一步地进行，由此获得的安全感在内部和外部压力下很容易受到干扰；这在人的一生中都是如此。完全和永久的整合是永远不可能的，因为生死本能之间的某些两极分化始终存在，而且始终是冲突的最深刻根源。由于永远无法实现完全的整合，我们就不可能完全理解和接受自己的情感、幻想和焦虑，这一直是孤独的一个重要因素。渴望理解自己也与被内化好客体所理解的需要联系在一起。这种渴望的一种表现形式是拥有双胞胎的普遍幻想——比昂在一篇未发表的论文中提请人们注意这种幻想。他认为，这个双胞胎形象代表着那些未被理解的、分裂出去的部分，人们渴望重新获得这些部分，希望达成完整和被完全理解；有时，这些部分被认为是理想的部分。有时，这个双胞胎形象也代表着一个完全可靠的、实际上是理想化的内在客体。

孤独与整合的困难之间还有一个联系，现在需要加以考虑。一般认为，孤独感可能源于感觉自己没有可以归属的人或团体。这种没有归属的感觉有更深刻的含义。无论如何进行整合，都无法消除这样一种感觉，即自我的某些组成部分无法被使用，因为它们被分裂出去，无法被重新获得。正如我稍后将详细讨论的那样，其中一些分裂的部分会被投射到其他人身上，从而使人感到自己并不完全拥有自我，自己并不完全属于自己，因此也不完全属于其他人。失去的部分也会被感觉为孤独的。

我已经说过，偏执性焦虑和抑郁性焦虑是永远无法完全被克服的，即使正常的人也是如此，这在某种程度上也是孤独感的基础。孤独感的体验方式存在很大的个体差异。当偏执性焦虑相对强烈时，虽然其仍在正常范围内，但与内在好客体的关系容易受到干扰，对自我好的部分的信任也会受损。因此，偏执的感觉和猜疑会更多地被投射到他人身上，从而产生孤独感。

在真正的精神分裂症病人中，这些因素是必然存在的，但会大大加剧。我迄今为止一直在讨论的正常范围内缺乏整合的问题，现在以病理性的形式出现了——事实上，偏执-分裂心位的所有特征都过度地表现出来。

在继续讨论精神分裂症病人的孤独感之前，有必要更详细地考虑一下偏执-分裂心位的一些过程，特别是分裂和投射性认同。投射性认同的基础是自我的分裂，以及将自我部分投射到他人（首先是母亲或母亲的乳房）身上。这种投射源于口腔-肛门-尿道施虐冲动，自我的部分通过身体排泄物被全能地驱赶到母亲体内，以控制和占有她。这样，母亲就不是一个独立的个体，而是自我的一个方面。如果这些排泄物因仇恨而被排出，母亲就会被认为是危险的、充满敌意的。但是，被分裂和投射出来的不仅仅是自我的坏的部分，也包括好的部分。通常情况下，正如我所讨论的那样，随着自我的发展，分裂和投射会减少，自我会变得更加整合。然而，如果自我非常脆弱（我认为这是一种先天特征），如果在出生时和生命之初遇到困难，那么将自我分裂出来的部分重新整合在一起的能力也会很弱，此外，为了避免针对自我和外部世界的破坏性冲动所引起的焦虑，分裂的倾向也会更强。因此，这种承受焦虑能力的欠缺具有深远的影响。它不仅增加了过度分裂自我和客体的需要，从而导致了一种碎片化状态，而且使早期焦虑无法得到修通。

在精神分裂症病人身上，我们看到了这些未解决的过程所导致的结果。精神分裂症病人有一种令人绝望的破碎感觉，并感觉永远无法拥有自我。他的这种破碎本身就导致他无法将他的原始客体（母亲）充分内化为一个好的客体，因此他缺乏稳定的基础；他无法依赖外部和内部的好客体，也无法依赖自我。这个因素与孤独感紧密联系在一起，因为它增加了精神分裂症病人的孤独感，使他觉得自己只能独自承受痛苦。被一个充满敌意的世界所包围的感觉是精神分裂症的偏执方面的特征，这种感觉不仅增加了病人的焦虑，而且极大地增强了他的孤独感。

造成精神分裂症病人感到孤独的另一个因素是混乱。这是多种因素共同作用的结果，尤其是自我的分裂和投射性认同的过度使用，使病人不断地感到自己不仅是破碎的，而且是与其他人混杂在一起的。这样，他就无法区分自我的好坏部分、客体的好坏以及外部现实和内部现实。因此，精神分裂症病人无法理解自己，也无法信任自己。这些因素再加上他偏执地不信任他人，导致了他的退缩状态，这种退缩状态破坏了他建立客体关系的能力，也破坏了他从客体关系中获得安慰和快乐的能力，而后者可以通过强化自我来抵消孤独感。他渴望与人建立关系，但做不到。

重要的是不要低估精神分裂症病人的痛苦。由于他不断使用退缩的防御手段和情感的涣散，这些症状并不那么容易被发现。尽管如此，我和我的一些同事，其中我想提到戴维森（Davidson）博士、罗森菲尔德博士和汉娜·西格尔博士，他们曾经治疗过或正在治疗精神分裂症病人，他们对治疗结果仍然保持着一定的乐观态度。这种乐观是基于这样一个事实，即即使在这样的病人身上，也存在着一种整合的冲动，而且还存在着一种与好的客体和好的自我之间的关系，尽管这种关系还没有被发展起来。

现在，我想谈谈抑郁性焦虑占主导时所特有的孤独感，首先是在正常范围内的孤独感。我经常提到，早期情感生活的特点是婴儿反复体验到丧失和重新获得。每当母亲不在的时候，婴儿就会觉得失去了她，可能是因为她受伤了，也可能是因为她变成了一个迫害者。失去母亲的感觉等同于对母亲死亡的恐惧。由于内摄作用，外在母亲的死亡也意味着内在好客体的丧失，这加剧了婴儿对自己死亡的恐惧。这些焦虑和情感在抑郁心位会更加强烈，但在整个人生中，对死亡的恐惧都是孤独的一部分。

我已经说过，整合过程中的痛苦也会导致孤独。因为这意味着要面对自己的破坏性冲动和自我憎恨的部分，这些冲动和憎恨有时显得无法被控制，因此会危及好客体。随着整合和现实感的增强，全能感必然会减弱，这也会增加整合的痛苦，因为它意味着"抱有希望"的能力减弱。虽然希望还有其他来源，它们来自自我的力量，来自对自己和他人的信任，但全能的因素始终是其中的一部分。

整合也意味着失去一些理想化——既包括对客体的理想化，也包括对自我的一部分的理想化，这种理想化从一开始就为与好客体的关系增添了色彩。认识到好客体永远不可能像所期望的理想客体那样完美，这就带来了去理想化（de-idealization）；更痛苦的是认识到不存在真正理想的自我部分。根据我的经验，理想化的需求从未被完全放弃，尽管在正常的发展过程中，面对内部和外部的现实往往会使一个人减弱这种需求。正如一位病人对我说的那样，虽然他承认从一些整合步骤中得到了缓解，但"魅力已经消失了"。分析表明，消失的魅力是指对自我和客体的理想化，它的消失导致了孤独感。

其中一些因素在很大程度上参与了躁郁症特有的心理过程。躁郁症病人已经向抑郁心位迈出了一些步伐，也就是说，他更能够将客体作为一个整体来体验，他的罪疚感虽然仍然与偏执机制联系在一起，但更加强烈，而且不那么飘忽不定。因此，与精神分裂症病人相比，他更渴望将好客体安全地保存在自己的内心，并加以保护。但他无法做到这一点，因为与此同时，他还没有充分修通抑郁心位，因此他的修复能力、整合好客体的能力和整合自我的能力都没有得到充分的发展。在他与好客体的关系中，仍然存在着大量的憎恨和恐惧，他无法对好客体做出足够的修复，因此他与好客体的关系并没有给他带来解脱，而只有一种不被爱和被憎恨的感觉，他一次又一次地感到好客体正受到他的破坏性冲动的威胁。对克服与好客体之间的所有这些困难的渴望，是孤独感的一部分。在极端情况下，这种孤独感会表现为自杀倾向。

在外部关系中也有类似的过程。躁郁症病人有时只能暂时从与善意的人的关系中得到解脱，因为他很快就会投射出自己的仇恨、怨恨、嫉羡和恐惧，所以他总是充满不信任。换句话说，他的偏执性焦虑仍然非常强烈。因此，躁郁症病人的孤独感更多地源自他无法与好客体保持内在和外在的友谊，而不是因为他的心情沮丧。

下面我将进一步讨论整合方面的一些困难，尤其是男女两性之间的冲突。我们知道，双性恋有生理因素，但我在这里关注的是心理方面。女性普遍希望自己是个男人，这一点也许在"阴茎嫉羡"中表现得最为明显；同样，男人也有女性位置，渴望拥有乳房和生儿育女。这些愿望与对父母双方的认同联系在一起，并伴随着竞争和嫉羡的情感，以及对渴望拥有的特征的崇拜。这些认同的强度和质量各不相同，这取决于是崇拜还是嫉羡更占优势。幼儿渴望整合的部分原因，就是想要整合人格的这些不同方面。此外，超我还提出了对双亲认同的矛盾要求，一方面是要修复早年掠夺双亲的欲望所造成的伤害，另一方面则是为了让双亲在内在存活下去。如果罪疚感占据了主导地位，就会阻碍这些认同的整合。但是，如果这些认同能够圆满地实现，它们就会成为富足的源泉，成为发展各种天赋和能力的基础。

为了说明整合的这一特殊方面的困难及其与孤独的关系，我将引用一位男性病人的梦。一个小女孩和一头母狮玩耍，她拿出一个铁环让母狮跳过去，但铁环的另一边是一个悬崖。母狮听话地跳了过去，在此过程中被杀死了。与此同时，一个小男孩正在杀死一条蛇。病人自己也意识到，由于之前出现过类似的材料，小女孩代表了他的女性部分，而小男孩则代表了他的男性部分。在移情中，母狮与我密切相关，我只举一个例子。小女孩身边有一只猫，这让人联想到我的猫，它经常代表我。当病人意识到自己与我的女性特质竞争时，他想毁掉我，过去还想毁掉他的母亲，这对他来说是极其痛苦的。他意识到自己的一部分想要杀死所爱的母狮-分析师，从而剥夺了他的好客体，这不仅使他感到痛苦和内疚，也使他在移情中感到孤独。当他意识到，他与父亲的竞争导致他要摧毁父亲的能力和阴茎（由蛇所代表）时，他也感到非常痛苦。

这些材料促进了进一步的、非常痛苦的整合工作。在我提到的母狮梦之前，病人还做过一个梦，梦见一个女人从很高的楼上跳下自杀，而病人一反常态，并没有感到恐惧。分析表明，那个女人代表了他的女性部分，而他真的希望这个部分被摧毁。他认为，这不仅会损害他与女性的关系，也会损害他的男性气质及其所有建设性倾向，包括对母亲的修复，这一点在与我的关系中变得很明显。这种把所有的嫉羡和竞争都放在女性身上的态度，是分裂的一种方式，同时似乎也掩盖了他对女性的极大崇拜和尊重。此外，很明显，虽然他觉得男性的攻击性相对开放，因而更加诚实，但他把嫉羡和欺骗归咎于女性的一面，而由于他非常厌恶所有不真诚和不诚实的行为，这就造成了他在整合方面的困难。

对这些态度的分析，可以追溯到他最初对母亲的嫉羡情感，这使得他更好地整合了自己性格中的阴柔和阳刚部分，减少了对男性和女性角色的嫉羡。这增强了他处理人际关系的能力，从而有助于消除孤独感。

我现在要举另一个例子，这个例子来自对一个病人的分析，这个人既没有不快乐，也没有生病，而且在工作和人际交往中都很成功。他意识到自己从小就感到孤独，而且这种孤独感从未完全消失过。对大自然的热爱是这位病人的升华中的一个重要特征。甚至从孩提时代起，他就能在户外找到安慰和满足。在一次治疗中，他描述了他在一次穿越丘陵的旅行中的乐趣，以及当他进入城镇时的反感。我像以前一样解释说，对他来说，大自然不仅代表着美，还代表着"好"，实际上是他将好客体吸收进自己的内在。他停顿了一下回答说，他觉得这是真的，但自然不仅是好的，因为其中总是有很多攻击性。同样，他补充说，他自己与乡村的关系也不完全是好的，比如他小时候经常去掏鸟窝，而同时他又总是想种东西。他说，在热爱大自然的过程中，他实际上——用他的话说——"接受了一个整合的客体"。

为了了解病人是如何克服与乡村有关的孤独感，同时仍然体验到与城市有关的孤独感的，我们必须追踪他关于童年和大自然的一些联想。他曾告诉我，他应该是个快乐的婴儿，被母亲喂养得很好，很多材料——尤其是在移情情境中的材料——都支持这一假设。他很快就意识到自己对母亲健康的担忧，也对她那种过于严厉的态度感到不满。尽管如此，他和母亲的关系在很多方面都是幸福的，他仍然很喜欢母亲，但他觉得自己被困在家里，迫切地渴望到户外去。他似乎很早就开始欣赏大自然的美景；一旦他能有更多出门的自由，这就成了他最大的乐趣。他描述了自己如何与其他男孩一起，利用空闲时间在树林和田野里闲逛。他承认对大自然有一些攻击行为，比如掏鸟巢和破坏树篱。但他同时坚信，这种破坏不会持久，因为大自然总会自我修复。他认为大自然是富饶的、坚不可摧的，这与他对母亲的态度形成了鲜明对比。他与大自然的关系中似乎相对没有罪疚感，而在与母亲的关系中，他因某些无意识的原因而对母亲的虚弱感到负有责任，因而有很强的罪疚感。

从他的材料中，我可以得出这样的结论：在某种程度上，他已经把母亲内摄为了一个好客体，并且能够在一定程度上整合他对母亲的爱和敌意。他也达到了相当程度的整合，但这种整合受到与父母有关的受迫害焦虑和抑郁性焦虑的干扰。与父亲的关系对他的成长非常重要，但在本材料中没有涉及。

我曾提到过这位病人有走出家门的强迫需要，这与他的幽闭恐惧症有关。正如我在其他地方所说的那样，幽闭恐惧症主要有两个来源：一是对母亲的投射性认同，从而产生被囚禁在母亲体内的焦虑；二是再内摄，这使得他感觉自己被怨恨的内部客体包围。对于这位病人，我的结论是，他逃入大自然是对这两种焦虑情境的一种防御。从某种意义上说，他对大自然的热爱是从他与母亲的关系中分裂出来的，他对母亲的去理想化导致他将自己的理想化转移到了大自然上。在与家和母亲的关系中，他感到非常孤独，而这种孤独感正是他对城市产生反感的根源。大自然给他带来的自由和享受不仅是快乐（这种快乐源于强烈的美感，并与对艺术的欣赏联系在一起）的源泉，也是抵消他从未完全消失的根本性的孤独感的一种手段。

在另一次治疗中，病人说他有一种罪疚感，因为在一次乡间旅行中，他抓到了一只田鼠，并把它放在汽车后备箱的一个盒子里，作为礼物送给他年幼的孩子，他认为孩子会喜欢把这种动物当作宠物。病人忘记了田鼠的事，直到一天后才想起来。他努力寻找也没有成功，因为田鼠已经吃掉了盒子里的东西，把自己藏在了后备箱最远的角落里，他根本够不着。最后，在他再次努力抓住它之后，他发现它已经死了。在随后的治疗中，病人因为遗忘了田鼠并因此导致了它的死亡而产生了罪疚感，这让他联想到了一些死去的人，他觉得自己在某种程度上应该为这些人的死亡负责，虽然这并不合理。

在随后的会谈中，他对田鼠产生了丰富的联想，田鼠似乎扮演了许多角色：它代表了他自己的一个被分裂出去的部分，孤独而匮乏。通过对孩子的认同，他还感到失去了一个潜在的同伴。大量的联想表明，在整个童年时期，病人一直渴望有一个与他同龄的玩伴——这种渴望超出了对外部同伴的实际需要，这是由于他感到无法重新获得被分裂出去的那部分自我所导致的。田鼠也代表着他的好客体，他把这个好客体封闭在他的内心深处（由汽车所代表），他对此感到内疚，也担心这个好客体会报复他。他的另一个联想是，田鼠也代表了一个被忽视的女人。这个联想是在一个假期之后产生的，它意味着不仅他被分析师抛弃，分析师也被忽视了，感到孤独。在材料中，我们能够更清晰地看到他对母亲也有类似的感受，我们也得出一个明确的结论，即他内在有一个死亡或孤独的客体，这增加了他的孤独感。

这位病人的材料支持了我的论点，即孤独感与无法充分整合好客体和感觉无法触及的自我部分有关。

现在，我将更仔细地研究一些通常会减轻孤独感的因素。对好乳房的相对安全的内化是自我的某种内在力量的特征。强大的自我不容易分裂，因此更有能力实现一定程度的整合，并与原始客体建立良好的早期关系。此外，成功地将好客体内化是对它认同的根源，这种认同会增强对客体和自我的好感和信任。这种对好客体的认同减轻了破坏性冲动，从而也减弱了超我的严厉性。一个温和的超我对自我的要求就不会那么苛刻；这样就会带来宽容，能够在不损害与所爱客体的关系的情况下，忍受其不足之处。

全能性的减弱是随着整合的进展而出现的，它导致了一些希望的丧失，但也使破坏性冲动及其影响得以区分；因此，攻击性和仇恨不再被认为那么危险。这种对现实的更好适应会使人接受自己的缺点，从而减少对过去所受挫折的怨恨。同时，它也打开了来自外部世界的快乐源泉，因此也是减少孤独感的另一个因素。

与原初客体的快乐关系和对其成功的内化，意味着爱可以被给予和接受。因此，婴儿不仅能在哺乳时体验到快乐，还可以在对母亲的存在和情感做出反应时体验到快乐。当幼儿感到受挫时，关于这种快乐体验的记忆就会成为他的后备力量，因为这些记忆与对更多快乐时光的期待紧密相连。此外，快乐与理解和被理解的感觉之间有着密切的联系。在享受的时刻，焦虑会得到缓解，与母亲的亲近感和对母亲的信任也会得到加强。在这种亲近感中，内射性和投射性认同在不过分的情况下起着重要作用，因为它们是理解能力的基础，也有助于获得被理解的体验。

享受总是与感恩联系在一起的；如果这种感恩被深深地体验到，它就会包含回报所受恩惠的愿望，因此它也是慷慨的基础。能够接受和能够给予之间总是有着密切的联系，两者都是与好客体的关系的一部分，因此可以抵消孤独感。此外，慷慨的感觉是创造力的基础，这既适用于婴儿最原始的建设性活动，也适用于成人的创造力。

享受的能力也是一定程度的知足（resignation）的先决条件，这种知足使人能够从现有的事物中获得快乐，而不会过于贪恋无法获得的满足，也不会对挫折产生过度的怨恨。在一些幼儿身上已经可以看到这种适应性。知足是与宽容联系在一起的，是一种感觉，即破坏性冲动不会压倒爱，因此好的东西和生命可以得到保护。

一个孩子，尽管有些嫉羡和嫉妒，但如果他能认同家庭中成员的快乐和满足，那么在以后的生活中，他就能认同其他人的快乐和满足。到了晚年，他就能逆转早年的情境，并能体会到年轻时的满足感。要做到这一点，就必须对过去的快乐心存感激，而不因这些快乐不再存在而产生过多的怨恨。

我所提到的所有发展因素，虽然能减轻孤独感，但不能完全消除孤独感；因此，它们很可能被用作防御手段。当这些防御手段非常强大并成功地结合在一起时，孤独感往往不会被有意识地体验到。有些婴儿会把对母亲的极度依赖作为抵御孤独的一种方式，而且这种依赖的需求会伴随其一生。另外，在婴儿早期，逃向内在客体这种机制可以通过幻觉满足表现出来，这种逃避常常被用于防御，试图抵消对外在客体的依赖。在一些成年人身上，这种态度会导致他们拒绝任何陪伴，在极端情况下，这也是一种疾病症状。

对独立的渴望是成熟的一部分，它可能被作为防御使用，以克服孤独感。减少对客体的依赖使个体不那么脆弱，也抵消了对所爱之人过度的内在和外在亲密的需要。

另一种防御方式（尤其出现在老年时期）是专注于过去，以避免现在的挫折。对过去的一些理想化必然会进入这些回忆，并被用于防御。对于年轻人来说，对未来的理想化也有类似的作用。对人和事物的某种程度的理想化是一种正常的防御，也是寻找理想化的内在客体（这些客体被投射到外部世界）的过程的一部分。

他人的赞赏和成功——最初是希望得到母亲的赞赏——可以用来抵御孤独。但如果过度使用这种方法，就会变得非常不安全，因为这样就无法充分建立起对自己的信任。另一种与全能联系在一起的防御方法，也是躁狂防御的一部分，就是过度使用等待的能力，去等待想要的东西；这可能导致过度乐观和缺乏动力，也可能与现实感缺陷有关。

对孤独的否认经常被用作一种防御手段，它很可能会干扰好的客体关系，而与之形成对照的是一种能够体验孤独的态度，这会刺激客体关系的发展。

最后，我想说明的是，为什么很难评估内部因素和外部因素在孤独感成因中所占的比例。到目前为止，我在本文中主要讨论了内部因素，但这些因素并不是**凭空存在**的。在精神生活中，内部因素和外部因素之间存在着持续的相互作用，这种相互作用是以投射和内摄过程为基础的，它们开启了客体关系。

外部世界对小婴儿的第一个强大影响是伴随出生而来的各种不适，婴儿将这些不适归因于敌对的迫害力量。这些偏执性焦虑成了他内心情境的一部分。内部因素也从一开始就起作用，生死本能之间的冲突导致死本能向外偏转，根据弗洛伊德的观点，这引发了对破坏性冲动的投射。但我认为，与此同时，生本能在外部世界中寻找好客体的冲动也会导致对爱的冲动的投射。这样，外部世界的图景——首先由母亲，尤其是母亲的乳房所呈现，并以与母亲相关的实际好坏体验为基础——就会被内部因素所影响。这种外部世界的图景通过内摄影响着内部世界。然而，不仅婴儿对外部世界的感受受其投射的影响，母亲与孩子的实际关系也受到婴儿对母亲反应的间接和微妙的影响。一个满足的婴儿在愉快地吸吮时，母亲的焦虑就会减轻；而母亲的快乐会表现在处理和喂养孩子的方式上，从而减轻孩子的焦虑，并影响他将好乳房内化的能力。相反，如果孩子在进食方面遇到困难，就会引起母亲的焦虑和内疚，从而对母亲与孩子的关系产生不利影响。通过这些不同的方式，内部世界和外部世界之间不断发生着相互作用，这种相互作用将持续一生。

外部和内部因素的相互作用对增强或减轻孤独感有着重要的影响。对好乳房的内化只能产生于内部和外部因素之间的有利互动，它是整合的基础，我曾提到它是减轻孤独感的最重要因素之一。此外，人们公认，在正常发展过程中，当个体体验到强烈孤独感时，就非常需要求助于外部客体，因为孤独感部分是通过外部关系来缓解的。外部影响，尤其是重要他人的态度，可以通过其他方式减轻孤独感。例如，与父母基本良好的关系会使理想化的丧失和全能感的减弱变得更加容易接受。父母接受孩子破坏性冲动的存在，并表明他们可以保护自己不受孩子攻击性的影响，这样就可以减轻孩子对受其敌对愿望影响的焦虑。这样一来，儿童就会觉得自己的内在客体不再那么脆弱，自我的破坏性也会减弱。

在此，我只能概述超我在所有这些过程中的重要性。一个严酷的超我永远不会原谅破坏性冲动；事实上，它不允许这些冲动存在。虽然超我在很大程度上是由自我的分裂部分建立起来的，冲动被投射到了自我的分裂部分上，但它也不可避免地受到实际父母的人格以及他们与孩子的关系的影响。超我的要求越苛刻，孤独感就越强，因为它的苛刻要求会增加抑郁性和偏执性焦虑。

最后，我想重申我的假设，即虽然孤独感可以通过外部影响来被减轻或增强，但它永远不可能被完全消除，因为整合的冲动以及在整合过程中经历的痛苦都源于内在，这种内部根源的影响力在人的一生中都会非常强大。

短论

词语在早期分析中的重要性
The Importance of Words in Early Analysis（1927）

我曾在论文和演讲中指出，儿童的表达方式与成人不同，因为他们将自己的想法和幻想付诸行动和戏剧化。但这并不意味着儿童对词语的使用不重要。我举一个例子。一个五岁的小男孩对自己的幻想非常压抑，但他已经完成了一部分分析。他主要是通过游戏呈现了很多材料，但他往往意识不到这一点。一天早上，他让我玩商店游戏，说我应该是卖东西的人。现在，我使用了一种技术手段，这对小孩子来说很重要，因为他们往往不愿意说出自己的联想。我问他我应该是谁，女士还是先生，因为他一进商店就得说出我的名字。他告诉我，我是"Mr Cookey-Caker"（蛋糕先生），我们很快就发现他指的是做蛋糕的人。我必须卖发动机，这对他来说是新的阴茎。他称自己为"踢球先生"，他很快就明白了这是指踢人。我问他Mr Cookey-Caker去哪儿了。他很快就明白了，蛋糕先生被他踢死了。"做蛋糕"代表着他以口交和肛交的方式生孩子。经过这样的诠释，他意识到了自己对父亲的攻击，这个幻想开启了通往其他幻想的道路，在这些幻想中，他所对抗的人始终是Mr Cookey-Caker。"Cookey-Caker"这个词是通往现实的桥梁，如果儿童只是通过游戏来呈现他的幻想，他就是在回避现实。当儿童不得不通过自己的语言来承认客体的真实性时，就意味着他们已经取得了进步。

关于《法医之梦》的说明
Notes on "A Dream of Forensic Interest"（1928）

为了支持我对布莱恩（Bryan）博士所提供的梦的评论，我必须提及我在上届大会的论文❶中提出的某些理论构想，我在去年秋天在那里发表的演讲中对这些构想进行了更详细的阐述。在俄狄浦斯冲突的一个早期阶段，与母亲性交和与父亲竞争的欲望表现为口腔和肛门施虐的本能冲动，这种冲动在这一发展阶段占主导地位。一个典型的婴儿期性观念是，父亲的阴茎被认为永远存在于子宫中（父亲的阴茎在这一阶段完全是父亲的化身），婴儿摧毁阴茎的方式就是吞噬它。另一种倾向与这种倾向相混合，但其本身又是一种独特的倾向，其目的是相同的，即摧毁母亲的子宫和吞噬阴茎，但其基础是对母亲的口腔和肛门的施虐性的认同。由此，男孩渴望夺走母亲身体里的卵细胞、孩子和父亲的阴茎。在这个层面上产生的焦虑异常强烈，因为它涉及以子宫和父亲的阴茎为代表的父母联合体，我曾指出，这种焦虑是严重精神疾病的重要基础。

通过对幼儿的分析，我了解到，对有阴茎的女人的恐惧（这种恐惧对男性的

---

❶《俄狄浦斯冲突的早期阶段》论文集第1卷。

性功能障碍有明显的影响）实际上是对母亲的恐惧，因为母亲的身体里总是包含着父亲的阴茎。对父亲（或父亲的阴茎）的恐惧在这里被转移到了对母亲本身的恐惧上。通过这种转移，真正与母亲有关的焦虑，以及由针对母亲身体的破坏性倾向产生的焦虑，得到了大大的加强。

在布莱恩博士报告的一个非常有趣的病例中，这种焦虑清晰地显现出来。在梦中，令病人畏惧的母亲要求他归还从她那里偷来的钱，而他只从女人那里拿钱这一事实清楚地表明，他有偷窃子宫里的东西的冲动。还有一点特别重要，那就是他把偷来的钱用在了什么地方。很明显，病人拿钱的目的是把钱扔进马桶里，这种行为的强迫性质可以解释为他急于做出补偿，急于把偷来的钱还给马桶所代表的母亲（或子宫）。

我的一位女病人患有严重的神经官能症，背后的原因是她担心自己的身体会被母亲毁掉，她做了如下的梦：她在浴室里，听到脚步声，就把篮子里的东西（我们发现，这些东西代表粪便、孩子和阴茎）迅速扔进马桶里。在她母亲进来之前，她成功地冲洗了马桶。她母亲的肛门受伤了，她正在帮母亲包扎伤口。在这个案例中，对母亲的破坏性冲动主要以肛门受伤的幻想形式表现出来。

因此，偷钱不仅是早期肛门施虐性质的抢劫母亲的欲望的重复，也是由一种冲动引起的，这种冲动是由病人的焦虑所激发的，即要为这些早期的偷窃行为做出补偿，并归还被偷窃的东西。后一种欲望通过把钱扔进马桶来表达。

父亲在病人焦虑中所起的作用并不那么明显，但还是有迹可循的。正如我所说的，这种似乎只针对母亲的恐惧也意味着对父亲（阴茎）的恐惧。此外，偷窃行为是在与病人的雇主就贪污问题进行谈话之后发生的，在这次谈话中，雇主对这类不法行为表示了特别的斥责。这清楚地表明，对于被父亲惩罚的需要在很大程度上推动了病人犯下这些罪行。此外，导致他在最后一刻做出补偿的原因是，他面临着另一个人——一个新职员的侦查；这个人也代表了父亲，因此，阻止病人强行与父亲斗争（受到父亲的惩罚）的，正是他对父亲的焦虑，而这种焦虑正是他无法忍受的。

除了我在会议上报告梦时所说的这些话之外，我还想补充一些我后来了解到的与这个病人的病史有关的内容。这个男孩幼年时害怕骑着扫帚的女巫，他认为女巫会用某种工具伤害他的身体，让他变成瞎子、聋子和哑巴，这代表了他对有阴茎的母亲的恐惧。在他的神游中，他前往苏格兰去找女巫，表面上是因为他现在无法忍受的焦虑促使他试图与她和解。然而，这种和解的尝试在很大程度上与母亲体内的父亲有关，这一点从以下事实中可以看出：在旅行之前，他曾幻想保护一个女孩免受男人的性侵犯。事实上，他旅行的真正目的是获得女巫的"帽子"（阴茎）。但是，就像在后来的偷窃事件中，他在最后一刻被他对另一个人的恐惧所抑制一样，在这次旅途中，他也没有达到他的最终目标——与父亲的阴茎较量。

一到爱丁堡，他就病倒了。他的联想表明，这座城市代表着女巫的生殖器，那么，这意味着他不能再深入了。这种焦虑也与病人的阳痿相关。

正如布莱恩博士所指出的，病人在看牙医后所做的焦虑之梦是基于对母亲的认同。在这里，对某种可怕的破坏、爆炸的恐惧是由这种认同的肛门施虐性质造成的。由于病人认为自己不能生育是由于他破坏和掠夺了母亲的子宫，因此他预期自己的身体也会受到类似的破坏。牙医的动作代表了父亲的阉割，这种阉割是与对母亲的认同联系在一起的。病人在讲述自己的梦时产生的回忆也体现了这一点。他看到自己站立的地方是公园里的某个地方，他的母亲曾特别警告过他不要去那里。她告诉他，坏人可能会袭击他，而且他自己也断定，他们可能会偷走他的手表。

正如布莱恩博士在结论中指出的那样，病人之所以怀疑自己是否能够离开公园或应该如何离开公园与他的焦虑有关，他担心自己在与母亲性交时受到父亲的攻击——在母亲身体的体内和体外受到攻击。

婴儿早期早发性痴呆分析中的理论推导
Theoretical Deductions from an Analysis of Dementia Praecox in Early Infancy（1929）❶

我对一个患有痴呆症的四岁男孩的病例进行了研究，结果表明，在某些条件下，如果自我过早和过度地对施虐冲动进行防御，就会阻碍自我的发展和现实关系的建立。

关于玛丽·查德威克的《女性周期》的评论
Review of *Woman's Periodicity* by Mary Chadwick（1933）

首先，作者带领读者回到史前时代，展示了月经对男人和女人、近亲和大家庭、较小的社区和更大的社区所起的作用。月经一直被男人视为危险事件，他们对月经的反应是恐惧、焦虑和蔑视。人们普遍认为，与月经期妇女接触是危险的，因此实施了严格的限制措施，将"不洁"妇女与社区隔离数日。妇女被排除在外的形式因部落的特点而异。对月经期妇女的放逐是青春期少女因青春期仪式而被逐出族群的短暂重复，这种仪式可能持续数月到数年不等，即使在今天，原始部落中也有这种现象。

---

❶ 翻译自德文。

查德威克非常令人信服地指出，原始人对月经期妇女的恐惧是对某些恶魔复仇的恐惧，这种恐惧最终与阉割焦虑是相同的。此外，她还说明了后来出现的其他群体现象也有类似的根源，例如对女巫的恐惧甚至导致她们被烧死。即使在今天，某些宗教要求和禁令也有同样的动机。这种焦虑还体现在某些迷信中，比如人们普遍认为被经期妇女触碰的花朵会凋谢。

在介绍完这些之后，作者转向当代人和单身人士，再次表明每个人都必须面对类似的焦虑。这些焦虑基于对两性差异的认识，以及女性周期性出血的"威胁"迹象。每个孩子迟早都会发现性别差异和关于女性月经的事实。这种知识有意无意地影响着孩子，并引发他们关于自己的生殖器是否健康的焦虑想法。每个人都会根据自己的体质、发育状况和可能的神经症对这一知识做出反应。

查德威克详细描述了妇女、男子、儿童和雇员在妇女月经期之前或之后的规律周期中发生的情况，无论是显性的还是隐性的。她强调了由月经期妇女的抑郁倾向和普遍的神经紧张而导致的家庭成员之间的争吵。这本书非常生动地描述了男人和女人对月经的普遍的、神经质的态度是被如何传给孩子的，而孩子长大后是如何再次表现出同样的困扰的——认同机制在这一现象中起着主要作用，以及他们又是如何将同样的问题传给下一代的：神经症就是这样代代相传的。这本书可以为家长和教育工作者提供许多有趣的信息，帮助他们更好地了解这一问题，改变他们的态度，从而避免对下一代造成进一步的伤害。

一些心理学思考：评论
Some Psychological Considerations: A Comment (1942)

卡琳·斯蒂芬（Karin Stephen）博士清晰地阐述了精神分析立场的某些方面。然而，这个问题的某些方面她并没有涉及，而在我看来，这些方面与理解超我的起源和瓦丁顿（Waddington）博士的论点都是相关的。

在这里，我简要地概述一下我在对幼儿进行精神分析时所发现的一些事实，我希望能引起你们的注意。在婴儿的心目中，对"善"的感知首先源于愉悦的感觉，或者至少源于能够摆脱痛苦的内外刺激。（因此，食物是特别好的，因为它能产生满足感并缓解不适。）"恶"就是指使婴儿痛苦和紧张，不能满足他的需要和欲望的东西。由于"我"和"非我"之间的区别在一开始几乎不存在，所以对婴儿来说，"内在的好"和"外在的好"、"内在的坏"和"外在的坏"几乎是相同的。但很快，"善"与"恶"的概念（虽然这个抽象的词并不适合这些无意识和高度情感化的过程）就扩展到了他周围的实际人物身上。父母也会根据孩子对他们的感受而被赋予善与恶的含义，然后被重新内摄进自我，在婴儿心灵中，这些影响决定了个体对善恶的看法。这种在投射和内摄之间的来回运动是一个持续的过程，在童年的最初几年里，通过这个过程，儿童与现实中的人建立了关系，同时也在头脑中建立了超我的各个方面。

儿童的一个心理能力，即将他人（首先是他的父母）在自己的头脑中建立起来，就好像他们是自己的一部分，取决于两个事实：一方面，来自外部和内部的刺激，起初几乎是无差别的，现在变得可以互换（interchangeable）；另一方面，婴儿的贪婪——他希望吸收外部的好东西，加强了他的内摄过程，使外部世界的某些经验几乎同时成为他内心世界的一部分。

婴儿与生俱来的爱和恨首先集中在母亲身上，爱是对母亲的爱和关怀的回应，而恨和攻击则是由挫折和不适所激发。同时，母亲也成为他投射自己情感的对象。通过把自己的施虐倾向归咎于父母，他发展出了超我的残忍一面（正如斯蒂芬博士已经指出的）；但他也会把自己的爱的情感投射到周围的人身上，并通过这些方式塑造出善良和乐于助人的父母的形象。从生命的第一天起，这些过程就受到照料者的实际态度的影响，来自实际外部世界的经验和内在经验不断相互作用。儿童通过赋予父母爱的感觉，建立起后来的自我理想，在此过程中，儿童会受到迫切的生理和心理需求的驱使；如果没有母亲的食物和照顾，儿童就无法生存，而他的整个心理健康和发展，则取决于他能否在头脑中牢固地建立起善良和保护性的人物。

超我的各个方面源于儿童在各个发展阶段对其父母的看法。超我形成的另一个强大因素是儿童自身对自己攻击倾向的排斥——早在出生后的头几个月，他就会无意识地体验到这种排斥。我们该如何解释这种心灵的一个部分对另一个部分的早期反叛（这种固有的自我谴责倾向是良心的根源）？一个重要的动机可以在儿童无意识的恐惧中找到，在他的头脑中，欲望和情感具有一种全能性质，如果他的暴力冲动占了上风，就会毁灭他的父母和他自己，因为在他的头脑中，父母已经成为他的自我不可分割的一部分（超我）。

儿童害怕失去他最爱和最需要的人，这种压倒性的恐惧不仅使他产生了克制自己攻击行为的冲动，而且使他产生了保护他在幻想中攻击的客体的动力，以修复他们，弥补他可能对他们造成的伤害。这种修复的动力为创造性冲动和所有建设性活动增添了动力和方向。现在，在早期的善恶概念中又增加了一些内容："善"变成了保护、修复或重新创造那些因他的仇恨而受到威胁或伤害的客体；"恶"变成了他自己的危险的仇恨。

建设性和创造性的活动、社会性和合作情感，就被认为是道德上的善，因此它们是抵御或克服罪疚感的最重要手段。当超我的各个方面都统一起来时（成熟和平衡的人就是这种情况），罪疚感就无须被消灭，而是与抵消罪疚感的方法一起被整合进人格之中。如果罪疚感过于强烈，又不能得到适当的处理，就可能导致产生更多罪疚感的行为（犯罪的人就是这种情况），并成为各种异常发展的原因。

当"不可伤害"（主要是所爱客体）和"应该拯救"（同样是所爱客体，首先是将其从婴儿自己的攻击中拯救出来）的命令在头脑中扎根时，一种普遍的伦理模式就建立起来了，它是所有伦理体系的基础，但它可以有多种变化和扭曲的形式，甚至可以完全逆转。最初所爱的客体可以被人类广泛兴趣领域中的任何事物所取代：一个抽象的原则，甚至某个单一的问题，都可以代表它；而这种兴趣似乎与伦理情感相去甚远。（一个收藏家、发明家或科学家甚至可以为了实现自己的目的而犯下谋杀罪。）然而，这个特殊的问题或兴趣在他的无意识中代表着最初所爱的人，因此必须被拯救或重新创造；任何妨碍他实现目标的东西对他来说都是邪恶的。

我们立即可以想到一个关于扭曲的例子，或者更确切地说，是对最初模式的逆转，这就是纳粹的态度。在这里，攻击者和攻击变成了受爱戴和被崇拜的，而被攻击的对象则变成了邪恶的，因此必须被消灭。对这种逆转的解释可以在早期无意识关系中被找到，这种关系针对的是幻想中第一个被攻击或受伤的人。然后，客体变成了潜在的迫害者，因为婴儿害怕它受到伤害后会以同样的手段进行报复。然而，受伤的人与被爱的人是相同的，后者应该得到保护和修复。早期过度的恐惧会使婴儿更加将受伤害的客体视为敌人，这样的话，仇恨就会在与爱的斗争中占上风；此外，剩余的爱可能会以特殊的方式分散出去，导致超我的受损（depravation）。

在一个人心灵的善恶演变的过程中，还有一个步骤值得一提。正如斯蒂芬博士指出的那样，成熟和心理健康是"善"。（然而，和谐的成熟本身虽然是一种伟大的"善"，但绝不是成年人"善"的感觉的唯一条件，因为即使在平衡时常受到严重破坏的人当中，也存在着各种类型和等级的"善"。）和谐与心理平衡——更进一步说是幸福与满足——意味着超我已被自我所整合；这意味着超我与自我之间的冲突大大减少，我们与超我和平相处。这相当于我们与我们最初所爱和所恨的人达成了和谐，而超我正是来源于这些人。我们已经从早期的冲突和情绪中走过了很长一段路，我们感兴趣的客体和我们的目标已经改变了很多次，在这一过程中变得越来越细致，并经过了转化。无论我们觉得自己已经离最初的依赖关系有多远，无论我们从满足成人的道德要求中获得了多大的满足感，在我们的心灵深处，我们最初的渴望——保护和拯救我们所爱的父母，并与他们和解——依然存在。实现道德满足的途径有很多；但不管是通过社会性和合作性的情感和追求，还是通过某些远离外部世界的兴趣，只要我们有道德上的善的感觉，在我们的无意识中，这种与我们最初的爱恨客体和解的原始渴望就会得到满足。

参考文献

Abraham, K. (1911). 'Notes on the Psycho-Analytical Investigation and Treatment of Manic-Depressive Insanity and Allied Conditions.' In: *Selected Papers on Psycho-Analysis* (London: Hogarth, 1927).

– (1921). 'Contribution to the Theory of the Anal Character.' *ibid.*

– (1924a). 'The Influence of Oral Erotism on Character Formation' *ibid.*

– (1924b). 'A Short Study of the Development of the Libido, Viewed in the Light of Mental Disorders.' *ibid.*

– (1925). 'Character-Formation on the Genital Level of the Libido.' *ibid.*

Balint, M. (1937). 'Early Developmental States of the Ego. Primary Object-Love.' In: *Primary Love and Psycho-Analytic Technique* (London: Hogarth, 1952).

Bernfeld, S. (1929). *Psychology of the Infant* (London: Kegan Paul).

Bion, W. R. (1954). 'Notes on the Theory of Schizophrenia.' *Int. J. Psycho-Anal.*, **35.**

– (1958). 'Differentiation of the Psychotic from the Non-Psychotic Personalities.' *Int. J. Psycho-Anal.*, **39.**

Chadwick, Mary (1933). *Woman's Periodicity* (London: Noel Douglas)

Fairbairn, W. R. D. (1941). 'A Revised Psychopathology of the Psychoses and Psychoneuroses.' *Int. J. Psycho-Anal.*, **22.**

– (1944). 'Endopsychic Structure Considered in Terms of Object Relationships.' *Int. J. Psycho-Anal.*, **25.**

Ferenczi, S. (1925). 'Psycho-Analysis of Sexual Habits.' In: *Further Contributions to the Theory and Technique of Psycho-Analysis* (London: Hogarth, 1926).

– (1930). 'Notes and Fragments.' In: *Final Contributions to the Problems and Methods of Psycho-Analysis* (London: Hogarth).

Freud, A. (1927). *The Psycho-Analytical Treatment of Children* (London: Imago, 1946).

– (1937). *The Ego and the Mechanisms of Defence* (London: Hogarth).

Freud, S. (1905). *Three Essays on the Theory of Sexuality. S.E.* 7.

– (1908). 'Character and Anal Erotism.' *S.E.* **9.**

– (1911). 'Psycho-Analytic Notes on an Autobiographical Account of a Case of Paranoia (Dementia Paranoides).' *S.E.* **12.**

– (1912). 'On the Universal Tendency to Debasement in the Sphere of Love.' *S.E.* **11.**

– (1914). 'Narcissism: An Introduction.' *S.E.* **14.**

Freud S. (1916). 'Some Character-Types Met with in Psycho-Analytic Work.' *S.E.* **14.**

– (1917). 'Mourning and Melancholia.' *S.E.* **14.**

– (1920). *Beyond the Pleasure Principle. S.E.* **18.**

– (1921). *Group Psychology and the Analysis of the Ego. S.E.* **18.**

– (1923). *The Ego and the Id. S.E.* **19.**

– (1924). 'The Economic Problem of Masochism.' *S.E.* **19.**

– (1926), *Inhibitions, Symptoms and Anxiety. S.E.* **20.**

– (1928). 'Humour.' *S.E.* **21.**

– (1930). *Civilization and its Discontents. S.E.* **21.**

– (1931). 'Female Sexuality.' *S.E.* **21.**

–(1933). *New Introductory Lectures on Psycho-Analysis. S.E.* **22.**

– (1937). 'Analysis Terminable and Interminable.' *S.E.* **23.**

– (1938). 'Constructions in Analysis.' *S.E.* **23.**

– (1940). *An Outline of Psycho-Analysis. S.E.* **23.**

Heimann, P. (1942). 'Sublimation and its Relation to Processes of Internalization.' *Int. J. Psycho-Anal.*, **23.**

– (1952a). 'Certain Functions of Introjection and Projection in Early Infancy.' In: *Developments in Psycho-Analysis* by Klein et al. (London: Hogarth).

– (1952b). 'Notes on the Theory of the Life and Death Instincts.' *ibid.*

– (1955). 'A Contribution to the Re-evaluation of the Oedipus Complex.' In: *New Directions in Psycho-Analysis* ed. Klein *et al.* (London: Tavistock).

Heimann, P. and Isaacs, S. (1952). 'Regression.' In: *Developments in Psycho-Analysis* by Klein *et al.* (London: Hogarth).

Hug-Helmuth, H. von (1921). 'On the Technique of Child Analysis.' *Int. J. Psycho-Anal.*, **2.**

Isaacs, S. (1933). *Social Development of Young Children* (London: Routledge).

– (1952). 'The Nature and Function of Phantasy.' In: *Developments in Psychoanalysis* by Klein *et al.* (London: Hogarth).

Jaques, E. (1955). 'Social Systems as a Defence against Persecutory and Depressive Anxiety.' In: *New Directions in Psycho-Analysis* ed. Klein *et al.* (London: Tavistock).

Jones, E. (1913). 'Hate and Anal Erotism in the Obsessional Neuroses.' *Papers on Psycho-Analysis* (London: Baillière).

– (1916). 'The Theory of Symbolism.' *ibid.*,— 2nd edn–5th edn.

– (1918). 'Anal Erotic Character Traits.' *ibid.*

– (1929). 'Fear, Guilt and Hate.' *ibid.*,—4th and 5th edns.

– (1949). *Hamlet and Oedipus* (London: Gollancz).

Klein, M. [details of first publication of each paper/book are given here; the number of the volume in which they appear in *The Writings of Melanie Klein* is indicated in square brackets]

Klein, M. (1921). 'The Development of a Child' *Imago*, **7.** [I]

——(1922). 'Inhibitions and Difficulties in Puberty.' *Die neue Erziehung,* **4.** [I]

– (1923a). 'The Rôle of the School in the Libidinal Development of the Child.' *Int. Z. f. Psychoanal.,* **9.** [I]

– (1923b). 'Early Analysis.' *Imago,* **9.** [I]

– (1925). 'A Contribution to the Psychogenesis of Tics.' *Int. Z. f. Psychoanal.*, **11.** [I]

– (1926). 'The Psychological Principles of Early Analysis.' *Int. J. Psycho-Anal.*, **7.** [I]

– (1927a). 'Symposium on Child Analysis.' *Int. J. Psycho-Anal.*, **8.** [I]

– (1927b). 'Criminal Tendencies in Normal Children.' *Brit. J. med. Psychol.*, **7.** [I]

– (1928). 'Early Stages of the Oedipus Conflict.' *Int. J. Psycho-Anal.*, **9.** [I]

– (1929a). 'Personification in the Play of Children.' *Int. J. Psycho-Anal,* **10,** [I]

– (1929b). 'Infantile Anxiety Situations Reflected in a Work of Art and in the Creative Impulse.' *Int. J. Psycho-Anal.*, **10.** [I]

– (1930a). 'The Importance of Symbol-Formation in the Development of the Ego.' *Int. J. Psycho-Anal.*, **11.** [I]

– (1930b). 'The Psychotherapy of the Psychoses.' *Brit. J. med. Psychol.*, **10.** [I]

– (1931). 'A Contribution to the Theory of Intellectual Inhibition.' *Int. J. Psycho-Anal.*, **12.** [I]

– (1932). *The Psycho-Analysis of Children* (London: Hogarth). [II]

– (1933). 'The Early Development of Conscience in the Child.' In: *Psychoanalysis Today* ed. Lorand (New York: Covici-Friede). [I]

– (1934). 'On Criminality.' *Brit. J. med. Psychol.*, **14.** [I]

– (1935). 'A Contribution to the Psychogenesis of Manic-Depressive States.' *Int. J. Psycho-Anal.*, **16.** [I]

– (1936). 'Weaning.' In: *On the Bringing Up of Children* ed. Rickman (London: Kegan Paul). [I]

– (1937). 'Love, Guilt and Reparation.' In: *Love, Hate and Reparation* with Riviere (London: Hogarth). [I]

– (1940). 'Mourning and its Relation to Manic-Depressive States.' *Int. J. Psycho-Anal.*, **21**. [I]

– (1945). 'The Oedipus Complex in the Light of Early Anxieties.' *Int. J. Psycho-Anal.*, **26**. [I]

– (1946). 'Notes on some Schizoid Mechanisms.' *Int. J. Psycho-Anal.*, **27**. [III]

Klein, M. (1948a). *Contributions to Psycho-Analysis 1921–1945* (London: Hogarth). [I]

– (1948b). 'On the Theory of Anxiety and Guilt.' *Int. J. Psycho-Anal.*, **29**. [III]

– (1950). 'On the Criteria for the Termination of a Psycho-Analysis.' *Int. J. Psycho-Anal.*, **31**. [III]

– (1952a). 'The Origins of Transference.' *Int. J. Psycho-Anal.*, **33**. [III]

– (1952b). 'The Mutual Influences in the Development of Ego and Id.' *Psychoanal. Study Child*, **7**. [III]

– (1952c). 'Some Theoretical Conclusions regarding the Emotional Life of the Infant.' In: *Developments in Psycho-Analysis* with Heimann, Isaacs and Riviere (London: Hogarth). [III]

– (1952d). 'On Observing the Behaviour of Young Infants.' *ibid*. [III]

– (1955a). 'The Psycho-Analytic Play Technique: Its History and Significance.' In: *New Directions in Psycho-Analysis* (London: Tavistock). [III]

– (1955b). 'On Identification.' *ibid*. [III]

– (1957). *Envy and Gratitude* (London: Tavistock) [III]

(1958). 'On the Development of Mental Functioning.' *Int. J. Psycho-Anal.*, **29**. [III]

– (1959). 'Our Adult World and its Roots in Infancy.' *Hum. Relations*, J. **12**. [III]

– (1960a). 'A note on Depression in the Schizophrenic.' *Int. J. Psycho-Anal.*, **41**. [III]

– (1960b). 'On Mental Health.' *Brit. J. med. Psychol.*, **33**. [III]

– (1961). *Narrative of a Child Psycho-Analysis* (London: Hogarth). [IV]

– (1963a). 'Some Reflections on *The Oresteia*.' In: *Our Adult World and Other Essays* (London: Heinemann Medical). [III]

– (1963b). 'On the Sense of Loneliness.' *ibid*. [III]

Middlemore, M. P. (1941). *The Nursing Couple* (London: Hamish Hamilton).

Money-Kyrle, R. E. (1945). 'Towards a Common Aim: a Psycho-Analytical Contribution to Ethics.' *Brit. J. med. Psychol.*, **20**.

Ribble, M. A. (1944). 'Infantile experience in relation to personality development.' In: *Personality and the Behavior Disorders*, Vol. II (Ronald Press).

Riviere, J. (1952a). 'On the Genesis of Psychical Conflict in Early Infancy.' In: *Developments in Psycho-Analysis* by Klein *et al.* (London: Hogarth).

– (1952b). 'The Unconscious Phantasy of an Inner World Reflected in Examples from Literature.' In: *New Directions in Psycho-Analysis* by Klein *et al.* (London: Tavistock, 1955).

Rosenfeld, H. (1947). 'Analysis of a Schizophrenic State with Depersonalization.' In: *Psychotic States* (London: Hogarth, 1965).

– (1949). 'Remarks on the Relation of Male Homosexuality to Paranoia, Paranoid Anxiety, and Narcissism.' *ibid*.

– (1950). 'Notes on the Psychopathology of Confusional States in Chronic Schizophrenias.' *ibid*.

– (1952a). 'Notes on the Psycho-Analysis of the Super-ego Conflict in an Acute Schizophrenic Patient.' *ibid*.

– (1952b). 'Transference-Phenomena and Transference-Analysis in an Acute Catatonic Schizophrenic Patient.' *ibid*.

– (1955). 'The Investigation of the Need of Neurotic and Psychotic Patients to Act out during Analysis.' *ibid*.

Segal, H. (1950). 'Some Aspects of the Analysis of a Schizophrenic.' *Int. J. Psycho-Anal.*, **31**.

– (1956). 'Depression in the Schizophrenic.' *Int. J. Psycho-Anal.*, **37**.

Winnicott, D. W. (1931). *Disorders of Childhood* (London: Heinemann).

– (1945). 'Primitive Emotional Development.' In: *Collected Papers* (London: Hogarth).

– (1953). 'Psychoses and Child Care.' *ibid.*